21世纪高等学校计算机专业实用系列教材

操作系统原理及Linux内核分析
（第3版）

◎ 李芳 刘晓春 李东海 编著

清华大学出版社

北京

内 容 简 介

本书主要介绍操作系统的核心功能——用户接口、进程管理、处理机调度与死锁、存储管理、设备管理、文件管理、多处理机系统、嵌入式操作系统、操作系统安全；以 Linux 为例，分析操作系统的核心代码的实现方法、技术以及操作系统各个功能部分的关联实现技巧；在此基础上，从操作系统的发展需求及计算机体系结构的发展角度介绍当前操作系统发展的新趋势。本书内容基本覆盖了全国研究生招生考试操作系统考试大纲主要内容，书中列举了大量实例，力求将抽象的概念具体化，将复杂的理论与实际联系起来；书中还提供了大量习题，其中既有一般概念和基本原理测试题，还包括近年来全国计算机等级考试与研究生招生考试试题。

本书既可作为计算机及相关专业的教材和等级考试、考研辅导书，也可供从事计算机工作的科技人员参考。

本书封面贴有清华大学出版社防伪标签，无标签者不得销售。
版权所有，侵权必究。举报：010-62782989，beiqinquan@tup.tsinghua.edu.cn。

图书在版编目(CIP)数据

操作系统原理及 Linux 内核分析/李芳,刘晓春,李东海编著. —3 版. —北京：清华大学出版社，2023.3
 21 世纪高等学校计算机专业实用系列教材
 ISBN 978-7-302-63170-5

Ⅰ.①操… Ⅱ.①李… ②刘… ③李… Ⅲ.①Linux 操作系统－高等学校－教材 Ⅳ.①TP316.85

中国国家版本馆 CIP 数据核字(2023)第 060955 号

责任编辑：陈景辉
封面设计：刘　键
责任校对：申晓焕
责任印制：宋　林

出版发行：清华大学出版社
　　　　网　　址：http://www.tup.com.cn, http://www.wqbook.com
　　　　地　　址：北京清华大学学研大厦 A 座　　邮　编：100084
　　　　社 总 机：010-83470000　　邮　购：010-62786544
　　　　投稿与读者服务：010-62776969，c-service@tup.tsinghua.edu.cn
　　　　质量反馈：010-62772015，zhiliang@tup.tsinghua.edu.cn
　　　　课件下载：http://www.tup.com.cn,010-83470236
印 装 者：三河市铭诚印务有限公司
经　　销：全国新华书店
开　　本：185mm×260mm　　印　张：18.25　　字　数：444 千字
版　　次：2008 年 1 月第 1 版　　2023 年 5 月第 3 版　　印　次：2023 年 5 月第 1 次印刷
印　　数：1～1500
定　　价：59.90 元

产品编号：098525-01

第 3 版前言

随着计算机技术的发展及应用的普及,计算机操作系统也在不断发展。本书根据计算机专业的培养目标,在充分介绍操作系统的基本原理与技术的基础上,结合操作系统的最新发展技术,在第 2 版的基础上进行了修订,在部分内容上增加了更加细致的描述和新技术的介绍。

为了做到理论与实践相结合,突出操作系统各主要部分关键环节的概念、功能、原理和方法,本书选择当前较为流行且有代表性的操作系统——Linux,深入分析和讲解了它的部分关键环节的实现技术。此外,由于操作系统所涉及的原理与算法比较抽象,难以理解和掌握,笔者根据多年的教学经验,将一些典型实例引入本书,使读者通过实例充分掌握操作系统的原理与算法思想,提高分析问题和解决问题的能力。考虑到近年来操作系统在技术与应用上都有了一些较新的发展,本书引入了线程、实时调度、多处理机、嵌入式操作系统、操作系统安全技术等新技术的介绍。

本书共 10 章。第 1 章为绪论,从操作系统的发展和作用引入操作系统的概念,简要介绍操作系统的功能,同时依据操作系统的不同设计目标对操作系统进行分类介绍,描述 Linux 内核结构及各个功能模块的关联程度;第 2 章为用户接口,介绍操作系统的两种用户接口,重点介绍 Linux 常用操作命令和系统调用的实现原理;第 3 章为进程管理,从单道程序和多道程序执行的不同特征引入进程的概念,而后介绍进程的基本特征和运行状态及操作系统对进程的控制机构,通过实例分析进程的同步与互斥关系的解决方法以及进程通信的常用方式,然后介绍线程的概念和应用环境,最后从 Linux 的进程管理结构入手,介绍 Linux 进程管理实现技术;第 4 章为处理机调度与死锁,介绍处理机调度级别与常用调度算法的基本思想,并通过实例对不同的算法进行优劣比较,包括进程调度、实时调度和多处理机调度,介绍 Linux 近年来在进程调度算法上的演进过程;第 5 章为存储管理,从存储管理的内存分配、地址变换、内存扩充与内存保护 4 方面分别介绍分区式存储管理、页式存储管理、段式存储管理与段页式存储管理 4 种常用的存储管理方案,介绍 Linux 虚存与内存之间的关系和实现中用到的数据结构;第 6 章为设备管理,由低到高逐层介绍 I/O 系统的层次结构中的一些关键技术以及 Linux 存储管理采用的模块化技术;第 7 章为文件管理,主要讲述文件与文件系统、文件的组织和存取以及文件的保护,介绍 Linux 的文件管理中的目录结构和文件操作;第 8 章为多处理机系统,从多处理机概述引入多处理机操作系统和多计算机系统的调度及虚拟化实现技术;第 9 章为嵌入式操作系统,介绍嵌入式操作系统的特点、功能及应用领域,嵌入式操作系统的任务管理、内存管理及时钟管理技术;第 10 章为操作系统安全,对计算机系统安全进行概要介绍,重点介绍操作系统安全机制。

本书特色

(1) 内容全面,结构清晰。本书融当前的主流操作系统于一体,既有操作系统的常用原理介绍，又有具体实现技术的详细分析，从而使读者较好地掌握各种常用操作系统的基本理论和实用技术。本书内容结构根据操作系统的五大功能设计，使读者对所学内容一目了然，并能分类、分层掌握。

（2）富有启发性。采用"实例引导，任务驱动"的编写方式，增加实例分析，使读者掌握操作系统实例的解析方法，激发读者的学习兴趣，充分理解所学知识。

（3）图文并茂。对于较深奥的理论知识，尽量以图示的形式来说明，便于读者理解和掌握。

（4）理论联系实际。既重视原理、概念的讲解，也重视具体实现源代码的分析，通过分析当前流行的 Linux 操作系统的实现技术和方法，将抽象的原理和具体实例相结合，使读者能够在实际应用中更好地建立自己的应用系统，开发自己的应用软件。

（5）介绍当代操作系统动向。在本书中引入目前实际应用中广泛使用的嵌入式操作系统和多处理机系统，并对这些技术进行了详细的介绍，使学生能掌握前沿知识。

（6）增加实践练习。在每章都提供了大量习题，其中既有一般概念和基本原理测试题，还包括近年来全国计算机等级考试与研究生招生考试试题。

配套资源

为便于教与学，本书配有教学课件、教学大纲、教学进度表、习题答案、期末试卷及答案，读者可以扫描本书封底的"书圈"二维码，关注后回复本书书号，即可下载资源。

读者对象

本书既可作为计算机及相关专业的教材和等级考试、考研辅导书，也可供从事计算机工作的科技人员参考。

本书的第 1~6 章（与 Linux 有关的各节除外）由李芳编写，第 7 章、第 10 章及第 1~6 章中的 Linux 部分由刘晓春编写，第 8 章、第 9 章由李东海编写。

在本书的编写过程中参阅了大量的文献，在此对相关文献的作者表示感谢。

由于编者水平有限，本书难免会有疏漏和不当之处，恳请读者批评指正。

编　者

2023 年 1 月于长安大学

目　　录

第 1 章　绪 论 ·· 1

1.1　什么是操作系统 ·· 1
  1.1.1　程序是如何运行的 ··· 1
  1.1.2　操作系统的作用 ·· 1
1.2　操作系统运行环境 ··· 3
  1.2.1　计算机的基本硬件元素 ·· 3
  1.2.2　与操作系统相关的几种主要寄存器 ··· 3
  1.2.3　指令的执行 ··· 4
  1.2.4　中断 ·· 4
  1.2.5　处理机状态及特权指令 ·· 6
1.3　操作系统的形成和发展 ·· 6
  1.3.1　操作系统发展的基础 ··· 7
  1.3.2　手工操作 ·· 7
  1.3.3　批处理系统 ··· 8
  1.3.4　分时系统 ·· 11
  1.3.5　实时系统 ·· 12
  1.3.6　个人操作系统 ··· 13
  1.3.7　网络操作系统 ··· 14
  1.3.8　分布式操作系统 ·· 14
  1.3.9　嵌入式操作系统 ·· 15
  1.3.10　操作系统的发展趋势 ··· 16
1.4　操作系统的功能和特性 ·· 16
  1.4.1　操作系统的功能 ·· 16
  1.4.2　操作系统的基本特征 ··· 17
1.5　操作系统结构 ·· 18
  1.5.1　模块组合结构及层次结构 ·· 18
  1.5.2　微内核结构 ··· 19
  1.5.3　虚拟机结构 ··· 22
1.6　Linux 操作系统 ··· 23

1.6.1　Linux 发展历程 ……………………………………………………… 23
　　　1.6.2　Linux 的特点 ………………………………………………………… 24
　　　1.6.3　Linux 内核结构 ……………………………………………………… 25
　习题 …………………………………………………………………………………… 26

第 2 章　用户接口 ……………………………………………………………………… 28

2.1　命令控制界面 ………………………………………………………………… 28
　　　2.1.1　联机命令的类型 …………………………………………………… 28
　　　2.1.2　联机命令的操作方式 ……………………………………………… 29
2.2　Linux 系统的命令控制界面 ………………………………………………… 30
　　　2.2.1　登录 Shell …………………………………………………………… 30
　　　2.2.2　命令句法 …………………………………………………………… 30
　　　2.2.3　常用的基本命令 …………………………………………………… 31
　　　2.2.4　重定向与管道命令 ………………………………………………… 34
　　　2.2.5　通信命令 …………………………………………………………… 35
　　　2.2.6　后台命令 …………………………………………………………… 36
2.3　程序接口 ……………………………………………………………………… 36
　　　2.3.1　系统调用 …………………………………………………………… 36
　　　2.3.2　系统调用的类型 …………………………………………………… 37
　　　2.3.3　系统调用的实现 …………………………………………………… 37
　　　2.3.4　Linux 系统调用 ……………………………………………………… 39
　　　2.3.5　Windows 应用编程接口 …………………………………………… 41
　习题 …………………………………………………………………………………… 43

第 3 章　进程管理 ……………………………………………………………………… 44

3.1　进程的概念 …………………………………………………………………… 44
　　　3.1.1　进程的引入 ………………………………………………………… 44
　　　3.1.2　进程的定义与特征 ………………………………………………… 46
　　　3.1.3　引入进程的利弊 …………………………………………………… 47
3.2　进程控制块和进程的状态 …………………………………………………… 47
　　　3.2.1　进程的状态及其变化 ……………………………………………… 48
　　　3.2.2　进程控制块 ………………………………………………………… 49
3.3　进程的控制 …………………………………………………………………… 51
　　　3.3.1　进程的创建原语 …………………………………………………… 52
　　　3.3.2　进程的撤销原语 …………………………………………………… 53
　　　3.3.3　进程的阻塞与唤醒原语 …………………………………………… 54
3.4　进程同步 ……………………………………………………………………… 55

    3.4.1 互斥 ··· 55
    3.4.2 进程的同步 ·· 56
    3.4.3 同步机制 ·· 57
    3.4.4 同步机构应用 ·· 61
  3.5 经典的进程同步问题 ··· 64
    3.5.1 生产者-消费者问题 ·· 64
    3.5.2 读者-写者问题 ··· 66
    3.5.3 哲学家进餐问题 ·· 67
  3.6 进程通信 ··· 68
    3.6.1 进程通信的类型 ·· 68
    3.6.2 进程通信的方式 ·· 69
    3.6.3 消息缓冲队列通信机制 ······································ 70
    3.6.4 信箱通信 ·· 71
  3.7 线程 ·· 72
    3.7.1 线程的引入 ·· 72
    3.7.2 线程的概念 ·· 73
    3.7.3 线程的控制 ·· 74
    3.7.4 线程的实现 ·· 74
    3.7.5 线程的适用范围 ·· 75
  3.8 Linux的进程管理 ··· 76
    3.8.1 Linux进程概念与描述 ·· 77
    3.8.2 Linux中的进程状态及其转换 ···························· 78
    3.8.3 Linux的进程控制 ··· 79
    3.8.4 Linux的进程通信 ··· 81
  习题 ··· 87

第4章 处理机调度与死锁 ·· 89

  4.1 调度的基本概念 ··· 89
    4.1.1 作业的概念及状态 ·· 89
    4.1.2 分级调度 ·· 91
    4.1.3 调度的功能与时机 ·· 91
    4.1.4 调度原则与性能衡量 ·· 93
  4.2 调度算法 ··· 94
    4.2.1 先来先服务算法 ·· 94
    4.2.2 短作业优先算法 ·· 95
    4.2.3 最高响应比优先算法 ·· 96
    4.2.4 高优先权优先算法 ·· 96

4.2.5 轮转法 ······ 98
4.2.6 多级反馈算法 ······ 99
4.3 实时调度 ······ 100
4.3.1 实时系统的特点 ······ 100
4.3.2 实时调度算法 ······ 102
4.4 多处理机调度 ······ 104
4.4.1 多处理机系统的类型 ······ 104
4.4.2 多处理机系统调度方式 ······ 104
4.5 死锁 ······ 105
4.5.1 死锁的产生 ······ 106
4.5.2 死锁的必要条件 ······ 107
4.6 解决死锁问题的方法 ······ 107
4.6.1 死锁的预防 ······ 107
4.6.2 死锁的避免 ······ 108
4.6.3 死锁的检测与解除 ······ 112
4.7 Linux进程调度 ······ 114
4.7.1 Linux进程调度的时机 ······ 114
4.7.2 Linux进程调度策略 ······ 114
4.7.3 Linux进程调度算法 ······ 115
习题 ······ 117

第5章 存储管理 ······ 120

5.1 存储管理基本概念 ······ 120
5.1.1 物理内存和虚拟存储空间 ······ 120
5.1.2 存储管理的主要任务 ······ 121
5.2 分区式存储管理 ······ 124
5.2.1 固定分区 ······ 125
5.2.2 可变分区 ······ 125
5.2.3 地址变换与内存保护 ······ 129
5.2.4 分区式存储管理的优缺点 ······ 130
5.3 页式存储管理 ······ 130
5.3.1 静态页式存储管理 ······ 130
5.3.2 动态页式存储管理 ······ 134
5.3.3 指令存取速度与页面大小问题 ······ 136
5.3.4 存储保护 ······ 137
5.3.5 页式存储管理的优缺点 ······ 137
5.4 淘汰算法与抖动现象 ······ 137

    5.4.1 淘汰算法 ··· 137
    5.4.2 抖动现象与工作集 ·· 142
  5.5 段式存储管理 ··· 143
    5.5.1 静态段式存储管理 ·· 144
    5.5.2 动态段式存储管理 ·· 146
    5.5.3 分段和分页的主要区别 ··· 148
    5.5.4 段的信息共享 ·· 148
    5.5.5 段的静态链接与动态链接 ··· 149
    5.5.6 段式存储管理的内存保护 ··· 151
    5.5.7 段式存储管理的优缺点 ··· 152
  5.6 段页式存储管理 ··· 152
    5.6.1 实现原理 ··· 153
    5.6.2 段页式存储管理的其他问题 ····································· 154
  5.7 Linux 存储管理 ··· 154
    5.7.1 进程虚拟内存空间的管理 ··· 155
    5.7.2 Linux 的分页式存储管理 ·· 156
 习题 ··· 158

第 6 章 设备管理 ··· 160

  6.1 设备管理概述 ··· 160
    6.1.1 设备的分类 ··· 160
    6.1.2 设备管理的目标 ·· 161
    6.1.3 设备控制器 ··· 162
    6.1.4 I/O 系统的层次结构 ·· 163
  6.2 数据传送控制方式 ··· 164
    6.2.1 程序直接控制方式 ·· 165
    6.2.2 中断控制方式 ·· 166
    6.2.3 DMA 控制方式 ·· 167
    6.2.4 通道控制方式 ·· 168
  6.3 中断处理与设备驱动程序 ·· 170
    6.3.1 中断处理过程 ·· 171
    6.3.2 设备驱动程序 ·· 171
  6.4 缓冲技术 ·· 173
    6.4.1 引入缓冲技术的原因 ··· 173
    6.4.2 缓冲的种类 ··· 175
    6.4.3 缓冲池的管理 ·· 176
  6.5 设备分配 ·· 177

6.5.1　设备分配中的数据结构·················178
　　　6.5.2　设备分配的原则·······················179
　　　6.5.3　设备分配程序·························180
　　　6.5.4　SPOOLing 技术························181
　6.6　逻辑 I/O 系统·································182
　6.7　Linux 的设备管理·····························183
　　　6.7.1　逻辑 I/O 管理··························183
　　　6.7.2　用户与设备驱动程序···················185
　　　6.7.3　设备模型·····························185
　习题··186

第 7 章　文件管理····································187

　7.1　文件和文件系统·······························187
　　　7.1.1　文件的概念···························187
　　　7.1.2　文件的分类···························188
　　　7.1.3　文件管理系统·························188
　7.2　文件的逻辑结构·······························190
　　　7.2.1　无结构文件···························191
　　　7.2.2　顺序文件·····························191
　　　7.2.3　索引文件·····························192
　　　7.2.4　直接文件·····························192
　7.3　文件的物理结构·······························192
　　　7.3.1　连续文件·····························193
　　　7.3.2　链接式文件···························194
　　　7.3.3　索引文件·····························195
　7.4　文件存储空间的管理···························197
　　　7.4.1　位示图法·····························197
　　　7.4.2　空闲表法·····························198
　　　7.4.3　空闲链表法···························198
　7.5　文件目录管理·································199
　　　7.5.1　文件控制块的内容·····················200
　　　7.5.2　目录结构·····························200
　　　7.5.3　目录管理·····························203
　7.6　文件共享和保护·······························205
　　　7.6.1　基于索引节点的共享方法···············205
　　　7.6.2　基于符号链接的共享方法···············205
　　　7.6.3　文件的保护···························206

7.7	硬盘管理与调度		208
	7.7.1	机械硬盘	208
	7.7.2	固态硬盘	212
7.8	Linux 文件管理		212
	7.8.1	Linux 文件系统概论	212
	7.8.2	虚拟文件系统	214
	7.8.3	EXT 文件系统	215
	7.8.4	文件管理和操作	218

习题 221

第 8 章 多处理机系统 222

8.1	多处理机		223
	8.1.1	多处理机硬件	224
	8.1.2	多处理机操作系统类型	229
	8.1.3	多处理机同步	232
	8.1.4	处理机调度	234
8.2	多计算机		239
	8.2.1	多计算机硬件	239
	8.2.2	低层通信软件	242
	8.2.3	用户层通信软件	243
	8.2.4	远程过程调用	245
	8.2.5	分布式共享存储器	246
	8.2.6	多计算机调度	249
	8.2.7	负载均衡	250
8.3	虚拟化		252
	8.3.1	准虚拟化	253
	8.3.2	内存的虚拟化	254
	8.3.3	I/O 设备的虚拟化	255
	8.3.4	虚拟工具	256
	8.3.5	多核处理机上的虚拟机	256
	8.3.6	授权问题	256

习题 257

第 9 章 嵌入式操作系统 258

9.1	什么是嵌入式操作系统	258
9.2	嵌入式操作系统的特点	259
9.3	嵌入式操作系统的主要功能	261

9.4　嵌入式操作系统的应用领域 …………………………………………………… 265
9.5　典型的嵌入式操作系统 …………………………………………………………… 266
　　9.5.1　VxWorks ………………………………………………………………… 266
　　9.5.2　QNX ……………………………………………………………………… 267
　　9.5.3　嵌入式 Linux …………………………………………………………… 268
　　9.5.4　Windows CE …………………………………………………………… 270
　　9.5.5　Android …………………………………………………………………… 271
　　9.5.6　iOS ………………………………………………………………………… 272
　　9.5.7　TinyOS …………………………………………………………………… 272
　　9.5.8　μC/OS …………………………………………………………………… 273
习题 ……………………………………………………………………………………… 275

第 10 章　操作系统安全 ……………………………………………………………… 276

参考文献 ………………………………………………………………………………… 277

第1章 绪 论

操作系统(Operating System,OS)是每台计算机必须安装的最基本的系统软件,它能为操纵硬件和执行程序建立一个更实用的系统平台。本章首先介绍操作系统基本概念及在学习操作系统中涉及的计算机基本概念;接着介绍操作系统的发展过程,旨在通过操作系统的演变过程对操作系统的基本概念有进一步的揭示;然后介绍操作系统的基本功能、基本特征以及体系结构。

1.1 什么是操作系统

没有装入任何软件的计算机称为裸机,裸机只提供了计算机系统的物质基础,属于计算机硬件部分,这时的计算机不能上网、不能编程序,也不能帮助大家处理图片。对于一台新的计算机,要做的第一件事就是装入操作系统,一般而言,大多数人都会选择 Windows 或 Linux。如果不装入操作系统,即使是顶尖的计算机好手也很难让计算机完成工作,这就是操作系统的作用所在。

1.1.1 程序是如何运行的

当一台计算机通电后就会启动,启动过程中首先会装载操作系统,然后运行用户想要运行的程序,为用户提供服务。专业的计算机人员应该知道程序是如何在计算机中运行的,以便更好地控制和管理自己的程序。图 1-1 为程序的执行过程。

首先,程序员使用程序设计语言编写好要实现某项功能的程序,然后将其编译成计算机能够识别的机器语言程序,再由操作系统将其从外存加载到内存中,形成一个运行中的程序。程序要得到执行,还要通过操作系统的调度将其送入 CPU,计算机执行程序时逐条执行程序中的指令,整个程序的执行过程还需要操作系统提供的服务,如输入输出数据、磁盘服务等。最后,通过操作系统提供的接口将程序的运行结果返回给用户。

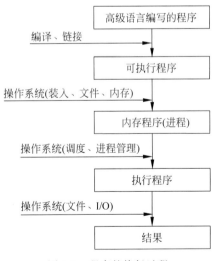

图 1-1 程序的执行过程

1.1.2 操作系统的作用

使用计算机的目的是更加方便、快捷、有效地工作。计算机的工作过程就是执行指令的过程,而计算机执行指令的过程可看成是控制信息在计算机各组成部件之间的有序流动过程,信息在流动过程中得到相关部件的加工处理。而要有条不紊地控制大量信息在计算机各部件之间有序地流动,又能方便用户使用,需要一个专门的系统去管理和控制这些部件及信息,这一系统就是操作系统。

操作系统能把一台裸机变成一台可操作的、方便灵活的机器。计算机加操作系统通常称为虚拟机(virtual machine)或扩展机(extended machine)。各种实用程序和应用程序在操作系统上运行,它们以操作系统作为支撑环境,向用户提供完成其任务所需要的各种服务。在一般情况下,实际呈现在用户面前的计算机系统已是经过若干软件改造过的计算机,也就是装入了各种应用软件的计算机。

如图 1-2 所示,可把整个计算机系统按功能划分为 4 个层次,即硬件、操作系统、系统实用软件和应用软件。这个层次表现为一种单向的服务关系,即外层可以使用内层提供的服务,反之则不行。在这个层次结构中,包围着系统硬件的一层是操作系统,它是最基本的系统软件,控制和管理着系统的硬件,向上层的系统实用软件和应用软件提供一个屏蔽硬件工作细节的良好使用环境,通过系统核心程序对系统中的资源进行管理,通过这些服务将对所有硬件的复杂操作隐藏起来,为用户提供一个透明的操作环境。

当一台计算机有多个用户时,因为用户间可能相互影响,所以需要管理和保护存储器、I/O 设备以及其他设备。用户往往不仅需要共享硬件,还要共享信息(文件、数据库等),此时操作系统的首要任务是跟踪资源的使用状况,满足资源请求,提高资源利用率,协调各程序和用户使用资源的冲突。

因此,操作系统的作用可以归纳为以下 3 点。

(1) 管理系统资源。

计算机系统资源包括两大类:硬件资源和软件资源。硬件资源通常包括处理器(CPU)、主存、输入输出(I/O)设备;软件资源包括计算机系统中的各类文件。操作系统的主要功能是针对这些资

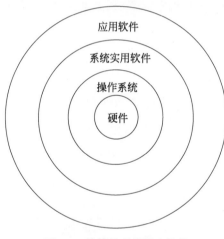

图 1-2 计算机系统层次结构

源进行有效的管理。

(2) 为用户提供一个良好的接口。

操作系统是计算机与用户之间的接口,操作系统为用户提供了良好的操作界面,以使用户无须了解硬件和系统软件的细节,就能方便、灵活地使用计算机。

(3) 最大限度地提高系统资源使用效率。

当多个用户共享系统资源时,不可避免地会出现多个用户竞争资源。操作系统能够合理地为用户分配资源,合理地组织计算机的工作流程,提高资源的利用率和系统的吞吐量。

综上所述,可以给操作系统下一个定义:操作系统是直接控制和管理计算机软硬件资源的最基本的系统软件,它可以合理地组织计算机的工作流程,以便用户充分、有效地利用这些资源,并提高整个计算机的处理能力。

1.2　操作系统运行环境

操作系统是一个运行于硬件之上的系统软件,它和硬件有密切的联系。为了更好地理解操作系统的工作原理,本节简要回顾现代个人计算机中与操作系统相关的基本硬件技术和概念。

1.2.1　计算机的基本硬件元素

构成现代个人计算机的基本硬件元素包括处理器、存储器、输入输出控制器(I/O 控制器)、总线、外部设备等,这些基本元素的逻辑关系如图 1-3 所示。

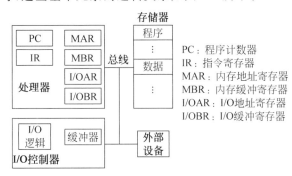

图 1-3　计算机的基本硬件元素

处理器控制和执行计算机的指令,一台计算机中可以有一个或多个处理器。多处理器和单处理器的计算机操作系统在设计和功能上都有较大的区别,本书主要讨论单处理器的操作系统。

存储器用来存储数据和程序。存储器可分为内存、外存以及用于暂时存储数据和程序的缓冲器与高速缓存(cache)等。

输入输出控制器主要用来控制和暂时存储外部设备与计算机内存之间交换的数据和程序。

计算机系统的各种设备通过总线互相连接。总线是连接计算机各部件的通信线路。计算机系统的总线有单总线和多总线之分。单总线是指将处理器、外部设备、存储器等连接在一起的总线结构;而多总线则是指把系统的 CPU 和内存分开连接,外部设备和外存等也用其他总线分开连接,分别进行管理和数据传送的总线结构。显然,不同的总线结构对操作系统的设计和性能有不同的影响。

外部设备范围很广,它们是获取和输出数据与程序的基本设备,包括数字设备和模拟设备。不过,模拟设备要通过模/数转换后才能把模拟信号输入计算机,而计算机输出的数字信号则要通过数/模转换后才能在模拟设备上显示或输出。

1.2.2　与操作系统相关的几种主要寄存器

寄存器与操作系统密切相关,是在处理器中交换数据的速度比内存更快、体积更小、价格更贵的暂存器。操作系统设计人员只有完全掌握和了解硬件厂商所提供的各种寄存器的功能和接口,才能进行操作系统设计。与操作系统相关的典型寄存器包括以下 8 种。

1. 数据寄存器

数据寄存器(DR)用来暂时存放计算机执行命令时用的操作数、运算结果和运算的中间结果。

2. 地址寄存器

地址寄存器(AR)一般用来存放内存中某个数据或指令的地址，或者存放某段数据与指令的入口地址，以及用来进行更复杂的地址计算。下面 4 种寄存器都是地址寄存器。

（1）地址标志位寄存器。

（2）内存管理用各种始地址寄存器。

（3）堆栈指针。

（4）设备地址寄存器等。

3. 条件码寄存器

条件码寄存器(CCR)也称为标志寄存器，其标志位由处理器硬件设置。例如，一次算术运算可能导致条件码寄存器被设置为正、负、零或溢出。

4. 程序计数器

程序计数器(PC)用于存放下一周期被执行的指令的地址。

5. 指令寄存器

指令寄存器(IR)用于存放待执行指令。

6. 程序状态字寄存器

程序状态字(PSW)寄存器的各个位代表系统中当前的各种不同状态与信息，如 CPU 优先级、用户态或核心态以及执行模式是否允许中断等。

7. 中断现场保护寄存器

如果系统允许不同类型的中断存在，则会设置一组中断现场保护寄存器，以便保存被中断程序的现场和链接中断恢复处。

8. 堆栈

堆栈用来存放过程调用时的调用名、调用参数以及返回地址等。

1.2.3 指令的执行

每个 CPU 都有一个指令集合。任何应用程序的运行都是通过指令的执行才得以实现的。执行指令的基本过程分为两步，即处理器从内存读入指令的过程和执行的过程。其中，读入的指令保存在程序计数器所指的地址，而执行的指令则保存在指令寄存器中。

图 1-4 指令的执行周期

通常把指令的读入和执行过程称为一个执行周期，如图 1-4 所示。指令的执行涉及处理器与内存之间的数据传输或者处理器与外部设备之间的数据传输等。指令的执行也涉及数据处理，例如算术运算或逻辑运算。另外，指令的执行还可以是对其他指令的控制过程。一条指令的执行可以是上述几种情况的组合。

1.2.4 中断

1. 中断的概念

在日常生活中，经常会发生这种情况，当你正在做某件事时，有另外一件紧急事件需要你去处理。这时你只能暂时放下前者,去处理后者,待处理完成后,再继续做原先的事。

　　计算机系统中的中断概念与之类似。所谓中断,是指当 CPU 正在执行某一程序时,发生了异步事件,此时 CPU 将打断正在执行的程序(称为现行程序),转去执行处理该异步事件的程序。被打断的程序可以在以后的某个时间继续执行。中断的特点是具有随机性,发生中断的时间或原因与现行程序没有逻辑上的关系。这就必须保证现行程序被中断后能在以后继续正确地执行。图 1-5 是中断的执行过程。

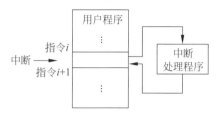

图 1-5　中断的执行过程

　　引起中断的事件称为中断源,中断源向 CPU 发出的请求处理信号称为中断请求,发生中断时的现行程序的暂停点称为中断点,CPU 暂停现行程序转去响应中断请求的过程称为中断响应,处理中断源的程序称为中断处理程序,CPU 执行相关中断处理程序的过程称为中断处理过程,而返回断点的过程称为中断返回。

　　在某些情况下,尽管产生了中断请求,但 CPU 内部的程序状态字(PSW)中的中断允许位已被清除,从而不允许 CPU 响应中断,这种情况称为禁止中断,也称为关中断。CPU 禁止中断后,只有等到程序状态字中的中断允许位被重新设置后才能接收中断,这一过程称为开中断。关中断和开中断都是由硬件实现的。

2. 中断类型与中断优先级

　　根据中断源产生的条件,可把中断分为外中断和内中断。

　　外中断指来自处理机和内存外部的中断,包括 I/O 设备发出的中断、外部信号中断、各种定时器引起的时钟中断以及调试程序中设置的断点等引起的调试中断。

　　内中断主要指在处理机和内存中产生的中断。内中断也称为陷入。它包括程序运算时引起的各种错误,如地址非法、数据溢出、用户执行特权指令、分时系统的时间片中断以及从用户态到核心态的切换等。

　　根据系统对中断处理的需要,操作系统一般对各种中断赋予不同的处理优先级,以便在不同的中断同时发生时按轻重缓急进行处理。各中断源的优先级在系统设计时给定,在系统运行时是固定的。

3. 中断响应与中断处理

　　中断响应只能发生在两条相继机器指令执行的间隙,如图 1-6 所示。

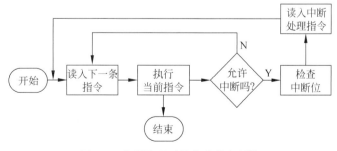

图 1-6　中断处理时的指令执行周期

　　每当 CPU 执行完成一条指令,便立即查询有无中断请求。若无,则继续执行下一条指令;若有,则转入相应的中断处理程序。

系统一旦响应中断,便开始中断处理过程。它的主要工作是保护被中断程序的现场,以便后续可以恢复现场,使现行程序能得到正确的执行,然后转去执行相应的中断处理程序。系统为每类中断源都预先安排好了中断处理程序,它的入口地址存于固定的存储单元中。

1.2.5 处理机状态及特权指令

1. 处理机的状态

在计算机系统中有两类程序在运行:用户程序和系统程序。用户程序和系统程序在执行时有不同的权限。

根据对系统资源和机器指令的使用权限,把处理机执行时的工作状态分为系统态和用户态。有的操作系统还将系统程序执行时机器的状态又分为核态和管态,其权限由高到低的次序是核态、管态、用户态。

核态(kernel mode)是CPU执行操作系统程序时所处的状态。在此状态下允许CPU使用全部资源和全部指令,其中包括一组特权指令(如涉及外设的I/O、改变处理机状态、修改存储保护的指令),实现对系统资源的分配与管理,为用户提供使用外部设备的服务。

管态(supervisor mode)比核态的权限低,在此状态下允许使用一些用户态下不能使用的资源,但不能使用修改CPU状态的指令。

用户态(user mode)是用户程序执行时CPU所处的状态。在此状态下禁止使用特权指令,不能直接使用系统资源以及改变CPU状态,并且只能访问用户程序所在的存储空间。

当CPU执行用户程序时,CPU处于用户态;在执行的过程中出现中断(或陷入)时,系统转去处理与中断有关的事件,这时CPU由用户态转换成核态(或管态);处理完中断后,返回断点继续执行用户程序,这时CPU由核态转换成用户态。

2. 特权指令集

(1) 在核态下操作系统可以使用所有指令,包括一组特权指令。

① 允许和禁止中断。

② 在进程之间切换处理机。

③ 存取用于内存保护的寄存器。

④ 执行输入输出操作。

⑤ 使CPU处于暂停状态。

(2) 在下列情况下,由用户态转向核态。

① 用户程序要求操作系统服务,发生系统调用。

② 发生中断。

③ 用户程序产生了错误的状态。

④ 用户程序企图执行一条特权指令。

从核态转回用户态用一条指令实现,这条指令也是特权指令,一般情况下是中断返回指令。

1.3 操作系统的形成和发展

为了更好地理解操作系统的基本概念和功能,本节回顾操作系统的形成和发展过程。

一个事物的产生总有其原因和必然性,操作系统也不例外。操作系统是伴随着计算机的产生而产生,并且随着计算机技术及其应用的发展而不断发展和完善的。计算机硬件经历了电子管、晶体管、集成电路、大规模和超大规模集成电路的发展历程,操作系统也完成了从无到有、从简单到复杂的演变过程。

1.3.1 操作系统发展的基础

1. 计算机体系结构的发展

计算机体系结构经历了从简单到复杂、从单机到多机、从集中到分散的发展,它所依赖的物质基础是微电子技术和超大规模集成技术,硬件资源的发展促进了计算机体系结构的发展。

计算机体系结构的发展给各种硬件资源管理提出了更高的要求,而对系统各部分(I/O系统、主机系统、存储子系统、网络子系统)进行人工管理是不可能的,因此需要有一个超强功能的软件来组织和统一协调各个部件的工作,这个软件就是操作系统。

2. 计算机软件资源的发展

软件的发展有两个重要的方面:一是支持用户进行系统开发;二是增强系统的管理和服务能力。计算机高级语言及其编译系统的发展打开了应用领域的大门,推动了应用系统的开发,随之而来的各种服务程序、实用程序、工具程序、娱乐程序使计算机系统资源的概念发生了变化,不仅指硬件资源,还包括上述各类软件、数据库和文档信息等,这就是软件资源。对软件资源的管理和支持也是操作系统的任务。

3. 应用环境与需求的发展

随着应用领域的扩大和深入,用户对计算机系统的要求也在改变。一般来说,用户希望系统的功能越强越好,系统的接口尽可能简单,速度尽可能快,最好能共享各种系统资源,有较高的可靠性和有效性,并且能按用户的需求重新组织或扩充等。而上述需求仍然在不断地变化,从而也促进了操作系统的发展。

1.3.2 手工操作

在20世纪40年代中期,数学家冯·诺依曼(John von Neumann)提出了程序的概念,设计并建造了电子管数字计算机,其主要特点是:计算机的主要器件是电子管,以汞延迟线、磁芯、磁环作为主存储器,以磁鼓或磁带作为外部存储器,计算机总体结构以运行器为中心。这种计算机体积庞大,耗能极高,速度极慢,且价格昂贵。这个时期没有编程语言,上机完全是手工操作,操作系统尚未出现,编程全部采用机器语言,通过一些插板上的硬连线来控制其基本功能。这个时期的计算机主要用于数值计算。

这种手工操作方式存在着明显的缺点。

(1) 上机用户独占全部资源,其他用户只能等待。

(2) 手工操作的出错率比较高。

(3) 随着计算机运行速度的提高,高速的计算机与低速的手工操作之间形成矛盾。

20世纪50年代初期,出现了穿孔卡片,这时就可以不用插板。同时期还出现了脱机的输入输出技术,该技术是指在进行程序的调试与执行时,程序员把事先写有程序的卡片装入卡片输入机,在一台外围机的控制下,把卡片上的数据输入到磁带上,当CPU需要时,再从磁带上把程序和数据送进计算机,然后启动计算机运行程序。当需要输出时,可由CPU直接把数据送到磁带上,再在另一台外围机的控制下,将磁带机上的结果通过相应的输出设备输出。由于程序和数据的输入和输出都是在外围机的控制下完成的,或者说它们是在脱离主机的情况下进行的,故称为脱机输入输出方式;反之,在主机的直接控制下进行输入输出的方式称为联机输入输出方式。

1.3.3 批处理系统

批处理系统是早期的大型机使用的操作系统。现代操作系统大都具有批处理功能。批处理系统的特点是采用脱机服务方式,即用户将控制作业的意图、数据以及程序利用系统提供的作业控制命令书写成作业说明书提交给操作员,操作员将其输入外存,由操作系统控制、调度各作业的运行,最后输出结果。它是一种非人工的干预方式。

1. 单道批处理系统

20 世纪 50 年代后期,出现了晶体管计算机,计算机的运行速度得到了很大提高,外部存储设备除磁鼓、磁带外,又引入了磁盘。这个时期的计算机被称为第二代计算机。在此期间,程序和编程语言得到较大的发展。计算机安装在专门的机房,有专人操作。然而,低速的手工操作和高速的计算机运行之间的矛盾越来越严重,变得让人无法忍受。另外,计算机硬件仍然十分昂贵,需要最大限度地利用机器资源。人们为了提高资源利用率,减少机时的浪费,提出了批处理操作系统的概念。

单道批处理系统的中心思想是使用一个被称为监控程序的软件,通过这种软件,用户不再直接访问计算机,而是把程序和数据以及用户对程序的控制意图写在卡片或磁带中,以作业的形式提交给计算机操作员,由操作员把这些作业按顺序组织成一批,并将整批作业放在输入设备上,供监控程序使用。首先,监控程序将磁带上的第一个作业装入内存,该作业完成处理后返回到监控程序,然后,监控程序自动加载下一个作业。在监控程序的控制下,系统可以连续运行,直到这批作业处理完毕。这样的监控程序也就是操作系统的雏形。由于系统对作业的处理是成批进行的,且在内存中只能保持一道作业运行,故称之为单道批处理系统。

这种监控程序可以使作业间自动切换,减少了作业交接时间的浪费,但是它还没有真正形成对作业的控制和管理。如果一个用户的作业非常庞大,它在运行期间将独占计算机系统的所有资源,在它运行完成之前,任何其他用户的作业,哪怕是很短的作业也只能等待。

单道批处理系统提高了 CPU 的利用率,减少了操作员手工操作的出错率,比起人工操作有了很大的进步。单道批处理系统具有以下 3 个特征。

(1) 自动性。如果情况顺利,磁带上的作业能够自动依次运行,无须人工干预。

(2) 顺序性。磁带上的各道作业按照一定的顺序进入内存运行。

(3) 单道性。监控程序每次只从磁带上调入一道作业进入内存运行,即同一时刻内存中仅有一道作业运行。

2. 多道程序系统

20 世纪 60 年代初期,计算机的应用形成两个领域,即面向科学与工程的复杂计算和面向字符处理的商务应用。由此出现了通用计算机。这个时期的计算机被称为第三代计算机,其主要特点是:以中、小规模集成电路作为逻辑器件,主存储器除磁芯外,开始使用半导体存储器,外存储器则以磁盘为主。著名的 IBM System 360 计算机是一个代表,它是第一台采用集成电路的计算机,比第二代计算机有更好的性能价格比,也是一台大型通用计算机。通用计算机要实现通用性,必须功能强大,能够满足不同应用要求,处理和适应各种设备环境,才能发挥最大效能,所以必须有一个强有力的、功能复杂的监控程序来监管和协调系统的所有操作,安排和调度用户提交的作业,分配系统共用的各种软件和硬件资源。最初的监控程序不能完成这些功能,由此出现了功能强大的程序集合,即现在所说的操作系统。

在 IBM System 360 上运行的 OS/360 操作系统被认为是真正的操作系统。因为它实现了资源管理,建立了资源管理的机制,直到现在,许多操作系统中的技术和结构还多少留有它的影子。尽管 OS/360 存在较大的隐患和不足,但它引入了一种新技术——多道程序技术,即在内存中同时存放多个程序使它们同时处于运行状态。在单处理机系统中,多道程序技术的特点如下。

(1) 多道。计算机内存中同时存放多个相互独立的程序。

(2) 宏观上并行。同时进入系统的几个程序都处于运行状态,即它们都开始了运行,但都未运行完毕。

(3) 微观上串行。实际上,各个程序轮流使用 CPU,交替执行。

图 1-7(a)是单道程序运行的情况,其中 $t_2 \sim t_3$ 和 $t_6 \sim t_7$ 两段时间内处理机在等待。图 1-7(b)是两道程序运行的情况(假设 A、B 程序请求的设备不同),其中 $t_4 \sim t_5$ 和 $t_8 \sim t_9$ 两段时间内处理机在等待,但是外设在同时工作,在 $t_2 \sim t_3$ 和 $t_6 \sim t_7$ 两段时间内用户程序和外设在并行工作。显然,在多道程序系统中,CPU 和外设可以并行运行,大大提高了 CPU 的利用率,从而提高了系统资源的利用率,这正是引入多道程序的目的。

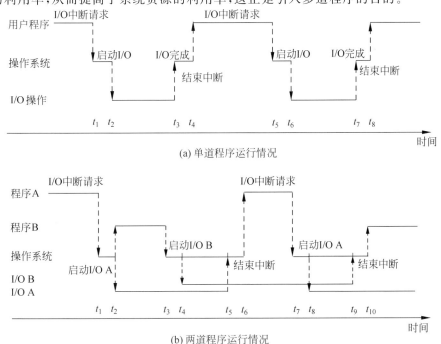

图 1-7 单道与两道程序的运行情况

下面用一个具体的例子来说明多道程序的运行过程与单道程序的差别。

例 1-1 设有 A、B、C 3 个程序，其执行过程分别如下。

A：$C_{11}=30\mathrm{ms}$　$I_{12}=40\mathrm{ms}$　$C_{13}=10\mathrm{ms}$

B：$C_{21}=60\mathrm{ms}$　$I_{22}=30\mathrm{ms}$　$C_{23}=10\mathrm{ms}$

C：$C_{31}=20\mathrm{ms}$　$I_{32}=40\mathrm{ms}$　$C_{33}=20\mathrm{ms}$

其中，C_{ij} 表示内部计算过程，I_{ij} 表示 I/O 操作，3 个程序的优先权从高到低为 A、B、C。

假设调度和启动 I/O 的执行时间忽略不计，同时假设每道程序请求的外设不冲突。如果是单道程序系统，3 个程序顺序执行完成需要多少时间？如果是多道程序系统，3 个程序同时驻留内存，完成 3 个程序执行共需要多少时间？

解：3 个程序并发执行时的 CPU 执行情况如图 1-8 所示。其中只画出了 3 个程序在 CPU 上的执行情况，省略了外设的工作情况，阴影部分是 CPU 的空闲时间。

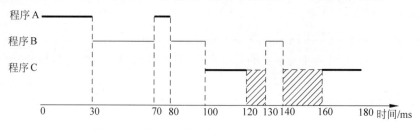

图 1-8　3 个程序并发执行时的 CPU 执行情况

由图 1-8 可知，3 个程序顺序执行完成需要 260ms。如果是多道程序系统，3 个程序同时驻留内存，完成 3 个程序共需 180ms，3 个程序在执行过程中以重叠的方式运行，比单道程序系统节省了 80ms。

3．多道批处理系统

单道批处理系统克服了手工操作的缺点，实现了作业的自动切换，但在单道批处理系统中，同一时刻内存中仅有一道作业运行。这就有可能出现两种情况：对于以计算为主的作业，输入输出量少，外部设备空闲；而对于以输入输出为主的作业，又会造成主机空闲。这样计算机资源的利用效率仍然不高。为了进一步提高资源的利用率，在 20 世纪 60 年代中期引入了多道程序设计技术，由此形成了多道批处理系统。

(1) 多道批处理系统具有以下 3 个特点。

① 多道性。计算机内存中同时存放几个相互独立的程序。

② 无序性。多个程序完成的先后顺序与它们进入内存的顺序并不是严格对应的，后进入内存的程序有可能比先进入内存的程序先完成。

③ 调度性。程序从提交给系统开始到完成需要两级调度，即作业调度和进程调度。

(2) 多道批处理系统优点。

随着多道批处理系统的出现，操作系统更趋于完善了，如今多道批处理系统仍是操作系统的三大基本类型（见 1.3.5 节）之一。这也说明它具有其他类型的操作系统所不具备的优点。

① 资源利用率高。内存中多个程序可以共享资源。

② 系统吞吐量大。系统吞吐量是指系统在单位时间内所完成的总工作量。

由于在批处理操作系统中 CPU 和其他资源能够保持忙碌状态，只有当作业完成或出错时才进行切换,从而减小了系统开销。

(3) 多道批处理系统缺点。

无交互能力。在批处理系统中,用户以脱机方式使用计算机,即用户从提交作业到作业完成的过程中无法进行干预,这给修改和调试程序造成很大障碍。

1.3.4 分时系统

多道程序系统解决了资源利用率的问题,但随着计算机的普遍使用,早期的批处理系统暴露出严重缺陷,例如一个作业从提交到取回运行结果往往要很长时间。让程序员更不能忍受的是,一个误用的逗号就会导致编译失败,程序员必须重新提交,重新等待,浪费很长的时间。同时,越来越多的用户希望在使用计算机的过程中能够进行非常方便的人机交互,也就是说可以在程序运行时直接对计算机进行控制。除此之外,很多用户还十分怀念手工操作阶段自己可以独占计算机的良好感受。用什么办法能做到既能保证计算机效率,又能方便用户使用呢?在 20 世纪 60 年代中期,随着键盘、显示器等交互设备的问世以及计算机的小型和微型化,用户可以直接与计算机打交道,也使得这种愿望成为可能。这时,由麻省理工学院开发的第一个分时系统 CTSS 出现了。在分时系统中,一台计算机可以同时连接多个带有显示器和键盘的用户终端,同时允许用户通过自己的终端以交互方式使用计算机,共享主机中的资源。由于调试程序的用户常常只发出简短的命令,而很少执行费时较长的命令,所以计算机能够为一些用户提供快速的交互式服务,同时在 CPU 空闲时还能运行后台的大作业。比较著名的多用户分时系统是 UNIX 系统。

分时系统采用了分时技术,就是把处理机的运行时间分成很短的时间片,按时间片轮流把处理机分配给各个联机程序使用。若某个程序在分配给它的时间片内不能完成其任务,则该程序暂时中断,把处理机让给另一程序使用,等待下一轮再继续运行。由于计算机速度很快,程序运行轮换得也很快,每个用户都感觉自己独占了计算机,同时又可以通过终端向系统发出各种命令,控制程序的运行。

分时系统与批处理系统相比具有完全不同的特点。

(1) 交互性。用户可以通过终端方便地进行人机对话,可以请求系统提供各种服务,特别是远程终端用户,可以直接在自己的终端上提交、调试和运行程序。

(2) 多用户同时性。允许在一台计算机上连接多台终端,多个用户通过轮流占用分配给自己的时间片来共享计算机资源。

(3) 独立性。每个用户通过自己的终端独立使用计算机,感觉自己一个人独占计算机资源。

(4) 及时性。系统能及时响应用户的请求。及时是指用户的请求在用户能接受的时间范围内可以得到响应,这一时间范围通常为 2~3s。

分时和多道程序设计引发了操作系统中的许多问题。如果存储器中有多个程序,必须保护它们不互相干扰。例如,一个程序不会修改另一个程序的数据。对多个交互用户,必须对文件系统进行保护,只有授权用户才可以访问某个特定的文件。还必须处理资源(如打印机)争用的问题。这些问题(和其他问题)以及可能的解决方法在本书的后面会一一阐述。

1.3.5　实时系统

分时系统的出现满足了用户方便实用的需求,然而用户的需求是不断变化的。随着计算机的应用范围的扩大,计算机越来越多地被用于生产过程的控制和武器系统的实时控制。这两种控制系统都要求能实时采集现场数据,并对所采集的数据进行及时处理,进而自动控制相应的执行机构,以保证正常执行。除此之外,人们还经常需要对外来的实时信息进行控制,如飞机订票系统和银行业务系统。无论是生产过程、武器系统的实时控制还是外来信息的实时控制,都要求系统能够在允许的时间范围内作出响应,并且对系统的可靠性要求也比较高,这样就导致了实时系统的出现。

实时就是"立即"或"及时",具体的含义是指系统能够及时响应随机发生的外部事件,并以足够快的速度完成对事件的处理。实时系统的应用环境是需要对外部事件及时作出响应和处理的场合。

(1) 实时系统的分类。

实时系统按使用场合和作用可以分为两类。

① 实时控制系统。把计算机用于飞行器、导弹等的自动控制,这时计算机要对测量系统测得的数据及时加工,并及时输出结果以便对目标进行跟踪或向操纵人员显示。

它的主要特点是:与被控制过程的速度相比,其反应速度足够快,工作安全可靠,操作简便容错机制比较完善,即使系统中软硬件发生故障,系统也能安全运行。

② 实时信息处理系统。把计算机用于预订飞机票、查询航班、航线、票价等事务时,或把计算机用于银行系统、情报检索系统时,都要求计算机能对终端发来的服务请求及时予以正确的响应。

(2) 实时系统的特点。

实时系统的主要特点是即时响应和高可靠性。实时系统的响应时间一般是秒级、毫秒级甚至更小。因为在一些关键系统(如飞机的自动驾驶系统)中,信息处理的延误往往会带来不堪设想的后果。而可靠性在实时系统中比在非实时系统中更重要。非实时系统中的暂时故障可以简单地通过重新启动系统来解决,但实时系统要能实时地响应和控制事件,性能的损失或降低可能带来巨大的灾难,会造成资金损失,毁坏主要设备,甚至危及生命。因此,在实时系统中,往往都采用了多级容错措施来保障系统的可靠性及数据的安全性。

另外,用户控制在实时操作系统中通常比在普通操作系统中更为重要。在典型的非实时操作系统中,用户或者对操作系统的调度功能没有任何控制,或者只能进行简单控制,例如把用户分成多个优先级组。但在实时系统中,允许用户细粒度地控制任务优先级是必不可少的。用户应该能够区分硬任务和软任务,并且在每一类中确定相对优先级。实时系统还允许用户指定一些特性。例如,使用页面调度还是进程交换,哪一个进程必须常驻主存,使用何种磁盘调度算法,不同优先级的进程各有哪些权限,等等。

实时系统还包括机器人、空中交通管制,下一代系统还将包括自动驾驶汽车、具有弹性关节的机器人控制器、智能化生产中的系统查找以及空间站和海底勘探等。

通常把批处理系统、实时系统和分时系统称为操作系统的 3 种基本类型。一些计算机系统兼有这三者或其中二者的功能。

表 1-1 从多路性、独立性、及时性、交互性及可靠性几方面比较了批处理系统、实时系统

和分时系统的不同之处。

表 1-1 批处理系统、实时系统和分时系统的特征比较

系统	多路性	独立性	及时性	交互性	可靠性
批处理系统	不能同时为多个用户服务	不独立	不够及时	不能进行交互	可靠
实时系统	对多个对象进行控制	好	规定时间	人与系统交互存在一定限制	高度可靠
分时系统	为多个用户服务	好	人所能接受的等待时间	可提供各种交互服务	可靠

随着多道程序技术的推广及应用,后期的操作系统有了多种操作方式和类型。多道批处理系统和分时系统的不断改进以及实时系统的出现使操作系统日益完善。在此基础上出现了通用操作系统,也就是说在一种操作系统中同时具有了批处理、实时处理和分时处理的功能。至此,现代操作系统的基本概念、功能、结构和组成都已经形成。

引入多道程序技术提高了系统资源的利用率,但同时要求有专门的软硬件来支持多道程序,支持内存的分块以及防止作业的相互干扰。因此,通用操作系统的设计是极其复杂的,隐患极多,难以排除,操作系统的设计者不得不以版本更新的方式来消除原版本中的隐患并增加新的功能。

1.3.6 个人操作系统

随着微电子技术和 VLSI 技术的迅速发展,大规模和超大规模集成技术用于计算机,将运算器、控制器和相应接口集成在一块基片上,产生了微处理器。计算机硬件价格急速下降,按照计算机硬件分代的概念趋于模糊,计算机的体系结构趋于灵活、小型、多样化。小型、微型计算机在运算速度、内存容量、外存容量和 I/O 接口等方面有了很大的发展。许多原来只能在大型计算机上实现的技术逐步下移到小型和微型计算机上,出现了面向个人用户的计算机(Personal Computer,PC),并向便携式计算机发展。计算机直接与用户交互,系统操作界面更加友好、灵活方便,功能更加强大,可靠性更高,体积更小,价格更低,得到了越来越广泛的应用。此时的软件系统(包括操作系统)要求面向用户,使用户操作更方便灵活,无须了解计算机硬件及其内部操作。自 1984 年 Apple 公司的 Macintosh 计算机系引入图形用户界面(GUI)以来,视窗操作和视窗界面得以发展,从而形成了操作系统的用户界面管理功能模块。这个时期(1980—1994 年)被认为是第四代计算机系统阶段,其配置的操作系统被称为现代操作系统。

个人计算机上的操作系统是一种联机的交互式的单用户操作系统。由于是个人专用,因此在多用户和分时所要求的对处理机调度、存储保护方面将会简单得多。然而,由于个人计算机的普及,对于提供更为方便友好的用户接口的要求越来越迫切。随着多媒体技术的引入,要求计算机有一个具有高速数据处理能力的实时多任务操作系统。

目前,个人计算机操作系统层出不穷,有 MS-DOS、UNIX、Linux、OS/2、Windows、MAC 等,其中有代表性的是 MS-DOS、UNIX、Linux 和 Windows。个人操作系统使计算机的使用环境和开发平台越来越灵活和高效。多媒体技术的出现和多媒体数据与信息的处理给个人计算机操作系统提出了更高的要求。个人计算机操作系统要满足应用领域的各种要

求,要处理信息社会中的多种媒体信息,要提供更灵活友好的用户界面,它必须提供新的功能,支持各种不同类型的外部设备,这样的操作系统才会受到用户的欢迎,才会有强大的生命力。

1.3.7 网络操作系统

由于网络的出现和发展,现代操作系统的主要特征之一就是具有上网功能。网络操作系统是建立在计算机网络的基础上的,通过通信设施将物理上分散的多个计算机系统互连起来,实现信息交换、资源共享、可互操作和协作。它具有以下的特征。

(1) 计算机网络是一个互连的计算机系统的群体。这些计算机系统在物理上是分散的,可能在一个房间里,在一个单位里,在一个城市或几个城市里,甚至在全国或全球范围内。

(2) 这些计算机是自治的,每台计算机有自己的操作系统,各自独立工作,它们在网络协议控制下协同工作。

(3) 系统互连要通过通信设施(硬件、软件)来实现。

(4) 系统通过通信设施执行信息交换、资源共享、互操作和协作处理,实现多种应用要求。互操作和协作处理是计算机网络应用中更高层次的特征。它需要有一个环境支持网络环境下互连的异种计算机系统之间的进程通信,实现协同工作和应用集成。

网络操作系统与单处理机的操作系统没有本质的区别。它们需要一个网络接口控制器以及一些低层软件来驱动它,同时还需要一些程序来进行远程登录和远程文件访问,但这些附加功能并未改变操作系统的本质结构。网络操作系统的研制开发是在原来各计算机操作系统的基础上进行的,按照网络体系结构的各个协议标准进行开发,包括网络管理、通信、资源共享、系统安全和多种网络应用服务等。

1.3.8 分布式操作系统

粗看起来,分布式系统与网络没有多大区别。分布式系统也可以定义为通过通信网络将物理上分布的具有自治功能的数据处理系统或计算机系统互连起来,实现信息交换和资源共享,协作完成任务。但是两者有以下一些明显的区别。

(1) 对于计算机网络,现在已制定了明确的通信网络协议体系结构及一系列协议族,即 ISO/OSI 开放式系统互连体系结构及一系列标准协议(如 IEEE、CCITT 相应的标准等),计算机网络的开发都遵循协议,而对于各种分布式系统并没有制定标准的协议。当然,计算机网络也可认为是一种分布式系统。

(2) 分布式系统要求一个统一的操作系统,实现系统操作的统一性。为了把数据处理系统的多个通用部件合并成为一个具有整体功能的系统,必须引入一个高级操作系统。各处理机有自己的私有操作系统,必须有一个策略使整个系统融为一体,这是高级操作系统的任务。它可以以两种形式出现:一种是在各处理机的私有操作系统之外独立存在,私有操作系统可以识别和调用它;另一种是在各处理机私有操作系统的基础上加以扩展。对于各个物理资源的管理,高级操作系统和各私有操作系统之间不允许有明显的主从管理关系。在计算机网络中,实现全网的统一管理的网络管理系统已成为越来越重要的组成部分。

(3) 系统的透明性。分布式操作系统负责全系统的资源分配和调度、任务划分、信息传输控制协调工作,并为用户提供一个统一的界面,用户通过这一界面实现所需的操作和使用系统资源,至于在哪一台计算机上执行或使用哪台计算机的资源则是系统的事,用户是不用知道的,也就是系统对用户是透明的。但是对于计算机网络,若一台计算机上的用户希望使用另一台计算机上的资源,则必须明确指明是哪台计算机。

(4) 分布式系统的基础是网络。它和常规网络一样具有模块性、并行性、自治性和通用性等特点,但它比常规网络又有进一步的发展。因为分布式系统已不仅是一个物理上的松散耦合系统,同时还是一个逻辑上紧密耦合的系统。分布式系统由于更强调分布式计算和处理,因此对于多机合作、系统重构、健壮性和容错能力有更高的要求,希望系统有更短的响应时间、高吞吐量和高可靠性。

20 世纪 90 年代出现的网络计算(network computing)和高速网络已使分布式系统变得越来越现实。特别是 Sun 公司的 Java 语言和运行在各种通用操作系统之上的 Java 虚拟机和 Java OS 的出现,更进一步加快了这一趋势。另外,软件构件技术的发展也将加快分布式操作系统的实现。

1.3.9 嵌入式操作系统

随着人们对新技术和物质生活的更高追求,操作系统的使用已不仅仅限于计算机领域。近年来,嵌入式系统已经广泛地用于平板电脑、移动电话、家用电器等电子产品中。它们固化在汽车、电梯、电视、录像机、游戏机等人们身边大量的设备设施上。除此之外,嵌入式操作系统在工业机器人、医药设备、电话、卫星、飞行等领域同样扮演了重要的角色。一般来说,嵌入式系统是指那些执行专用功能并被内部计算机控制的设备或者系统。嵌入式系统不能使用通用型计算机,而且运行的是固化的软件,用术语表示就是固件(firmware),终端用户很难或者不可能改变固件。也就是说,镶嵌在普通计算机以外的所有电子设备中的操作系统都是嵌入式操作系统。嵌入式系统包括硬件和软件两部分。硬件包括处理器/微处理器、存储器、外设器件、I/O 端口和图形控制器等。软件部分包括操作系统(要求实时和多任务操作)和应用程序。有时设计人员把这两种软件组合在一起。应用程序控制着系统的运作和行为,而操作系统控制着应用程序与硬件的交互。

嵌入式系统的核心是嵌入式微处理器。嵌入式微处理器一般具备以下 4 个特点。

(1) 对实时多任务有很强的支持能力,能完成多任务并且有较短的中断响应时间,从而使内部的代码和实时内核的执行时间减少到最低限度。

(2) 具有功能很强的存储区保护功能。这是由于嵌入式系统的软件结构已模块化,而为了避免在软件模块之间出现错误的交叉作用,需要设计强大的存储区保护功能,同时也有利于软件诊断。

(3) 可扩展的处理器结构,能迅速地扩展出满足应用需求的最高性能的嵌入式微处理器。

(4) 嵌入式微处理器必须功耗很低,尤其是用于便携式的无线及移动的计算和通信设备中,靠电池供电的嵌入式系统更是如此,如需要功耗只有毫瓦甚至微瓦级。

嵌入式计算机系统同通用型计算机系统相比具有以下特点。

(1) 嵌入式系统通常是面向特定应用的。嵌入式 CPU 与通用型 CPU 的最大不同就是嵌入式 CPU 大多工作在为特定用户群设计的系统中,它通常都具有低功耗、体积小、集成度高等特点,能够把通用 CPU 中许多由板卡完成的任务集成在芯片内部,从而有利于嵌入式系统小型化,移动能力大大增强,与网络的耦合也越来越紧密。

(2) 嵌入式系统是将先进的计算机技术、半导体技术和电子技术与各个行业的具体应用相结合的产物。这决定了它必然是一个技术密集、资金密集、高度分散、不断创新的知识集成系统。

(3) 嵌入式系统的硬件和软件都必须高效率地设计,量体裁衣,去除冗余,力争在同样的芯片面积上实现更高的性能,这样才能在具体应用中更具有竞争力。

(4) 嵌入式系统和具体应用有机地结合在一起,它的升级换代也是和具体产品同步进行的,因此嵌入式系统产品一旦进入市场,就具有较长的生命周期。

(5) 为了提高执行速度和系统可靠性,嵌入式系统中的软件一般都固化在存储器芯片或单片机中,而不是存储于磁盘等载体中。

1.3.10 操作系统的发展趋势

随着计算机技术的飞速发展,新型计算机层出不穷,按照硬件划分时代的概念已经模糊,分代已无多大意义。计算机科学在快速地发展,随着人们对计算机的应用和认识,对于计算机的使用需求更加广泛而复杂,操作系统下一步的发展给人们带来了无限的遐想空间。当前,操作系统主要的发展类型将趋向巨型化、微型化、网络化和智能化。

1.4 操作系统的功能和特性

从操作系统的定义可知,操作系统是直接控制和管理计算机软硬件资源的最基本的系统软件,那么操作系统具有哪些功能以及与其他软件不同的特点呢?

1.4.1 操作系统的功能

操作系统是计算机系统资源的管理者,如何最大限度地提高计算机系统资源的使用效率,如何为用户提供一个方便的使用环境是操作系统要解决的两大主要问题,也是使用计算机的目标。一般将计算机资源分为硬件资源和软件资源。前者主要包括处理机、存储器(内存和外存)、输入输出设备。而后者主要包括各种程序和数据,它们都以文件形式存储在外存储器中。因此,常规的操作系统通常具有如下 5 方面的功能。

1. 进程管理

进程管理主要是对处理机的管理。为了提高 CPU 的利用率,采用多道程序技术;为了描述多道程序的并发执行,引入进程的概念,通过进程管理协调多道程序之间的关系,以使多道程序可以以最高的效率执行,并且使 CPU 资源得到最充分的利用。进程管理主要的功能如下。

(1) 进程控制。在多道程序环境下,必须为每个程序建立一个或几个相应的进程。进程控制主要包括进程的创建、进程的撤销、进程的阻塞与唤醒。

(2) 进程的同步控制。引入多道程序后,由于进程之间的相互限制和相互依赖,导致进程之间出现了两种关系:互斥与同步。进程管理必须提供相应的同步机制,协调进程之间的运行,以保证进程执行结果的正确性。

(3) 进程通信。多个进程之间具有相互合作的关系,由此它们之间必须交换一定的信息。进程通信的任务就是实现相互合作的进程之间的信息交换。

(4) 调度。系统中同时存在多个进程,它们都要求得到 CPU 的处理,进程调度的主要任务就是按照一定的算法从多个就绪队列中选中一个进程,使之得到执行。

2. 存储管理

内存的需求量大,而内存价格又昂贵,且受 CPU 寻址能力的限制,内存容量有限。因此,当多个程序共享内存时,如何为它们分配内存空间,使它们彼此隔离、互不侵扰,并且可以在一定条件下互相调用,当内存不够用时,如何把当前运行的数据及程序即时调出内存,需要运行时再从外存调入内存,等等,都是存储管理的任务。

3. 设备管理

设备管理指对除 CPU 和内存外的所有 I/O 设备的管理。除了进行实际 I/O 操作的设备外,还包括诸如设备控制器、DMA(Direct Memory Access,直接存储访问)控制器、通道等支持设备。设备管理的首要任务是为这些设备提供驱动程序或控制程序,以使用户不必详细了解设备及接口的技术细节,就可方便地对这些设备进行操作。设备管理的另一个任务就是利用中断技术、DMA 技术和通道技术,使外部设备尽可能地与 CPU 并行工作,以提高设备的使用效率,并提高整个系统的运行速度。

4. 文件管理

文件管理主要指对程序和数据等软件资源进行的管理。程序和数据是以文件的形式存放在外部存储器中的,当需要时再把它们装入内存(操作系统本身也是文件)。文件是软件资源,有效地组织、存储、保护文件,以使用户方便、安全地访问它们,以及对文件系统进行优化,这些都是文件管理的任务。

5. 用户接口

除对系统资源的管理外,操作系统还必须向用户提供直接使用操作系统的手段。操作系统通常会提供 3 种接口。第一种是命令接口,用户可通过该接口向系统发出命令以控制程序运行。这种接口又进一步分为联机用户接口和脱机用户接口,前者由一组键盘操作命令以及命令解释程序组成,后者由一组控制命令组成。第二种是程序接口,即提供一组广义指令(系统调用)供用户程序和其他系统程序调用。每当应用程序要求操作系统提供某种服务(功能)时,便启动具有相应功能的系统调用。第三种是图形接口,这是较晚出现的操作系统提供的,它采用了图形化的操作界面,用非常容易识别的各种图标将系统的各项功能、各种应用程序和文件直观地标示出来,用户可用鼠标方便地完成操作,而不用花费大量时间记忆各种命令的名字与格式,使得计算机操作变得更为方便。

1.4.2 操作系统的基本特征

尽管每种类型的操作系统各有其特征,但作为现代操作系统,都具有 3 个基本特征:并发性、共享性和不确定性。这三个特征是互相联系和互相依赖的,是互相独立的用户使用有限的计算机资源的方式的反映。

1. 并发性

并发性是指程序的并发执行,也就是在内存中同时存放多个程序,它们同时处于运行状态。并发性是操作系统的主要特征之一。并发性不仅体现在操作系统与用户程序一起并发运行,就连操作系统本身的各种程序之间也是并发运行的,它们为用户提供并发服务。

应当指出,通常的程序是静态实体,它们是不能并发执行的。为了使多个程序能够并发执行,在操作系统中引入了进程的概念,以描述程序的执行过程和共享资源的基本单位。关于进程在后面会作详细阐述。

还有一点需要注意的是,并行性和并发性是两个既相似又有区别的概念。并行性指两个或多个事件在同一时刻发生,是针对多处理机的计算机系统来说的。而并发性指两个或多个事件在同一时间间隔内发生,也就是在单处理机的情况下,宏观上有多个程序在同时运行,但微观上每一时刻仅能有一个程序执行,也就是说这些程序只能分时交替执行。

操作系统中程序的并发执行使系统变得更为复杂,以致使系统中必须增设若干新的功能模块,分别用于处理器、内存、外设以及文件系统等资源的管理。

2. 共享性

并发运行的程序可共享系统资源。这种共享分为两种方式:互斥共享方式和同时访问方式。对于系统中的一些资源,如打印机,在一段时间里只允许一个进程使用,进程对此资源的共享是互斥的,只有一个进程使用完之后,另一个进程才能够使用。而对于另外一些资源,如磁盘设备,可以被多个进程同时访问。

并发和共享互为存在的条件,只有程序并发执行,才能谈得上资源共享;反之,如果不能对资源共享进行有效的管理协调,程序并发执行的效率也会降低,甚至无法执行。

3. 不确定性

不确定性也称为操作系统的随机性,是指操作系统面对的是各类随机事件。在多道程序环境下,允许多个程序并发执行。内存中每个进程在何时获得处理机运行,何时以因某种原因(如打印机请求)而暂停,以及进程以怎样的速度向前推进,每道程序总共需要多少时间完成,等等,都是不可预知的。

操作系统的不确定性是并发与共享的必然结果。人们不能对于运行的程序的状态以及硬件设备的情况做任何假定,因而一般来说无法确切地知道系统正处于什么状态。为了随机响应和正确无误地处理各种随机事件,操作系统必须事先安排好对各种可能事件的处理。

1.5 操作系统结构

操作系统是一个庞大的软件工程项目,需要采用工程化的方法进行开发,而一个庞大的软件开发首要的任务就是体系结构的设计。随着操作系统应用领域的扩大以及操作系统硬件平台的多样化,操作系统的体系结构也在不断更新。从内核功能和结构特点区分,目前通用机上常见操作系统的体系结构主要有如下 4 种:模块组合结构、层次结构、微内核结构和虚拟机结构。

1.5.1 模块组合结构及层次结构

在传统的软件开发中,整个软件以过程集合的方式实现,系统中的每一个过程模块根据它们要完成的功能划分,然后按照一定的结构方式组合起来,协同完成整个系统的功能。

操作系统最初是以建立一个简单的小系统为目标的,后来为了满足其他需求又陆续加入一些新的功能,因此,操作系统功能由一系列模块组合而成,如图1-9所示,任何模块之间都可进行任意调用,因此这种操作系统称为模块组合结构。模块组合结构的操作系统不进行任何数据封装和隐藏,在具有较高效率的同时,存在着难以扩展和升级的缺点。CP/M和MS-DOS属于此类结构的操作系统。

为了弥补模块组合结构中模块间调用存在的固有不足之处,就必须减少模块毫无规则的相互调用、相互依赖的关系,尤其要清除模块间的循环调用。从这一点出发,层次结构的设计采用了高层建筑结构的理念,如图1-10所示,层次结构的操作系统将模块功能划分为不同层次,下层模块封装内部细节,上层模块通过接口调用下层模块。UNIX、Linux、VAX/VMS、MULTICS等属于层次结构操作系统。层次化使操作系统结构简单,易于调试和扩展。在层次结构中层与层之间的调用关系严格遵守调用规则,每一层只能够访问其下层所提供的服务,利用这些服务来实现本层的功能并为其上层提供服务。操作系统每执行一个功能,通常要自上而下穿越很多层,这会降低系统的执行效率。

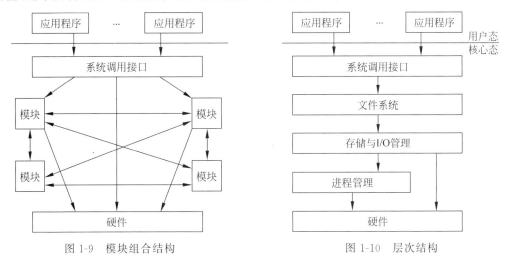

图1-9 模块组合结构　　　　图1-10 层次结构

无论是模块组合结构还是层次结构,操作系统都包括了将其用于各种可能领域时需要的功能,故被称为宏内核操作系统,可以认为该内核本身便是一个完整的操作系统。以UNIX为例,其内核包括了进程管理、文件系统、设备管理、网络通信等功能,用户层仅提供一个操作系统外壳和一些实用工具程序。

1.5.2 微内核结构

传统上,所有的操作系统代码都在内核中,这会导致内核中发现一个错误就会拖累整个系统。例如,由于所有的设备驱动程序都在内核中,一个有故障的音频驱动程序就会造成整个系统停机。相反,如果把整个设备驱动程序和文件系统分别作为普通用户进程,这些模块中的错误虽然会使模块本身崩溃,但是不会使得整个系统死机。为了实现系统的可靠性,将操作系统中能实现最基本核心功能的部分放入内核中,只有这个微小的内核运行在内核态上。由于操作系统核心常驻内存,而微内核结构精简了操作系统的核心功能,内核规模比较小,一些功能都移到了外存上,所以微内核结构十分适合资源相对有限的嵌入式专用系统。微内核操作系统(microkernel operating system)结构是多线程的,能支持多处理机运行的系统,故非常适用于分布式系统环境。MACH、MacOS、Windows等操作系统采用了微内核结构。

1. 微内核操作系统

微内核操作系统结构如图1-11所示。微内核操作系统将很多通用操作的功能从内核中分离出来(如文件系统、设备驱动、网络协议栈等),只将最基本的内容放入微内核中,绝大部分功能放在微内核外的各种服务器中实现。微内核结构由一个非常简单的硬件抽象层和一组比较关键的原语或系统调用组成。这些原语仅仅包括了建立一个系统必需的几部分,如线程管理、地址空间和进程间通信等。

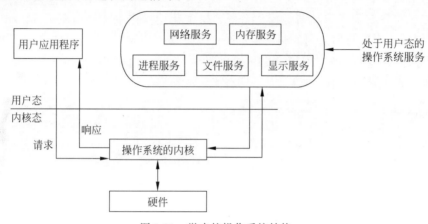

图1-11 微内核操作系统结构

1)进程(线程)管理

大多数的微内核操作系统对于进程管理功能的实现都采用"机制与策略分离"的原则。例如,为实现进程(线程)调度功能,必须在进程管理中设置一个或多个进程(线程)优先级队列,能将指定优先级的进程(线程)从所在队列中取出,并将其投入执行。由于这一部分属于调度功能的机制部分,应将它放入微内核中。如何确定每类用户(进程)的优先级,以及如何修改它们的优先级等,都属于策略问题,可将它们放入微内核外的进程(线程)管理服务器中。

2)低级存储器管理

通常在微内核中只配置最基本的低级存储器管理机制。例如,用于实现将用户空间的逻辑地址变换为内存空间的物理地址的页表机制和地址变换机制,这一部分是依赖于机器的,因此放入微内核。而实现虚拟存储器管理的策略包含应采取何种页面置换算法,采用何种内存分配与回收策略等,则放在微内核外的存储器管理服务器中实现。

3)中断和陷入处理

大多数微内核操作系统都是将与硬件紧密相关的一小部分功能放入微内核中。此时微内核的主要功能是捕获中断和陷入事件,并进行相应的前期处理。例如,在进行中断现场保护时,首先识别中断和陷入的类型,然后将有关事件的信息转换成消息后发送给相关的服务器,由服务器根据中断或陷入的类型,最后调用相应的处理程序来进行后期处理。

2. 微内核操作系统的优点

1)提高了可扩展性

由于微内核操作系统的许多功能是由相对独立的服务器软件来实现的,当开发了新的硬件和软件时，微内核操作系统只需在相应的服务器中增加新的功能，或增加一个专门的服务器。与此同时，还可以改善系统的灵活性，不仅可在操作系统中增加新的功能，还可修改原有功能，删除已过时的功能，从而形成一个更为精练高效的操作系统。

2）增强了可靠性

这一方面是由于微内核是作了精心设计和严格测试的，容易保证其正确性；另一方面是由于它提供了规范而精简的应用程序接口（API），为编制微内核外部的高质量的代码创造了条件。此外，由于所有服务器都运行在用户态，服务器与服务器之间采用的是消息传递通信机制。因此，当某个服务器出现错误时，不会影响内核，也不会影响其他服务器。

3）增强了可移植性

随着硬件的快速发展，出现了各种各样的硬件平台。作为一个好的操作系统，必须具备可移植性，使其能较容易地运行在不同的计算机硬件平台上。在微内核结构的操作系统中，所有与特定 CPU 和 I/O 设备硬件有关的代码均放在内核和内核下面的硬件隐藏层中，而操作系统绝大部分功能（即各种服务器）均与硬件平台无关，因而，把操作系统移植到另一个计算机硬件平台上所需的修改是比较小的。

4）提供了对分布式系统的支持

由于在微内核操作系统中，客户和服务器之间以及服务器和服务器之间的通信是采用消息传递通信机制进行的，使微内核操作系统能很好地支持分布式系统和网络系统。事实上，只要在分布式系统中赋予所有进程和服务器唯一的标识符，在微内核中再配置一张系统映射表（即进程和服务器的标识符与它们所驻留的计算机之间的对应表），在进行客户与服务器通信时，只需在发送的消息中加上发送进程和接收进程的标识符，微内核便可利用系统映射表，将消息发往目标，而无论目标是驻留在哪台计算机上。

5）融入了面向对象技术

在设计微内核操作系统时采用了面向对象的技术，其中的继承、对象、多态性以及对象之间的消息传递机制等都十分有利于提高系统的正确性、可靠性、易修改性、易扩展性等，而且还能显著地减少开发系统所付出的开销。

3. 微内核操作系统存在的问题

应当指出，在微内核操作系统中采用了非常小的内核以及客户/服务器模式和消息传递机制，这些虽给微内核操作系统带来了许多优点，但由此也使微内核操作系统存在着潜在的缺点。其中最主要的是，较之早期操作系统，微内核操作系统的运行效率有所降低。

效率降低最主要的原因是，在完成一次客户对操作系统提出的服务请求时，需要利用消息传递机制实现多次交互和进行用户/内核模式及上下文的多次切换。然而，在早期的操作系统中，用户进程在请求取得操作系统服务时，一般只需进行两次上下文的切换：一次是在执行系统调用后，由用户态转向系统态时；另一次是在系统完成用户请求的服务后，由系统态返回用户态时。在微内核操作系统中，由于客户和服务器及服务器和服务器之间的通信都要通过微内核，致使同样的服务请求至少需要进行 4 次上下文切换：第一次是在客户发送请求消息给内核，以请求取得某服务器特定的服务时；第二次是在由内核把客户的请求消息发往服务器时；第三次是当服务器完成客户请求后，把响应消息发送到内核时；第四次是在内核将响应消息发送给客户时。

实际情况是服务请求往往还会引起更多的上下文切换。例如，当某个服务器自身无能力完成客户请求,而需要其他服务器的帮助时,如其中的文件服务器还需要磁盘服务器的帮助,这时就需要进行 8 次上下文的切换。

为了提高运行效率,可以把一些常用的操作系统基本功能由服务器移入微内核中。这样可使客户对常用操作系统功能的请求所发生的用户/内核模式和上下文的切换的次数由 4 次或 8 次降为 2 次。但这又会使微内核的容量明显地增大,在小型接口定义和适应性方面的优点也有所下降,同时也提高了微内核的设计代价。

1.5.3 虚拟机结构

最初,人们认为分时系统能提供两个功能:①多道程序处理能力;②提供一个比裸机有更方便扩展的界面的计算机,提供这个功能的系统被称为虚拟机管理程序,它可以运行在裸机上,并且具备多道程序的功能,向上层提供了若干台虚拟机,如图 1-12 所示。

这些虚拟机是裸机通过(分时)复用硬件资源时间得到的相同的硬件复制品,每台虚拟机都与裸机相同,所以每台虚拟机上都可以运行一台裸机所能够运行的任何类型的操作系统,不同的虚拟机可以运行不同的操作系统。当每一个操作系统运行用户程序执行一个系统调用时,该调用被陷入其所在的操作系统上,而不是虚拟机管理程序上,似乎它运行在实际的计算机上,而不是在虚拟机上。

在 20 世纪 90 年代,由于虚拟机技术的复兴,出现了一种新型的虚拟机管理程序,如图 1-13 所示,与运行在裸机上的虚拟机管理程序不同,这类虚拟机管理程序作为一个应用程序运行在 Windows、Linux 或其他操作系统之上,这些系统称为宿主机操作系统。在这类虚拟机管理程序启动后,从安装盘中读入供选择的客户操作系统,并安装在一个虚拟盘上,该盘实际只是宿主操作系统的文件系统中的一个大文件。客户操作系统启动时,完成在硬件上相同的工作,如启动一些后台进程,然后是启动 GUI。由管理程序翻译客户端的二进制程序,翻译后的程序块可以立即执行。

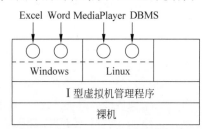

图 1-12 Ⅰ 型虚拟机管理程序

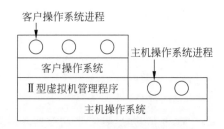

图 1-13 Ⅱ 型虚拟机管理程序

虚拟机可以在同一台计算机上运行不同类型的操作系统。例如,一些虚拟机运行大型的批处理系统,另一些虚拟机运行交互式的分时系统;也可以在同一台计算机上运行许多服务器,如邮件服务器、Web 服务器、FTP 服务器等,而不会由于一个服务器崩溃,影响到其他的系统;Web 托管公司可以出租虚拟机,一台物理计算机就可以运行许多虚拟机,而租用虚拟机的客户端可以运行自己想用的操作系统和软件,只需支付少量的费用。

虽然虚拟机操作系统有着诱人的特性,但是它最突出的问题是实现比较困难。如果要实现的是底层硬件的完整复制,即它要模拟硬件几乎所有的特性,那将是相当困难的一件事情。因此现代许多商业虚拟机采用映射部分指令结合直接调用宿主操作系统功能的方法,但这样必然会导致虚拟机性能的损失,所以虚拟机操作系统在业界是非主流的。尽管如此,虚拟机在学术界有着重要意义,因为它是研究操作系统技术的理想平台。

1.6 Linux 操作系统

Linux 是一套免费使用和自由传播的类 UNIX 操作系统,是一个基于 POSIX 和 UNIX 的多用户、多任务、支持多线程和多 CPU 的操作系统。它能运行主要的 UNIX 工具软件、应用程序和网络协议。它支持 32 位和 64 位硬件。Linux 继承了 UNIX 以网络为核心的设计思想,是一个性能稳定的多用户网络操作系统。

1.6.1 Linux 发展历程

1991 年年初,就读于芬兰赫尔辛基大学(University of Helsinki)的 Linus Torvalds 正在学习操作系统设计这门课程,他可以通过终端使用学校提供的 UNIX 操作系统服务器,但学校服务器很紧张,Torvalds 常常用不上服务器。为了能更好地学习计算机知识,Torvalds 贷款购买了一台 80386 兼容服务器和 Minix 操作系统。

为了能通过调制解调器拨号连接到学校的主机上,并且有更好的性能,直接从硬件启动自己的程序,Torvalds 使用汇编语言和 C 语言并利用 80386 CPU 的多任务特性编制出一个终端仿真程序。Torvalds 可以使用这个终端仿真程序登录到学校的服务器上,收发、阅读电子邮件,参加 Minix 讨论组。此后为了把文件保存在磁盘中,查看终端仿真程序下载的文件,他还编写了软盘驱动器和键盘等硬件设备的驱动程序,开发了自己的文件系统,为了将自己的文件上传到 Minix 系统中,他让自己的文件系统可以和 Minix 文件系统兼容。随着学习的深入,他的系统功能不断增加,他认识到 Minix 系统功能过于简单,于是,他开始有了编制一个操作系统的想法。

为了能更好地开发这个操作系统,Torvalds 决定通过网络寻求帮助,1991 年 7 月 3 日他在一个名为 comp.os.minix 的讨论组中发了一个帖子:"各位网友好!我现在正在 Minix 系统下做一个项目,对 POSIX 标准很感兴趣。有谁能向我提供一个(最好)是机器可读形式的最新的 POSIX 规则?能有 FTP 地址就更好了。"

POSIX(Portable Operating System Interface,可移植操作系统接口)是由 IEEE (Institute of Electrical and Electronic Engineers,电子和电气工程师协会)制定的操作系统开发标准,POSIX 为不同平台下的应用程序提供了相同的 API(Application Programming Interface,应用编程接口),一个完全符合 POSIX 标准的应用程序将能运行在符合 POSIX 标准的不同的操作系统上。

这个帖子引起了赫尔辛基理工大学的助教 Ari Lemke 的注意,Ari Lemke 表示愿意在他们学校的 FTP 服务器上为 Torvalds 提供空间,建一个子目录,以便 Torvalds 可以把他的操作系统发布上去,让感兴趣的人们下载。

Torvalds 全身心地投入系统的开发中,他自己回忆说:"这花费了我大量的精力:编程—睡觉—吃饭(饼干)—编程,那个夏天我除了坐在计算机面前,其他什么都没做。有时候,或许是夜晚,我会从床上爬起来,直接坐到离床仅几米远的计算机旁。毫不夸张地说,我和计算机之外的世界几乎没有任何联系。"

1991 年 9 月 17 日,这是计算机发展史上值得纪念的一天,Torvalds 将自己开发的系统源程序完整地上传到 FTP 服务器上,供大家下载测试。Torvalds 将这个具有划时代意义的操作系统命名为 Linux 0.01。

在开始发布源代码时,Torvalds 就制定了这样的版权规则。

(1) 任何人都可以免费使用该操作系统,但不得将其作为商品出售。

(2) 任何人都可以对该操作系统进行修改,但必须将其修改以源代码的形式公开。

(3) 如果不同意以上规定,任何人无权对其进行复制或从事任何行为。

显然,Torvalds 在 Linux 诞生时确定的版权规则体现了开放源代码运动的基本思想,在 Linux 诞生的初期有力地促进了它的传播、发展、完善,吸引了网络上越来越多的程序高手加入到 Linux 的测试、开发中来。但是,由于这个版权规则禁止销售 Linux,实际上又阻碍了 Linux 的推广、传播,因为软件分发需要时间、精力、物质、资金的投入,如果一味禁止分发者获得回报,必然阻碍 Linux 的推广和传播,使得 Linux 最终局限在计算机软件爱好者的小范围内传播,无法到达普通计算机用户手中。

不久,Linux 的机遇又出现了。Torvalds 有机会聆听了自由软件运动之父 Richard Stallman 的一次演讲,促使他考虑转向 GNU 的 GPL(General Public License,通用公共许可证,即"反版权"概念)。

从 0.12 版本开始,Torvalds 把 GNU GPL 作为 Linux 的版权声明,把 Linux 奉献给了自由软件,奉献给了 GNU,从而铸就了包括 Linux 在内的自由软件今天的辉煌。从此,Linux 走上迅速发展的康庄大道。

1.6.2 Linux 的特点

1. 多用户、多任务

Linux 支持多个用户同时使用同一台计算机,用户可以分为不同的类型,各个用户对自己的文件设备有自己特殊的权利,从而保证了各用户之间互不影响。多任务是指 Linux 可以同时并独立地运行几个任务,它可以在还未执行完一个任务时又执行另一项任务。Linux 同时具有字符界面和图形界面。用户在字符界面可以通过键盘输入相应的指令进行操作。它同时也提供了类似 Windows 图形界面的 X Window 系统,用户可以使用鼠标进行操作。

2. 免费、开源

Linux 是一个免费的操作系统,用户可以通过网络或其他途径免费获得,并可以任意修改其源代码。正是由于这一点,来自全世界的无数程序员参与了 Linux 的修改、编写工作,程序员可以根据自己的兴趣和灵感对其进行改变。这让 Linux 吸收了无数程序员的精华,不断壮大。

另外,由于 Linux 源代码公开,也使用户不用担心有"后门"等安全隐患。同时,这也给各教育机构提供了极大的便利,从而也促进 Linux 的推广和应用。

3. 系统安全、稳定

Linux 的内核采用模块化机制,内核高效、稳定。其设计非常精巧,分为进程调度、内存管理、进程间通信、虚拟文件系统和网络接口五部分。其独特的模块机制可根据用户的需要实时地将某些模块插入或从内核中移走,使得 Linux 系统内核可以裁剪得非常小巧,很适合嵌入式系统的需要。

Linux 采取了许多安全技术措施,其中有读写权限控制、审计跟踪、核心授权等技术,这些都为安全提供了保障。

4. 丰富、安全的网络功能

互联网是在 UNIX 的基础上繁荣起来的,Linux 是类 UNIX 的操作系统,支持各种标准的网络协议,其网络功能也非常强大。Linux 的网络功能和其内核紧密相连,Linux 中大量网络管理、网络服务等方面的功能可使用户很方便地建立高效稳定的防火墙、路由器、工作站、服务器等。为提高安全性,它还提供了大量的网络管理软件、网络分析软件和网络安全软件等。

5. 支持多种平台

Linux 能支持 x86、ARM、MIPS、ALPHA 和 PowerPC 等多种体系结构的微处理器。它完全兼容 UNIX,目前在 Linux 中所包含的工具和实用程序可以完成 UNIX 的所有主要功能。

此外,Linux 还是一种嵌入式操作系统,可以运行在掌上电脑、机顶盒或游戏机上。嵌入式 Linux 为开发者提供了一套完整的工具链(tool chain),能够很方便地实现从操作系统到应用软件各个级别的调试。同时 Linux 也支持多处理器技术。多个处理器同时工作,使系统性能大大提高。另一方面,由于 Linux 有很好的文件系统支持(例如,它支持 Ext2、FAT32、romfs 等文件系统),是数据备份、同步和复制的良好平台,这些都为开发嵌入式系统应用打下了坚实的基础。

6. Linux 的不足

由于在现在的个人计算机操作系统行业中,微软公司的 Windows 系统仍然占有极大的份额,绝大多数的软件公司都支持 Windows,这使得 Windows 上的应用软件应有尽有,而针对其他操作系统的应用软件就要少一些。

软件支持的不足是 Linux 最大的缺憾,但随着 Linux 的发展,将会有越来越多的软件厂商支持 Linux,其应用的范围也会越来越广。

1.6.3 Linux 内核结构

Linux 采用模块机制,可以方便地将模块装入内核或从内核中卸下。整个 Linux 系统内核由许多过程组成,每个过程可以独立编译,然后用链接程序将其链接为单独的目标程序。每个过程对其他过程都是可见的,不同的人可参与不同过程的开发。

Linux 内核由 5 个主要的子系统组成,如图 1-14 所示。

(1) 进程调度(SCHED)子系统控制着进程对 CPU 的访问。当需要选择下一个进程运行时,由调度程序选择最值得运行的进程。可运行进程是指仅等待 CPU 资源的进程,如果某个进程在等待其他资源,则该进程是不可运行进程。Linux 使用了比较简单的基于优先级的进程调度算法选择新的进程。

(2) 内存管理(MM)子系统允许多个进程安全地共享主内存区域。Linux 的内存管理支持虚拟内存,即在计算机中运行时,其代码、数据和堆栈的总量可以超过实际内存的大小,操作系统只将当前使用的程序块保留在内存中,其余的程序块则保留在磁盘上。必要时,操作系统负责在磁盘和内存之间交换程序块。

内存管理从逻辑上可以分为与硬件无关的部分和与硬件相关的部分。与硬件无关的部

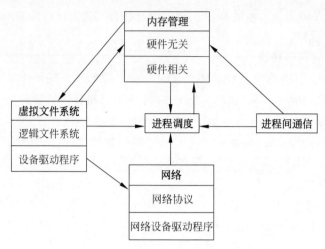

图 1-14 Linux 内核的子系统及相互之间的关系

分提供了进程的映射和虚拟内存的对换，与硬件相关的部分为管理内存硬件提供了虚拟接口。

（3）虚拟文件系统（VFS）隐藏了各种不同硬件的具体细节，为所有设备提供了统一的接口，VFS 还支持多达数十种不同的文件系统，这也是 Linux 较有特色的一部分。虚拟文件系统分为逻辑文件系统和设备驱动程序。逻辑文件系统指 Linux 所支持的文件系统，如 Ext2、FAT 等，设备驱动程序指为每一种硬件控制器所编写的设备驱动模块。

（4）网络（NET）子系统提供了对各种网络标准的存取和各种网络硬件的支持。网络接口可分为网络协议和网络设备驱动程序两部分。网络协议负责实现每一种可能的网络传输协议，网络设备驱动程序负责与硬件设备进行通信，各种可能的硬件设备都有相应的驱动程序。

（5）进程间通信（IPC）子系统支持进程间各种通信机制。

从图 1-14 可以看出，处于中心位置的是进程调度，所有其他的子系统都依赖于它，因为每个子系统都需要挂起或恢复进程。一般情况下，一个进程在等待硬件操作完成时被挂起，在操作真正完成时被恢复执行。例如，当一个进程通过网络发送一条消息时，网络子系统需要挂起发送进程，直到硬件成功地完成消息的发送，当消息被发送出去以后，网络子系统给进程返回一个代码，表示操作的成功或失败。其他子系统（内存管理、虚拟文件系统及进程间通信）以相似的理由依赖于进程调度。除了图 1-14 所显示的依赖关系外，内核中的所有子系统还要依赖一些共同的资源，这些资源包括所有子系统都用到的过程。例如，分配和释放内存空间的过程、打印警告或错误信息的过程、系统的调试例程等，这些过程在图 1-14 中没有显示。

习 题

1. 是什么促进了操作系统的形成和发展？操作系统的发展经历了哪些阶段？
2. 什么是操作系统？操作系统具有哪些功能？
3. 从交互性、及时性和可靠性方面比较批处理系统、分时系统和实时系统。

4. 什么是分布式操作系统？分布式操作系统有什么特点？
5. 什么是嵌入式操作系统？嵌入式操作系统有什么特点？
6. 实时系统有什么特点？
7. 分时系统有什么特点？
8. 什么是多道程序？单处理机系统中的多道程序有什么特点？
9. 设有 A、B 两道程序，其执行过程分别如下：
   A：$C_{11}=10$ms　　$I_{12}=5$ms　　$C_{13}=5$ms　　$I_{14}=10$ms　　$C_{15}=10$ms
   B：$C_{21}=5$ms　　　$I_{22}=10$ms　$C_{23}=5$ms　　$I_{24}=5$ms　　$C_{25}=10$m

其中，C_{ij} 表示内部计算过程，I_{ij} 表示 I/O 操作，A 程序优先执行。

假设调度和启动 I/O 的执行时间忽略不计，同时假设每道程序请求的外设不冲突。如果是单道程序系统，两道程序按顺序执行完成需花多少时间？CPU 的利用率是多少？如果是多道程序系统，两道程序同时驻留内存，执行完两道程序共需多少时间？CPU 的利用率是多少？

10. 微内核操作系统中包括哪些主要的操作功能？
11. 微内核操作系统有哪些优势和不足？
12. Linux 有什么特点？
13. Linux 内核的主要模块有哪些？

第 2 章　用户接口

用户接口是用户与计算机系统交互的环境和方式。为了方便用户使用计算机系统,操作系统向用户提供了直接使用计算机系统的手段,通常称为用户接口。用户通过操作系统提供的接口与计算机系统交互,即用户通过一定的方式和途径,将自己的要求告诉计算机,而计算机根据用户不同的要求完成相应的操作和处理。

通常操作系统为用户提供两类接口。一类是系统为用户提供的各种命令控制界面,用户利用这些操作命令来组织和控制程序的执行或管理计算机系统。另一类是程序接口,编程人员在程序中通过程序接口来请求操作系统提供服务。

本章主要讨论操作系统为用户提供的命令控制界面和程序接口。

2.1　命令控制界面

当今几乎所有的操作系统都向用户提供了各种联机的命令控制界面。用户通过输入设备(键盘、鼠标、触摸屏、声音等)发出一系列命令交互地组织和控制程序的执行或管理计算机系统。

2.1.1　联机命令的类型

为了能向用户提供多方面的服务,通常操作系统都向用户提供了几十条甚至上百条的联机命令。根据这些命令所完成的功能不同,可把它们分成以下 6 类。

(1) 系统访问。在多用户系统中,为了保证系统的安全性,都设置了系统访问命令,即注册命令 Login。用户每次使用某个终端时,都必须先使用该命令,使系统能识别该用户。当用户退出系统时,使用注销命令 Logout 退出系统。

(2) 目录和文件管理。该类命令用来管理和控制终端用户文件或目录文件。例如,复制、移动和删除某个文件或目录文件,或者显示和查找某个文件或目录。

(3) 编译和链接装配。用户使用这类命令把用户输入的源程序文件编译链接成可执行程序。

(4) 维护管理命令。该类命令一般为管理员使用,主要用于系统维护、开机、关机、增加和减少用户、计时收费等。

(5) 通信。该类命令在单机系统中用来进行主机和远程终端之间的呼叫、连接以及断开等,从而在主机和远程终端之间建立会话信道。在网络系统中,通信命令除了用来进行有关信道的呼叫、连接以及断开等之外,还进行主机和主机之间的信息发送与接收、显示等工作。

(6) 其他。包括建立和查看日期、时间,修改和设置外设参数等命令。

联机控制方式使用户直接控制程序执行,因而大大地方便了用户。但是,在某些情况下,用户反复输入众多的命令也会感到非常烦琐或浪费了许多不必要的时间。例如,在对某个源代码文件进行编译调试之后,需要重新和多个目标代码文件链接。如果这个调试和链接不是一次成功(这种情况经常发生),那么,用户的控制过程将会非常单调和烦琐。显然,在这种情况下,批处理方式要优于联机控制方式。因此,在现代操作系统中,大都提供批处理方式和联机控制方式。这里,批处理方式既指传统的作业控制语言编写的作业说明书方式,也指那些把不同的交互命令按一定格式组合后的命令文件方式。

2.1.2 联机命令的操作方式

目前,大多数操作系统提供了两种联机命令的操作方式,包括输入式命令方式和选择式命令方式,它们针对不同的屏幕显示环境,方便用户的选择和使用。

1. 输入式命令

输入式命令通常指来自控制台和终端输入的操作命令,它是一种命令行操作方式(文本行方式),操作者以字符串形式输入命令,并等待该命令的响应和执行。在单任务环境下,每次只能输入一条命令,只有当该命令功能完成后,操作者才能输入第二条命令。如果操作系统提供多命令缓冲支持以及在多任务环境和分布式环境下的多命令支持,操作者可以连续输入若干条命令,不必等待每条指令的执行。对于输入式命令,操作者必须记住其命令名、字符串形式及命令行参数,并在键盘上一一输入,这是输入式命令的缺点。

这种命令行操作方式是一种简捷的命令语言,适合有经验的用户,大多数操作系统都具有这样的命令语言。例如,著名的 Linux 中的命令就是一种文本行式命令语言,它对于熟悉它的用户来说极为方便。

在当今几乎所有的计算机操作系统中都向用户提供了输入式命令。用户需要操作系统提供服务时,先在终端的键盘上输入所需的命令,由终端处理程序接收该命令,将用户输入的字符放入缓冲区,同时提供字符编辑并显示在终端屏幕上,以便用户查看。当一条命令输入完成后,命令解释程序对命令进行分析,然后执行相应的处理程序。

在所有的操作系统中,都把命令解释程序放在操作系统的最高层,以便能直接与用户交互。命令解释程序通常按两种方法解释执行输入的命令。一种方法是由命令解释程序查找命令表,得到该命令的处理程序入口地址,然后由解释程序调用相应的处理程序直接执行。这一般是那些最常用的而且处理程序比较短小的命令,即常用的内部命令。另一种方法是为输入的命令建立一个子进程,由子进程执行对应的命令。这一般是文本编辑、程序编译以及运行各种实用程序和用户程序等命令,即命令程序较大,用到时才从外存调入内存的外部命令。

2. 选择式命令

选择式命令是在用户界面向可视化发展过程中引入的一种命令选择和执行方式。选择式命令不需要用户输入命令名,操作者只需根据不同的输入和选择设备选择所需的命令名,系统根据用户的选择进入命令的解释执行,任务完成后再返回原操作环境。

在视窗环境推出后,选择式命令的方式得到了广泛的应用。视窗环境是一种面向屏幕的命令交互接口,它的主体是菜单系统,所有的系统命令、操作信息以及各种控制功能操作都出现在命令菜单中,由用户根据需要从系统提供的命令中挑选一种。这对新入门的用户非常有用,因为他们无须记住命令名,在某些特定的应用中,如文本编辑、程序编写时,这种方式最为方便。然而,菜单系统会限制用户使用命令的数量,因为显示菜单会占用额外的存储空间和时间。

视窗型命令界面是当今操作系统所具有的良好的用户交互界面,是系统可视化的基础,所以在操作系统领域很快得到推广。例如,无论是 Windows 系列还是 UNIX 系列的操作系统,它们的命令控制界面都是由多窗口的按钮式图形界面组成。在这些系统中,命令已被设计成一条条能用单击方式执行的简单的菜单或小巧的图标。而且,用户也可以在命令提示符下用普通字符方式输入各种命令。最近,用声音控制的命令控制界面也已开发出来。计算机系统的命令控制界面将会越来越方便和越来越人性化。

2.2 Linux 系统的命令控制界面

Linux 系统具有丰富的操作命令,这些命令都通过 Shell 提供给用户使用。Shell 是 Linux 系统为用户提供的键盘命令和解释程序的集合。Linux 通过 Shell 提供了 300 多条命令,限于篇幅,本节只介绍 Linux 系统的常用命令,以使读者对 Linux 系统命令有初步的了解。

2.2.1 登录 Shell

用户在进入 Linux 系统之前必须登录。当用户打开终端后,系统便会显示如下信息:

`login:`

用户在输入用户名后,系统显示

`password:`

在用户输入完口令后,系统检查用户名和口令是否正确,如果正确,系统将启动该用户的 Shell 程序,并在屏幕上出现 Shell 提示符,如下所示:

`$`

注意:$是系统默认的提示符。用户可随自己的喜好改变提示符的显示形式。

用户可在提示符后输入各种各样的命令,由 Shell 解释和执行用户的命令。当用户的一条命令执行完后,系统返回 Shell 提示符,等待用户输入下一条命令,如此循环,直到用户退出系统。

用户在完成工作之后,一般应退出系统。这样做主要是为了安全。因为,如果某个用户离开终端时没有从系统中注销,那么其他用户就能继续利用那个没有终止的 Shell 使用计算机,从而系统中的用户数据就有可能被破坏或失窃。从系统中注销实际上是将相应的 Shell 程序终止,方法是在提示符后按 Ctrl+D 组合键,或者输入 logout 或 exit 命令。

2.2.2 命令句法

为了使用户的要求能被 Linux 系统理解,每条命令必须以正确的格式表示,或者说必须遵循命令行句法。Linux 系统命令以小写字母构成,注意,Linux 系统区分大小写字母(这一点与 Windows 不同)。Linux 系统的命令句法如下:

`command [option] [arguments] <CR>`

其中,command 是用户要求系统执行的命令名称;option 是选项,用于改变命令的执行方式,一条命令可以有多个选项;arguments 是命令的操作对象,它规定了命令所操作的数据;<CR>表示按 Enter 键。例如,命令

```
ls -l file
```

要求系统以详细列表方式显示文件 file 的目录。其中,ls 是命令名称,-l 是选项,file 是操作对象。

2.2.3 常用的基本命令

1. 显示当前工作目录命令 pwd

Linux 系统大多数命令默认在当前目录下对文件进行操作。用户时常需要知道自己在文件系统中所处的位置。命令 pwd 用于显示用户当前所在的目录。例如:

```
$pwd
   /home/student/txt
```

显示出当前所在的工作目录。pwd 以绝对路径名(以"/"开头的路径名)的形式显示当前工作目录。

2. 列目录命令 ls

ls 的意义为列表(list),也就是将某一个目录内容以列表的形式显示出来。

如果在 ls 命令后面没有任何参数,它将会显示出当前目录中所包含的文件名,而不指出是文件还是目录。

也可以在 ls 后面加上所要查看的文件名称,例如:

```
$ls /home/txt        (将显示绝对路径/home/txt 下包含的内容)
$ls pro1             (将显示当前工作目录下的子目录 pro1 中包含的内容)
$ls *.jan            (将显示当前工作目录下所有扩展名为 jan 的文件)
```

在 Linux 系统中提供了 3 种文件名的通配符:*、? 和[…]。* 可以和任意字符串相匹配,? 和文件名中单个字符匹配,[…]匹配集合内的任意字符。因此,在指定文件名时可以使用通配符来简化输入。

ls 有一些特别的参数,可以给出有关文件除文件名外的其他信息。常用的参数如下:

-a:在 Linux 中,若一个目录或文件的名字的第一个字符为".",则表示文件是隐含的,列目录时,这些文件一般不显示出来。使用 ls -a 可显示这类文件。

-F:该选项可在文件名后显示适当的符号以指明文件的类型。可执行文件用 * 表示,目录文件用/表示,链接文件用@表示,例如:

```
$ls -F
letters/  memo@   test*   notes
```

可以看出,当前目录下包含子目录 letters、链接文件 memo、执行文件 test 和普通文件 notes。

-l:这个参数代表使用 ls 的长(long)格式,可以显示更多的文件信息,如文件的存取权限、文件拥有者(owner)、文件大小等。例如:

```
$ls -l
drwx--x--x 2  student  group1  325 Nov 29 05:08 letters
```

```
lrwx--x--x   2   student   group1   288   Aug  8   22:00   memos
-rw-------   1   student   group1   566   Aug  10  06:28   test
-rw-------   1   student   group1   266   Feb  12  05:28   notes
```

每一行是一个文件的信息。每一行划分成不同的段,从左到右的各段分别表示文件的种类和文件的存取权限、链接的文件数、文件主名、文件所在的组、文件大小、文件的创建时间或修改时间(月、日和时分)、文件名。

每行的第1个字符指明了文件的种类:-表示普通文件,d 表示目录文件,b 表示块设备文件,c 表示字符设备文件,l 表示符号链文件,p 表示管道文件。

ls 可以同时带多个选项,例如:

```
$ls -aF
.   ..   .mailc*   letters/
```

在 Linux 系统中,"."和".."分别表示当前目录及其父目录,本例显示了两个目录"."和"..", 隐含的可执行文件 mailc 和目录文件 letters。

这种多个选项的组合方法不仅适用于 ls 命令,也适用于多数的 Linux 命令,并且选项的组合数量没有限制。

3. 复制文件命令 cp

cp 的意义是复制(copy),也就是将一个或多个文件复制成另一个文件或者是将其复制到另一个目录中。cp 的用法如下:

```
$cp f1 f2          (将文件名为 f1 的文件复制为文件名为 f2 的文件)
$cp -i f1 f2       (如果在当前目录下已有一个名为 f2 的文件,重写文件 f2 时提示是否重写文件)
$cp f1 f2 f3 dir   (将文件 f1、f2、f3 以相同的文件名复制一份放到目录 dir 中)
$cp -r dir1 dir2   (将目录 dir1 的全部内容全部复制到目录 dir2 中)
```

4. 移动文件和更改文件名命令 mv

mv 的意义为移动(move),主要是将一个文件改名或换至另一个目录。mv 的用法如下:

```
$mv f1 f2          (将名为 f1 的文件变更成名为 f2 的文件)
$mv dir1 dir2      (将名为 dir1 的目录变更成名为 dir2 的目录)
$mv f1 f2 f3 dir   (将文件 f1、f2、f3 都移至目录 dir 中)
```

mv 的参数有两个:-f 和-i,其中-i 的意义与 cp 中的相同,均是询问(interactive)之意。而-f 为强制(force),就是不管有没有同名的文件,均强制移动文件,所有其他的参数遇到-f 均会失效。

5. 删除文件命令 rm

rm 的意义是删除(remove),用来删除一个文件。在 Linux 中一个被删除的文件除非是系统恰好有备份,否则无法像在 Windows 里面一样还能够恢复,所以在执行 rm 操作时要特别小心。

rm 的格式如下:

```
$rm f1 f2 f3       (将文件 f1、f2、f3 同时删除)
```

rm 的常用参数是-f、-i。

-f:在删除时不提出任何警告。

-i:在删除前均会询问是否真要删除。

6. 建立目录命令 mkdir

mkdir 是用于建立目录的命令。可以在一个目录下使用 mkdir 建立一个子目录,用法如下:

mkdir dirname1 [dirname2 …]

7. 改变当前工作目录命令 cd

该命令可改变当前工作目录。用法如下:

cd dirname

将当前工作目录改为 dirname 目录。可以使用 cd.. 命令转移到父目录。

8. 查看文件内容命令 cat 和 more

查看一个文件最简单的方法是执行 cat 命令。cat 将用户指定的文件内容全部显示在屏幕上。

例如:

$cat hello
Hello! This is a test!

较长的文件会快速滚过屏幕而无法看清。more 命令可以将要查看的文件内容逐页显示出来,可根据用户的需要翻页或卷动。more 的用法如下:

more filename

要向前翻一屏,可以按空格键;要向前移一行,可以按 Enter 键;如果要结束查看,可以按 q 键退出。

9. 改变文件存取权限命令 chmod

在 Linux 系统中,一个文件有可读(r)、可写(w)、可执行(x) 3 种执行模式,分别针对该文件的拥有者(onwer)、同组者(group member)以及其他人(other)。chmod 用来变更文件的执行模式,其用法如下:

chmod [who] op-code permission filename

其中,[who]用于指明访问者的身份,可以是用户自己、用户组、所有其他用户及全部,分别用 u、g、o 和 a 表示;op-code 是操作码,分别用+、-及=表示增加、取消及赋予访问者某种权限;permission 是权限,分别用 r、w 及 x 表示读、写及执行权限。例如:

$chmod go-w temp

表示取消用户组及所有其他用户对文件 temp 的写权限。

10. 联机帮助命令 man

用户可通过 man 命令来获得联机帮助,用法如下:

man   titil

显示 titil 命令的使用方法。

例如:

$man   man(显示 man 命令的联机帮助)

2.2.4 重定向与管道命令

1. 重定向命令

Linux 系统定义了两个称为标准输入和标准输出的文件,分别对应终端键盘输入和终端屏幕输出。它们是在用户注册时由 Login 程序打开的。这样,在用户程序执行时,隐含的标准输入是键盘输入,标准输出是屏幕显示。但用户程序中可能不要求从键盘输入,而是从某个指定文件上读取信息供程序使用;同样,用户可能希望把程序执行时所产生的结果数据写到某个指定文件中而非屏幕上。这时用户必须改变输入与输出文件,即不使用标准输入、标准输出,而是把另外的某个文件或设备作为输入或输出文件。

Shell 向用户提供了这种用于改变输入、输出设备的手段,即标准输入与标准输出的重定向。用重定向符"<"和">"分别表示输入转向和输出转向。例如:

$cat file1

表示将文件 file1 的内容在标准输出上显示出来。

$cat file1 > file2

表示把文件 file1 的内容输出到文件 file2 中。

必须指明的是,在输出转向时,若指定的文件 file2 并不存在,则系统先创建它;若已存在,则系统认为它是空白的,执行上述输出转向命令时,用命令的输出数据重写该文件,此时,如果文件 file2 已有内容,则命令执行结果将用文件 file1 的内容覆盖文件 file2 的原有内容。如果要把 file4 的内容附加到文件 file2 的末尾,则应使用另一个输出转向符"≫"。例如:

$cat file4 ≫ file2

在文件 file2 中,除了上次复制过来的 file1 的内容外,后面又附加了 file4 的内容。当然,若想一次把两个文件 file1 和 file4 全部复制到 file2 中,则可用以下命令:

$cat file1 file4 ≫ file2

此外,也可以在一个命令行中同时改变输入与输出。例如:

$a.out < file1 > file0

该命令表示,可执行文件 a.out 在执行时将从文件 file1 中提取数据,而把执行结果数据输出到文件 file0 中。

2. 管道命令

在有了重定向思想后,为了进一步增强功能,人们又进一步把这种思想加以扩充,用符号"|"(称为管道线)来连接两条命令,使前一条命令的输出作为后一条命令的输入,称为管道命令,其用法如下:

$command1 | command 2

例如:

$cat file | WC

命令 cat 把文件 file 中的数据作为 WC 命令的计数输入。

系统执行上述输入时,将建立一个作为通信通道的 pipe 文件。这时,cat 命令的输出既不出现在终端(屏幕)上,也不存入某中间文件,而是由 Linux 系统临时存储第一条命令的输出,并将其作为第二条命令的输入。在用管道线连接的命令之间实现单向、同步运行。其单向性表现为:只把管道线前面的命令的输出送入管道,而管道的输出数据仅供管道线后面的命令读取。管道的同步特性则表现为:当一条管道满时,其前一条命令停止执行;而当管道空时,则其后一条命令停止运行。除此两种情况外,用管道线所连接的两条命令"同时"运行。可见,利用管道功能,可以用流水线方式实现命令的流水线化,即在单一命令行中同时运行多条命令,以加快复杂任务的完成。

2.2.5 通信命令

为实现源用户与目标用户之间的通信,可以由系统为每一用户设置一个信箱,源用户把信件投入目标用户的信箱中;目标用户则可在此后的任一时间从自己的信箱中读取信件。在这种通信方式中,源用户和目标用户之间进行的是非交互式通信,因而也是非实时通信。但在有些办公自动化系统中,经常要求在两个用户之间进行交互式会话,即源用户与目标用户双方必须同时联机操作。在源用户发出信息后,要求目标用户能立即收到信息并给予回答。

Linux 系统为用户提供了非实时和实时两种通信方式,分别用 mail 和 write 命令。此外,联机用户还可根据自己的当前情况决定是否接受其他用户与自己进行通信的要求。

1. 信箱通信命令 mail

mail 被作为在 Linux 的各用户之间进行非交互式通信的工具。mail 采用信箱通信方式。发信者把要发送的信息写成信件,发送到对方的信箱中。通常各用户的私有信箱采用各自的注册名命名,即它是目录/usr/spool/mail 中的一个文件,而文件名又是用接收者的注册名来命名的。信箱中的信件可以一直保留到被信箱所有者删除为止。因而,用 mail 进行通信时,不要求接收者利用终端与发送者会话。即在发信者发送信息时,虽然接收者已在系统中注册过,但允许他此时没有使用系统;也可以是他虽在使用系统,但拒绝接收任何信息。

mail 命令在用于发信时,把接收者的注册名当作参数输入后,便可在新行开始输入信件正文,最后在一个新行上,用"."来结束信件或按 Ctrl+D 组合键退出 mail 程序(也可带选项,此处不作介绍)。

接收者也用 mail 命令读取信件,可使用选项 r、q 或 p 等。其命令格式为

mail [-r][-q][-p][-file][-F persons]

由于信箱中可存放接收的多个信件,这就存在一个选取信件的问题。选项 r 表示按先进先出顺序显示各信件的内容;选项 q 表示在输入中断字符(按 Delete 或 Enter 键)后退出 mail 程序而不改变信箱的内容;选项 p 表示一次性地显示信箱全部内容而不带询问,把指定文件当作信件来显示。在不使用 p 选项时,表示在显示完一个信件后便出现"?",以询问用户是否继续显示下一条消息,或读完最后一条消息后退出 mail。此外,还可使用其他选项以指示对消息的各种处理方式,在此不予介绍。

2. 对话通信命令 write

用 write 命令可以使用户与当前在系统中的其他用户直接进行联机通信。由于 Linux 系统允许一个用户同时在几个终端上注册,故在用此命令前,要用 who 命令查看目标用户

当前是否联机,或确定接收者所使用的终端名。命令格式为

$write user[ttyname]

当接收者只有一个终端时,终端名可省略。当接收者的终端被允许接收消息时,屏幕提示会通知接收者源用户名及其所用终端名。

3. 允许或拒绝接收消息的 mesg 命令

其格式为：

mesg [- n][- y]

选项 n 表示拒绝对方的写许可(即拒绝接收消息); 选项 y 表示恢复对方的写许可,仅在此时,双方才可联机通信。当用户正在联机编写一份资料而不愿被别人干扰时,常选用 n 选项来拒绝对方的写许可。编辑完毕,再用带有 y 选项的 mesg 命令来恢复对方的写许可,不带任何选项的 mesg 命令只报告当前状态而不改变它。

2.2.6 后台命令

有些命令需要执行很长的时间,这样,当用户输入该命令后,便会发现自己已无事可做,要一直等到该命令执行完毕,方可再输入下一条命令。这时用户自然会想到应该利用这段时间去做些别的事。Linux 系统提供了这种机制,用户可以在这种命令后面加上 &,以告诉 Shell 将该命令放在后台执行,以便用户在前台继续输入其他命令。

在后台运行的程序仍然把终端作为它的标准输出和标准输出,除非对它们进行重新定向。若 Shell 未重定向标准输入,则 Shell 和后台进程将会同时从终端读入。这时,用户从终端输入的字符可能被发送到某个进程,并不能预测哪个进程将得到该字符。因此,对所有在后台运行的命令的标准输入都必须加以重定向,从而使从终端输入的所有字符都被送到 Shell 进程。用户可使用 ps、wait 及 kill 命令了解和控制后台进程的运行。

2.3 程序接口

程序接口用于在程序与系统资源及系统服务之间实现交互作用,而为了保证系统的安全性,系统提供了若干系统调用(system call)来实现用户程序和内核的交互。因此,系统调用是操作系统提供给编程人员的唯一接口。编程人员利用系统调用,在源程序一级动态请求和释放系统资源,调用系统中已有的系统功能来完成那些与计算机硬件相关的工作以及控制程序的执行速度等。事实上,命令控制界面也是在系统调用的基础上开发而成的。

2.3.1 系统调用

通常,在操作系统的核心中都设置了一组用于实现各种系统功能的子程序(过程),用户可以在程序中直接或间接地使用这些子程序,这些子程序被称为系统调用。采用低级语言编程可以直接使用这些子程序;采用高级语言编程则采用程序调用的方式,通过解释或编译程序将其翻译成有关的系统调用,完成各种功能和服务。

系统调用是用户程序进入内核程序的唯一途径,因此,它与一般的过程调用有下述 4 方面的明显差别。

(1) 运行在不同的系统状态。一般的过程调用,其调用程序和被调用程序都运行在相同的状态——系统态或用户态;而系统调用与一般调用的最大区别就在于:调用过程运行在用户态,而被调用程序(系统调用)运行在系统态。

(2) 通过软中断进入。由于一般的过程调用并不涉及系统状态的转换,故可直接由调用程序转向被调用程序。但在运行系统调用时,由于调用程序和被调用程序工作在不同的系统状态,因而不允许由调用程序直接转向被调用程序。通常都是通过软中断机制,先由用户态转换为系统态,经核心分析后,才能转向相应的系统调用处理子程序。

(3) 返回问题。在采用了抢占式(剥夺)调度方式的系统中,在被调用程序执行完后,要对系统中所有要求运行的程序做优先权分析。当调用程序仍具有最高优先级时,才返回到调用程序继续执行;否则,将引起重新调度,以便让位优先权最高的程序优先执行。此时,将把调用程序放入就绪队列。

(4) 嵌套调用。像一般过程调用一样,系统调用也可以嵌套进行,即在一个被调用程序的执行期间,还可以利用系统调用命令去调用另一个系统调用。但是,每个系统对嵌套调用的深度都有一定的限制,例如最大深度为 6。

系统调用的主要目的是使得用户可以使用操作系统提供的有关设备管理、输入输出系统、文件系统、进程控制、通信以及存储管理等方面的功能,而不必了解系统程序的内部结构和有关硬件细节,从而起到减轻用户负担和保护系统以及提高资源利用率的作用。

2.3.2 系统调用的类型

系统调用大致可分为如下 5 类。

(1) 设备管理。该类系统调用用来请求和释放有关设备以及启动设备操作等。

(2) 文件管理。包括对文件的读、写、创建和删除等。

(3) 进程控制。进程是一个在功能上独立的程序的一次执行过程。进程控制的有关系统调用包括进程创建、进程执行、进程撤销、进程等待和执行优先级控制等。

(4) 进程通信。该类系统调用在进程之间传递消息或信号。

(5) 存储管理。包括调查进程占据内存区的大小、获取进程占据内存区的始址等。

2.3.3 系统调用的实现

系统调用的实现与一般过程调用的实现相比有很大差异。对于系统调用,控制是由原来的用户态转换为系统态,这是借助于中断和陷入处理机构来完成的,在该机构中包括中断和陷入硬件机构及中断与陷入处理程序两部分。

1. 中断和陷入向量

为了处理上的方便,通常都是针对不同的设备编制不同的中断处理程序,并把该程序的入口地址放在某特定的内存单元中。此外,不同的设备也对应着不同的程序状态字,且把它放在与中断处理程序入口指针相邻接的特定单元中。在进行中断处理时,只要有了这样两个字,便可转入相应设备的中断处理程序,重新装配处理机的状态字和优先级,对该设备进行处理。因此把这两个字称为中断向量。相应地,把存放这两个字的单元称为中断向量单元。类似地,对于陷入,由所有系统调用的入口地址组成陷入向量。所有的中断向量和陷入向量一起构成了中断和陷入向量表。

2. 系统调用号和参数的设置

往往在一个系统中设置了许多系统调用,并赋予每个系统调用一个唯一的系统调用功能号,例如 0、1、2、3 等,由用户通过系统调用号来分别调用相应的系统功能。在有的系统中,直接把系统调用号放在系统调用命令中。例如,IBM 370 和早期的 Linux 系统把系统调用命令的低 8 位用于存放系统调用号;在另一些系统中,则将系统调用号装入指定寄存器或内存单元中,如 MS-DOS 是将系统调用号放在 AH 寄存器中。

由于不同的系统调用需要传递给系统子程序以不同的参数,而且,系统调用的执行结果也要以参数的形式返回给用户程序。因此,在执行系统调用时,设置系统调用所需的参数有以下两种方式。

(1) 直接将参数送入相应的寄存器中。这是一种最简单的方式,MS-DOS 便是采用的这种方式,即用 MOV 指令将各个参数送入相应的寄存器中。这种方式的主要问题是:由于寄存器数量有限,因而限制了所设置参数的数目。

(2) 参数表方式。将系统调用所需的参数放入一张参数表中,再将指向该参数表的指针放在某个指定的寄存器中。当前大多数的操作系统,如 Linux 系统,便采用了这种方式。该方式可进一步分为直接和间接两种方式,如图 2-1 所示。在直接参数方式中,所有的参数值和参数个数 N 都放入一张参数表中;而在间接参数方式中,则在参数表中仅存放参数个数和指向真正的参数表的指针。

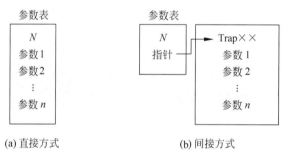

图 2-1 系统调用的参数表方式

3. 系统调用的处理步骤

根据编程人员给定的系统调用名和参数,系统设置了系统调用号和传递参数后,便可执行一条相应的系统调用指令(这条指令通常称为陷入指令)。不同的系统可采用不同的执行方式,在 UNIX 系统中是执行 CHMK 命令,而在 MS-DOS 中则是执行 INT 21 软中断。在处理机执行这条指令时发生相应的陷入中断,并发出有关信号给系统中的中断和陷入处理机构。该处理机构在收到了处理机发来的信号后,启动相关的处理程序和硬件完成该系统调用所要求的功能。

系统调用的处理过程可分成以下 3 步。

(1) 保护处理机现场。首先,在系统发生了陷入中断时,为了不让用户程序直接访问系统程序,反映处理机硬件状态的处理机状态字中的相应位要从用户执行模式(用户态)转换为系统执行模式(系统态),这一转换在发生陷入中断时由硬件自动实现;然后,保护被中断进程的 CPU 环境,将处理机状态字、程序计数器、系统调用号、用户栈指针以及通用寄存器内容等压入堆栈;最后,将用户定义的参数传送到指定的地方保存起来。

(2) 取得系统调用功能号并转入相应的处理程序。为使不同的系统调用能方便地转向相应的系统调用处理子程序，在系统中配置了一张系统调用入口表(陷入向量表)，表中的每个表目都对应一条系统调用，其中包含该系统调用自带参数的数目、系统调用子程序的入口地址等。因此，核心可利用系统调用号去查找该表，即可找到相应的处理子程序的入口地址而转去执行相应的程序。

(3) 返回。由于用户程序还需利用系统调用返回的结果继续执行，因此，在系统调用处理结束之后，陷入处理机构还要恢复处理机现场。系统调用的处理过程如图 2-2 所示。

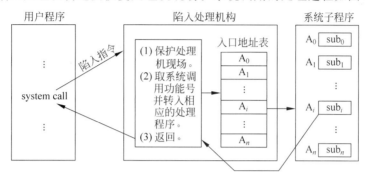

图 2-2 系统调用的处理过程

2.3.4 Linux 系统调用

Linux 内核中设置了一组用于实现系统功能的子程序，称为系统调用。系统调用和普通库函数调用非常相似，只是系统调用由操作系统核心提供，运行于核心态；而普通的函数调用由函数库或用户自己提供，运行于用户态。系统在内核中定义了一个系统调用入口地址表_sys_call_table，该表记录了所有已注册过的系统调用函数，表中为每一个系统调用指定了唯一的系统调用号。

Linux 通过软中断指令 int 0x80 来陷入核心态(在 Intel Pentium Ⅱ 又引入了 sysenter 指令)通过寄存器传递参数。中断指令 int 0x80 把控制权传给核心入口地址中的_system_call()，_system_call()将所有的寄存器内容压入用户栈，并检查系统调用是否合法。如果合法，则确定系统调用号，从_sys_call_table 中找出相应的系统调用入口地址，执行相应的系统调用功能。

系统调用的编程接口对用户来说比较复杂，Linux 系统为了向用户屏蔽这种复杂性，将系统调用接口默认链接到所有用户程序的应用编程接口(API)的库函数中，这就是 glibc 的标准 C 库函数。在标准 C 库函数中为每个系统调用设置了一个封装例程。当一个程序需要一个系统调用时，就可调用 C 库函数中相应的封装例程，从而降低了用户程序设计难度，节省用户的编程时间。

这里需要特别强调的是，并非所有的标准 C 库函数都是系统调用的封装例程。或者说，系统调用的封装例程只是这个 C 函数库中的一部分，其中还有一部分库函数是不需要系统调用就可以实现的，像一些抽象的数学计算库函数，应用编程接口提供它们也是为了方便用户使用，但这类函数不需要系统内核代码来实现。

随着 Linux 系统版本的不断更新，其提供的系统调用也不断增加，数量已增至数百条，其中最常用的有 30 多条。根据功能的不同，Linux 的系统调用大致可分为如下 6 类：

1. 有关设备管理的系统调用

这些系统调用可以对有关设备进行读写和控制等。例如,系统调用 ioctl 为所有设备的专用命令提供一个一般的、通用的入口点,它允许一个进程预置与一个设备相联系的硬件选择项和与一个驱动程序相联系的软件选择项,从而使设备和相应的驱动程序连接起来;系统调用 read、write 可用来对指定设备进行读写;系统调用 open 和 close 可用来打开和关闭某一指定设备。

2. 有关文件系统的系统调用

有关文件系统的系统调用是用户经常使用而且种类较多的一类。它包括文件的打开(open)、关闭(close)、读(read)、写(write)、创建(create)和删除(unlink)等调用,还包括文件的执行(execl)、控制(foctl)、加锁/解锁(flock)、文件状态的获取(stat)和安装文件系统(mount)等。较常用的有文件的打开、创建、读、写和关闭等。

3. 有关进程控制的系统调用

关于进程控制的系统调用有创建进程的 fork、阻塞当前执行进程自己的 wait、进程自我终止的 exit、获得进程标识符的 getpid、获取父进程标识的 getppid、获取进程优先级的 getpriority、改变进程优先级的 nice、发送和接收信号的 kill 和 signal、暂停当前进程执行过程的 pause 以及进行管道通信的 pipe 等。

创建进程的系统调用 fork 的使用格式是 n=fork();该系统调用的返回值可以是 0、大于 0 的整数或 -1。n=0 时表示系统将执行子进程的有关程序段,n>0 时表示系统将执行父进程的程序段,而 n=-1 则表示子进程未创建成功。无论 n=0 还是 n>0,父进程的程序段和子进程的程序段都将得到执行,只是二者执行的时间和顺序有差别。

系统调用 wait 的返回值是等待子进程的进程标识符。wait 的功能是阻塞父进程,等待子进程完成后使得父进程继续工作。

系统调用 exit 终止调用进程本身,并释放其所占用的所有资源。

管道通信用的系统调用 pipe(fd)为同一家族的进程之间传递数据建立一条管道。其中参数 fd 是一个包含两个单元的整型数组,fd[0]代表管道的读端,而 fd[1]代表管道的写端。管道被创建之后,一般和系统调用 read、write 联合使用,有关管道通信,将在 3.6.2 节中进一步说明。

除了上述系统调用之外,在进程控制中还经常用到两个有用的实用程序。一个是 sleep(n),执行该实用程序使得当前执行进程睡眠指定秒数。另一个是用于进程互斥的实用程序 lockf(fd,mode,size),其功能是将指定文件 fd 的指定区域进行加锁或解锁,以解决临界资源文件的竞争问题。

4. 有关进程通信的系统调用

进程通信用的系统调用主要包括套接字(socket)的建立、链接、控制和删除,进程间通信用的消息队列、共用存储区,以及有关同步机制的建立、链接、控制和删除等。

5. 关于存储管理的系统调用

这些系统调用包括获取内存现有空间大小、检查内存中现有进程、对内存区进行保护和改变堆栈大小等功能。

6. 管理用系统调用

管理用系统调用包括设置和读取日期和时间、用户和主机等的标识符等系统调用。

一个系统提供的系统调用越多,系统的功能就越强,用户使用起来也就越方便灵活。

下面是一个使用目录系统调用的例子,实现了 Linux 命令 pwd 的功能。

例 2-1 利用系统调用 getcwd(char * buf,size_t size)实现 Linux 系统 pwd 命令的功能。

```
#include <stdio.h>
#include <stdlib.h>
#include <unistd.h>
#define MAX_PATH 255
int main()
{
    char name[MAX_PATH + 1];
    if(getcwd(name,MAX_PATH) == NUll)
        printf("error:Failure getting pathname");
    printf("Current Directory: %S\n",name);
}
```

程序的运行结果:

Current Directory:/home/student

以上代码调用了 glibc 封装的系统调用函数。如果 glibc 没有封装某个内核提供的系统调用时,就不能通过上面的方法来调用该系统调用。例如,用户通过编译内核增加了一个系统调用,glibc 不可能有用户新增的系统调用的封装 API,此时可以利用 glibc 提供的 syscall 函数直接调用新增的系统调用。该函数定义在 unistd.h 头文件中,函数原型如下:

long int syscall (long int sysno, …)

其中,sysno 是系统调用号,每个系统调用都用唯一的系统调用号来标识。在 sys/syscall.h 中有所有可能的系统调用号的宏定义;"…"表示剩余可变长的参数,为系统调用所带的参数,根据系统调用的不同,可带 0~5 个参数,如果超过特定系统调用能带的参数个数,多余的参数被忽略。

由上可见,一个用户程序将频繁地利用各种系统调用以取得操作系统所提供的多种服务。

2.3.5 Windows 应用编程接口

Windows 程序采用事件驱动方式,即应用程序根据事件的内容,如鼠标的一个单击、移动、键盘的按键按下等操作,都是对应操作系统的一个事件,然后调用相应的程序进行处理。当应用程序调用操作系统服务时,由硬件产生一个陷入信号,将应用程序从用户态切换到核心态,将控制权转交给陷入处理程序,查找系统服务调度表,即陷入向量表,找到对应的系统服务程序入口地址,执行相应的系统服务程序。

为了进一步促进操作系统和应用软件之间的互通,方便用户编写 Windows 应用程序,Windows 提供了大量的子程序和函数,也就是 Windows 应用编程接口(API)。一个 API 函数可能不与任何系统调用相对应,也可能调用一个或多个系统调用,不同的 API 可能封装了相同的系统调用。API 是一种公共的、标准的应用接口,使不同的软件系统可以互相利用,共享信息。

标准 Windows API 函数可分为以下 7 类。

1. 系统服务

系统服务函数为应用程序提供了访问计算机资源与底层操作系统特性的手段，包括内存管理、文件系统、设备管理、进程和线程控制等。应用程序使用系统服务函数来管理和监视它所需要的资源。

2. 通用控件库

系统提供了通用控件库，属于操作系统的一部分，所以它们对所有的应用程序都可用。使用通用控件库有助于使应用程序的用户界面与其他应用程序保持一致，同时直接使用通用控件也可以节省开发时间。

3. 图形设备接口

图形设备接口（Graphics Device Interface，GDI）提供了一系列的函数和相关的结构，可以绘制直线、曲线、闭合图形、文本以及位图图像等，应用程序可以使用它们在显示器、打印机或其他设备上生成图形化的输出结果。

4. 网络服务

网络服务函数可以使网络上不同计算机的应用程序之间进行通信，可以创建和管理网络连接，从而实现资源共享，例如共享网络打印机。

5. 用户接口

用户接口函数为应用程序提供了创建和管理用户界面的方法，可以使用这些函数创建和使用窗口来显示输出、提示用户进行输入以及完成其他一些与用户进行交互所需的工作。大多数应用程序都至少要创建一个窗口。

6. 系统 Shell

Windows API 中包含一些接口和函数，应用程序可使用它们来增强系统 Shell 各方面的功能。

7. 系统信息

系统信息函数使应用程序能够确定计算机与桌面的有关信息。例如，确定是否安装了鼠标、显示屏幕的工作模式等。

例 2-2 下面的程序应用 Windows API 函数实现了例 2-1 的功能。

```
include "stdafx.h"
include "windows.h"
define DIRNAME_LEN MAX_PATH + 2
int WINAPI WinMain(HINSTANCE    hInstance,
                   HINSTANCE    hPrevInstance,
                   LPSTR        lpCmdLine,
                   int          nCmdShow)
{
    TCHAR PwdBuffer[DIRNAME_LEN];
    DWORD LenCuDir;
    LenCuDir = GetCurrentDirectory(DIRNAME_LEN,PwdBuffer);
    if(LenCuDir == 0)
        MessageBox(NULL,"Failure getting pathname,",NULL,MB_OK);
    MessageBox(NULL,PwdBuffer,"Current Directory",MB_OK);
    return 0;
}
```

由此可见，Windows API 也是一个基于 C 语言的接口，只是调用函数和编程模式与

Linux 不同。Windows API 中的函数也可以被使用不同语言编写的程序调用,只要在调用时遵循调用规范即可。

习　　题

1. 操作系统为用户提供了哪两类接口？分别适用于什么情况？
2. 通常操作系统为用户提供的命令有哪几类？
3. 操作系统提供的联机命令接口有哪些常用的操作方式？
4. Linux 系统中标准输入文件和标准输出文件分别对应的是什么？
5. 一般的过程调用与系统调用有什么不同？
6. 系统调用有哪几种类型？
7. 说明系统调用的处理步骤。
8. Linux 系统调用有哪几类？
9. 什么是 API？标准 Windows API 函数可以分为哪几类？
10. 举例说明 API 的应用。
11. 在 Linux 系统中,练习使用 Shell 的基本命令,如 ls、pwd、cp、mv、rm、mkdir、cat、chmod、man 等。
12. 在 Linux 系统中,常用的系统调用有哪些？

第 3 章　进 程 管 理

处理机是系统的重要资源之一,而处理机的管理实际上是进程的管理。在现代计算机系统中,通常以进程的观点来设计和研究操作系统。因此,只有深刻理解进程的概念,才能很好地理解操作系统各部分的功能和工作原理。

本章首先引入进程的概念,指出其特点,然后逐步介绍进程的管理,包括进程的建立、调度、控制等。

3.1　进程的概念

进程是现代操作系统最重要的概念之一。在多道程序系统中程序并发执行导致其出现了一些与单道程序顺序执行时不同的特征,由此引入了进程的概念。

3.1.1　进程的引入

1. 单道程序的顺序执行

在早期的计算机系统中,只有单道程序执行的功能。也就是说,每一次只允许一道程序运行,这个程序在运行期间将独占整个计算机系统的资源,而且系统按照程序的步骤顺序地执行,在该程序执行完之前,其他程序只能等待。这种程序执行方式称为顺序执行方式。程序的顺序执行具有如下特点。

(1) 顺序性。程序的执行过程是一系列严格按程序规定的状态转移的过程。上一条指令的执行结果是下一条指令的执行开始的充分必要条件。

(2) 封闭性。程序是在封闭的环境下执行的。即程序执行时独占资源,资源的状态(除初始状态外)只有本程序才能改变。程序执行得到的最终结果由初始条件决定,不受外界因素的影响。

(3) 可再现性。程序执行结果与它的执行速度无关。只要输入的条件相同,重复执行时,不论它是从头到尾不停顿地执行,还是"停停走走"地执行,都会得到相同的结果。

程序的顺序执行的特点使系统管理非常方便,程序员检验和校正程序的错误也很容易。然而,系统的资源利用率却非常低,尤其在对外部设备进行操作的时间内,系统处理器都在等待。

2. 多道程序系统中程序的执行

为提高处理机的效率,人们设想让多个程序同时执行。然而,单处理机系统每一时刻只能执行一条指令。如果要同时执行多条指令,必须具有多个处理机或者处理部件,这就是并行结构和并行处理要解决的问题。

能否在单处理机上实现程序的同时执行呢? 这就是程序的并发执行问题。并发执行是基于多道程序的一个概念,即让多道程序在计算机中交替地执行,当一道程序不用处理机时,另一道程序就马上使用处理机,从而大大提高了处理机的利用率。虽然在每一时刻仍然只有一条指令在执行,但在计算机的主存储器中同时存放了多道程序,在同一时间间隔内,这些程序在交替地执行。因此,在微观上指令是顺序执行的,而在宏观上程序是并发执行的,从而减少了处理机的等待时间,使得处理机和外设可同时工作,提高了系统的使用效率。

程序的并发执行虽然提高了系统的使用效率,但由于多道程序在主机中并发执行,共享系统资源,因而产生了一些与顺序程序不同的特点:

(1) 间断性。程序在并发执行时,由于它们共享系统资源,并且为完成同一项任务而相互合作,致使在这些并发执行的程序之间形成了相互制约的关系。例如,几个并发程序在竞争同一资源(如打印机)时,得到资源的程序继续运行,而其他的程序则只有等待,这是间接制约。又如,一个程序请求从磁盘中读入一个文件,它就直接受到系统磁盘管理程序何时完成该请求的制约,只有等到后者读入了指定的文件后,该程序才能继续执行与该文件有关的操作,这是直接制约。由于存在制约,就存在等待。因此,并发程序具有"执行—暂停—执行"这种间断性的活动规律。

(2) 失去封闭性。程序在并发执行时,多个程序共享系统中的各种资源,因而这些资源的状态将由多个程序来改变,致使程序的运行失去封闭性。这样,某个程序在执行时必然会受到其他程序的影响。例如,当处理机这一资源已被某个程序占用时,另一程序必须等待。

(3) 不可再现性。程序在并发执行时,由于失去了封闭性,也将导致其失去可再现性。

例 3-1 设有两道程序 CP 和 PP,它们共享一个变量 n,其初值为 0。CP 程序循环 10 000 次,执行 n=n+1;PP 程序打印 n 的值。CP 和 PP 可分别描述如下:

```
CP()                              PP()
{                                 {
    while(n<10000)                    printf("n = %d\n",n);
        n = n+1;                  }
}
```

显然,如果上例中的 CP 和 PP 程序顺序执行,其执行结果为 n=10 000(屏幕显示)。但如果让两个程序段并发执行,程序 CP 和 PP 的执行速度不同,将有可能出现下述 4 种情况。

(1) 首先程序 CP 抢占了处理机开始执行,然后执行程序 PP,执行结果是 n=10 000。

(2) 首先程序 PP 抢占了处理机开始执行,然后执行程序段 CP,执行结果是 n=0。

(3) 如果在某一分时系统中,首先程序 CP 开始执行,执行到某一时间,其时间片用完(假设 CP 执行到 n=2000),这时程序 PP 也开始执行且抢占了处理机,执行结果为 n=2000。

(4) 如果将两个程序放在另一个执行速度较快的分时系统中执行,假设 CP 执行到 n=3000 时,其时间片用完,这时程序 PP 开始执行,其执行结果为 n=3000。

这说明,程序在并发执行时,有一些程序经过多次执行,虽然它们执行的初始条件相同,但其执行速度不同,结果也不同,即在多道程序系统中,程序的执行不再具有可再现性,甚至会出现错误的结果。

3. 进程概念的引入

从上述讨论可以看出,在多道程序环境下,程序并发执行,程序的执行具有了许多新的特性,程序与执行结果不再一一对应。在多道程序系统中,一般情况下,并发执行的各程序如果共享软硬件资源,都会造成其执行结果受执行速度影响的局面(例 3-1 中的程序并发执行出现不同的结果是由于两个程序共享变量 n)。显然,这是程序设计人员不希望看到的。为了在并发执行时不出现错误结果,必须采取某些措施来制约、控制各并发程序的执行速度,这在操作系统程序设计中尤为重要。

为了控制和协调各程序执行过程中对软硬件资源的共享和竞争,在操作系统中引入进程的概念来反映和刻画系统和用户程序的活动。

3.1.2 进程的定义与特征

1. 进程的定义

进程的概念是 20 世纪 60 年代初期首先在 MIT 的 Mulitics 系统和 IBM 的 TSS/360 系统中引入的。此后,人们对进程下过各式各样的定义。现列举其中 5 种。

(1) 进程是可以并行执行的计算部分(S. E. Madnick,J. T. Donovan)。

(2) 进程是一个独立的可以调度的活动(E. Cohen,Jonfferson)。

(3) 进程是一个抽象实体,当它执行某个任务时,将要分配和释放各种资源(P. Denning)。

(4) 行为的规则叫程序,程序在处理机上执行的活动称为进程(E. W. Dijkstra)。

(5) 一个进程是一系列逐一执行的操作,而操作的确切含义则有赖于以何种详尽程度来描述进程(Brinch Hansen)。

以上对进程的定义尽管各有侧重,但本质是相同的,即主要注重进程是一个程序的执行过程这一概念。进程是程序的一次运行活动,即程序是一种静态的概念;而进程是一种动态的概念,它是"活动的"。

进程和程序之间的区别是很微妙的,却非常重要。通过一个类比可以让大家更容易理解这一点。想象一位有一手好厨艺的计算机科学家正在为他的女儿烘制生日蛋糕。他有做生日蛋糕的食谱,厨房里有所需的原料:面粉、鸡蛋、糖、香草汁等。在这个类比中,做蛋糕的食谱就是程序(即用适当形式描述的算法),计算机科学家就是处理机(CPU),而做蛋糕的各种原料就是输入的数据。进程就是厨师阅读食谱、取来各种原料以及烘制蛋糕的一系列动作的总和。

现在假设计算机科学家的女儿哭着跑了进来,说她被一只蜜蜂蜇了。计算机科学家就记录下自己照着食谱做到哪儿了(保存进程的当前状态),然后拿出一本急救手册,按照其中的指示处理蜇伤。这里,我们看到处理机从一个进程(做蛋糕)切换到另一个高优先级的进程(实施医疗救治),每个进程拥有各自的程序(食谱和急救指示)。当蜜蜂蜇伤处理完之后,计算机科学家又回来做蛋糕,从他离开时的那一步继续做下去(继续执行做蛋糕程序)。

这里的关键思想是:一个进程是某种类型的一个活动,它有程序、输入、输出及状态。单个处理机被若干进程共享,它使用某种调度算法决定何时停止一个进程的工作,并转而为另一个进程提供服务。

在此给出进程的定义:进程是一个具有独立功能的程序对某个数据集在处理机上的执行过程和分配资源的基本单位。

2. 进程的特征

在操作系统中,进程是进行系统资源分配、调度和管理的最小独立单位,操作系统的各种活动都与进程有关。为了进一步明确进程的概念,下面给出进程的一些突出特征。

1) 动态性

动态性是进程最基本的特征之一。进程是程序的一次运行过程,具有一个从静止到活动的过程,即诞生、运行、消失的过程,有一定的生命周期,它与程序并不一一对应。程序是静态的,只是指令的集合,作为一种文件可长期存放在存储装置中。一个进程可以对应一个程序,或者对应一段程序(一个程序的部分);一个程序可以对应一个进程,也可以对应多个进程,此时称这个程序被多个进程所共享,可共享的程序代码被称为可重入代码或者纯代码,纯代码在运行过程中不能被改变。

2) 并发性

并发性是指多个进程同时驻留内存,且能在一段时间内交替运行。并发性是进程最基本的特征之一,同时也是操作系统的重要特征。引入进程的目的也正是为了使多个进程能并发运行,而程序是不能并发运行的。

3) 独立性

进程是操作系统中可以独立运行的基本单位,也是分配资源和进行调度的基本单位。进程在获得其必需的资源后即可运行,在不能得到某个资源时便停止运行。在具有并发性的系统中,未建立进程的程序不能作为一个独立单位运行。

4) 异步性

异步性指进程的执行起始时间的随机性和执行速度的独立性。

5) 结构性

为了记录、描述、跟踪和控制进程的变化过程,系统建立了一套重要的数据结构,每个进程有其对应的数据结构。

3.1.3 引入进程的利弊

引入进程是多道程序和分时系统的需要,也是描述程序并发执行活动的需要。在操作系统中,通过为每道程序建立进程,使它们彼此间能够并发执行,从而改善系统资源的利用率,提高系统的吞吐量。因此,目前几乎所有的操作系统中都引入了进程的概念,支持多进程的操作。然而,引入进程也带来如下的问题。

1) 空间开销

系统必须为每个进程建立必需的数据结构和管理数据结构的机构,它们将占据一定的存储器空间。在内存容量较小的情况下,与进程有关的空间开销成为一个包袱,会影响内存空间使用率。如果内存空间足够大,空间影响就会降低。

2) 时间开销

系统为了管理和协调进程的运行,要不断跟踪进程的运行过程,不断更新有关的系统和进程数据结构,进行进程间的运行工作切换、现场保护等。这些都需要占用处理机的时间,使系统付出时间开销。时间开销与操作系统设计、数据结构的选择以及高速处理机的采用都有直接关系。

3.2 进程控制块和进程的状态

由前面的叙述可知,进程在执行过程中,具有"执行—暂停—执行"这种间断性的活动规律。需要有一个专门的机制能够管理进程的这种变化过程。

3.2.1 进程的状态及其变化

由于各进程在其生命周期内的并发执行及相互制约,使得它们的状态不断发生变化。一般而言,进程具有以下 3 种最基本的状态。

(1) 就绪状态。当进程已分配到除处理机以外的所有必要资源后,只要再获得处理机,便可立即执行,进程这时的状态称为就绪状态。

(2) 运行状态。已经获得处理机及其他的运行资源,正在处理机上运行的进程处于运行状态。

(3) 阻塞状态。正在执行的进程由于某种运行条件不具备而暂停执行时,在等待某一事件的发生,此时进程处于阻塞状态,有时也称为阻塞状态。致使进程阻塞的典型事件有请求 I/O、申请缓冲空间等。

在单处理机系统中,处于运行状态的进程只有一个。正在运行的进程如果因分配给它的时间片到而被暂停运行时,该进程便由运行状态又回到就绪状态;处于就绪状态的进程可以有多个,它们都具备了运行的所有条件,仅仅未获得处理机控制权,如果有多个处理机,这些就绪进程都可以转入运行状态。如果需要等待某一事件的发生而使运行受阻(例如,进程请求访问某种独享资源,而该资源正在被其他进程占用,必须等到该资源被释放),该进程将由运行状态转变为阻塞状态。当引起阻塞的原因解除后,即回到就绪状态。图 3-1 给出了 3 个基本状态之间的转换关系。

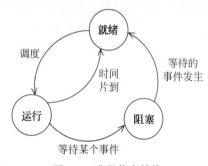

图 3-1 进程状态转换

进程状态转换发生变化的原因和条件归根到底源于进程之间的相互制约关系。对进程状态的转换过程,需要注意如下 3 点。

(1) 进程从阻塞状态到运行状态,必须经过就绪状态,而不能直接转换到运行状态。这是因为此进程阻塞的原因解除后,系统中可能有多个进程都处于可运行状态(就绪状态),因此系统必须按照一定的算法选择一个就绪进程占用处理机,这种选择过程被称为进程调度(schedule)。

(2) 一个进程由运行状态转换为阻塞状态一般是由运行中的进程自己主动提出的。例如,进程在运行过程中需要某一条件而不能满足时,就自己主动放弃处理机而使进程转入阻塞状态。

(3) 一个进程由阻塞状态转换为就绪状态总是由外界事件引起的,而不是由该进程自己引起的。例如某一 I/O 操作完成,由 I/O 结束中断来解除等待此 I/O 完成的进程的阻塞状态,将其转换为就绪状态。

以上 3 种状态是进程最基本的状态,在实际的操作系统中往往不止这 3 种状态。进程的状态设置和规定与实际的操作系统设计有关。例如,还可以设置自由态、睡眠态、接收态、停止态等。对 3 种基本状态也可以再细分,例如,分为静止就绪、活动就绪、静止阻塞、活动阻塞等。这些状态的设立和状态之间的转换均与系统进程的调度需要有关,根据操作系统的设计目标不同而不同。

3.2.2 进程控制块

1. 进程的静态描述

进程既然是一个动态的概念,那么如何表示一个进程,又如何知道进程的存在呢?显然在系统中需要有描述进程存在和能够反映其变化的物理实体,即进程的静态描述。进程的静态描述由以下 3 部分组成。

(1) 程序:指进程运行所对应的执行代码。

(2) 数据集合:指程序加工的对象和场所,是进程运行中必需的数据资源,包括对 CPU 占用、存储器、I/O 通道等的需求信息。

(1)和(2)两部分内容与进程的执行有关,大多数操作系统把这两部分内容放在外存中,直到该进程执行时再调入内存。

(3) 进程控制块:是系统为每个进程定义的一个数据结构。它包含了有关进程的描述信息、控制信息和资源信息,是进程动态特征的集中反映。

2. 进程控制块的作用

为了描述和控制进程的运行,系统为每个进程定义了一个数据结构——进程控制块(Process Control Block,PCB),它是操作系统中最重要的记录型数据结构。PCB 中记录了操作系统所需的、用于描述进程的当前情况以及进程控制运行的全部信息。PCB 的作用是使一个多道程序环境下不能独立运行的程序(含数据)成为一个能独立运行的基本单位,一个能与其他进程并发执行的进程。或者说操作系统是根据 PCB 来对并发执行的进程进行控制和管理的。例如,当操作系统要调度某进程时,从该进程的 PCB 中查出其现行状态及优先级;在调度到某进程后,要根据 PCB 中所保存的处理机状态信息,设置该进程恢复运行的现场,并根据其 PCB 中程序和数据的内存始址,找到其程序和数据;进程在执行过程中,当需要和与之合作的进程实现同步、通信和访问文件时,也需要访问 PCB;当进程因某种原因而暂停执行时,又须将其断点的处理机环境保存在 PCB 中。可见,在进程的整个生命周期中,系统总是通过 PCB 对进程进行控制的,亦即,系统是根据进程的 PCB 而感知进程的存在的。所以说,PCB 是进程存在的唯一标志。

当系统创建一个新进程时,就为它建立了一个 PCB;进程结束时又收回其 PCB,进程也随之消亡。PCB 可以被操作系统中的多个模块(如被调度程序、资源分配程序、中断处理程序以及监督和分析程序等)读或修改。因为 PCB 经常被系统访问,因此,几乎在所有的多道程序操作系统中,一个进程的 PCB 全部或部分常驻内存。

3. 进程控制块中的信息

一般来说,根据操作系统的要求不同,进程的 PCB 所包含的内容会多少有所不同。但是,下面所示的基本信息是必需的。

1) 描述信息

(1) 进程标识符。在所有的操作系统中,创建一个进程时,系统即为该进程赋予一个唯一的内部标识符,以便系统区别每个进程。

(2) 用户名或用户标识符。每个进程都隶属于某个用户,用户名或用户标识符有利于资源共享与保护。

(3) 家族关系。在有的系统中,进程之间存在家族关系。PCB 中相应的项描述其家族关系。

2）控制信息

（1）进程当前状态。说明进程当前处于何种状态。

（2）进程优先级。是选取进程占用处理机的重要依据。与进程优先级有关的 PCB 表项有占用 CPU 时间、进程优先级偏移、占据内存时间等。

（3）程序开始地址。指出该进程的程序从此内存地址开始执行。

（4）各种计时信息。给出进程占用和利用资源的有关情况。

（5）通信信息。记录进程在运行过程中与其他进程通信的有关信息。

3）资源管理信息

（1）占用内存大小及其管理用数据结构指针，例如后面介绍的内存管理中所用到的进程页表指针等。

（2）在某些复杂系统中，还有对换或覆盖用的有关信息，如对换程序段长度、对换外存地址等。这些信息在进程申请、释放内存时使用。

（3）共享程序段大小及起始地址。

（4）输入输出设备的设备号，所要传送的数据长度、缓冲地址、缓冲长度及所用设备的有关数据结构指针等。这些信息在进程申请释放设备进行数据传输时使用。

（5）指向文件系统的指针及有关标识等。进程可使用这些信息对文件系统进行操作。

4）CPU 现场保护机构

处理机状态信息主要是由处理机的各种寄存器中的内容组成的。当处理机被中断时，所有这些信息都必须保存在 PCB 中，以便在该进程重新执行时，能从断点继续执行。这些寄存器包括以下 4 种。

（1）通用寄存器。又称为用户可视寄存器，它们是用户程序可以访问的，用于暂存信息。在大多数处理机中，有 8～32 个通用寄存器，在 RISC 结构的计算机中可超过 100 个。

（2）指令计数器。其中存放了要访问的下一条指令地址。

（3）程序状态字（PSW）。其中含有状态信息，如条件码、执行方式、中断屏蔽标志等。

（4）用户栈指针。每个用户进程都有一个或若干与之相关的系统栈，用于存放过程和系统调用参数及调用地址。

例 3-2　一种用 C 语言描述的 PCB 结构。

```
struct pentry{int    pid;              //进程标识符
              int    pprio;            //进程优先级
              char   pstate;           //进程状态
              int    pname;            //进程用户标识符
              int    msg;              //进程通信信息
              int    paddr;            //进程对应的程序执行地址
              int    pregs[SIZE];      //现场保护区大小
              ...
}pcb[];                                 //定义进程控制块结构数组
```

可见，通过这些表项内容，标识了进程的存在和运行，集中反映了进程的动态特征。由此系统通过 PCB 就可以对进程进行管理和控制。

4．PCB 的组织方式

在一个系统中，通常可拥有数十个、数百个乃至数千个 PCB。为了能对它们加以有效的管理,应该用适当的方式将这些 PCB 组织起来。常用的组织方式有两种。

(1) 链接队列方式。处于相同状态的 PCB 组成队列,形成运行、就绪和阻塞队列。每个 PCB 增加一个链指针表项,指向队列中下一个 PCB 的起始地址,系统中设置固定单元指出各单元的头,即每个队列第一个 PCB 的起始地址。运行队列实际上只有一个成员,用运行队列指针指向它即可。就绪队列的排队原则与调度策略有关。阻塞队列可以有多个,可根据阻塞原因的不同而把处于阻塞状态的进程的 PCB 排成等待 I/O 操作完成的队列和等待分配内存的队列等。图 3-2 给出了一种链接队列的组织方式。

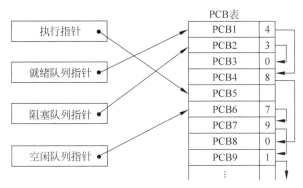

图 3-2 PCB 链接队列示意图

(2) 索引表方式。系统根据所有进程的状态建立几张索引表,如就绪索引表、阻塞索引表等,并把各索引表在内存的首地址记录在内存的一些专用单元中。在每个索引表的表目中,记录具有相应状态的某个 PCB 在 PCB 表中的地址。图 3-3 给出了索引表方式的 PCB 组织。

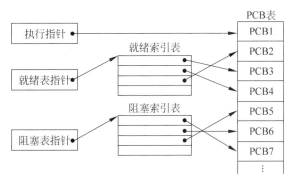

图 3-3 按索引表方式组织 PCB

3.3 进程的控制

进程在从创建到消失的整个生命周期中状态是不断发生变化的。那么,如何控制进程状态的变化呢?如何创建和撤销一个进程呢?

操作系统的进程控制机构控制进程的状态转换。进程的控制机构首先表现在建立、撤销、阻塞、唤醒等方面。通常操作系统内核提供了称作原语的、具有特定功能的程序段来完成进程的建立、撤销进程以及完成进程各状态间的转换。

原语被认为是机器语言的延伸,是在系统核心态下执行并由一条或若干条机器指令组成的具有特定功能的程序段。它一旦被启动,在执行期间是不可中断的。操作系统原语对用户是透明的,一般不允许用户直接使用,以避免对操作系统内核的干扰和破坏。但随着系统的发展,为方便系统程序员使用,有的原语被作为一种特殊的系统调用,既提供给系统进程,也提供给用户进程,通过系统调用方式使用。

3.3.1 进程的创建原语

1. 进程图

一个进程可以创建若干新进程,新创建的进程又可以继续创建进程,这个创建过程形成了一种树状结构,在操作系统中称为进程图(process graph)。进程图是一棵有向树,其节点代表进程,分枝代表创建。若进程 A 创建了进程 B,称 A 是 B 的父进程(parent process),而 B 称为 A 的子进程(progeny process)。进程树状成了一个进程"家族",根节点为该家族的"祖先"(ancestor)。必须注意,在进程图中,进程 A 创建了进程 B,但并不意味着只有进程 A 执行完以后进程 B 才能执行,而是 A 和 B 可以并发执行。

了解进程间的这种关系是十分重要的。因为子进程可以继承父进程所拥有的资源,例如,继承父进程打开的文件、继承父进程所分配到的缓冲区,等等。当子进程被撤销时,应将其从父进程那里获得的资源归还给父进程。此外,在撤销父进程时,也必须同时撤销其所有的子进程。为了标识进程之间的家族关系,在 PCB 中设置了家族关系表项,以标明自己的父进程及所有的子进程。

2. 引起创建进程的事件

在多道程序环境中,程序只有成为进程时才能在系统中运行。因此,为使程序能运行,就必须为它创建进程。导致一个进程创建另一个进程的典型事件可有以下 4 类。

(1) 用户登录。在分时系统中,用户在终端输入登录命令后,如果是合法用户,系统将为该终端建立一个终端进程,并把它插入就绪队列中。

(2) 启动程序。在交互命令中,用户输入可执行程序,将由系统创建一个用户执行程序对应的进程。在批处理系统中,当作业调度程序按一定的算法调度到某作业时,便将该作业装入内存,为它分配必要的资源,并立即为它创建主进程,再插入就绪队列中。

(3) 提供服务。当运行中的用户程序提出某种请求后,系统将专门创建一个进程来提供用户所需要的服务。例如,用户程序要求进行文件打印,操作系统将为它创建一个打印进程。这样,不仅可使打印进程与该用户进程并发执行,而且还便于计算出为完成打印任务所花费的时间。

(4) 应用请求。在上述 3 类情况下,都是由系统内核创建一个新进程;而第(4)类事件则是基于应用进程的需求,由它自己创建一个新进程,以便使新进程以并发运行方式完成特定任务。例如,某应用程序需要不断地从键盘终端读入用户输入的数据,继而又要对输入数据进行相应的处理,然后再将处理结果以表格形式在屏幕上显示。该应用进程为使这几个操作能并发执行,以加速任务的完成,可以分别建立键盘输入进程、数据处理进程和表格输出进程。

3. 进程创建原语

一旦操作系统发现了要求创建新进程的事件后,便调用进程创建原语按下述步骤创建一个新进程。

（1）申请空白PCB。为新进程申请获得唯一的数字标识符,并从PCB集合中索取一个空白PCB。

（2）为新进程分配资源。为新进程的程序和数据以及用户栈分配必要的内存空间。显然,此时操作系统必须知道新进程所需内存的大小。对于批处理作业,其大小可在用户提出创建进程要求时提供。若是为应用进程创建子进程,也应是在该进程提出创建进程的请求中给出所需内存的大小。对于交互型作业,用户可以不给出内存要求而由系统分配一定的空间。如果新进程要共享某个已在内存的地址空间（即已装入内存的共享段）,则必须建立相应的链接。

（3）初始化进程控制块。PCB的初始化包括：①初始化标识信息。将系统分配的标识符和父进程标识符填入新PCB中。②初始化处理机状态信息。使程序计数器指向程序的入口地址,使栈指针指向栈顶。③初始化处理机控制信息。将进程的状态设置为就绪状态或静止就绪状态。对于优先级,通常是将它设置为默认的优先级,除非用户以显式方式提出优先级设置要求。

（4）将新进程插入就绪队列,如果进程就绪队列能够接纳新进程,便将新进程插入就绪队列。

3.3.2 进程的撤销原语

1. 引起进程撤销的事件

1）正常结束

在任何计算机系统中,都应有一个用于表示进程已经运行完成的指示。例如,在批处理系统中,通常在程序的最后安排一条 Holt 指令来终止程序的执行。当程序运行到 Holt 指令时,将产生一个中断,通知操作系统本进程已经完成。在分时系统中,用户可利用 Logs off 表示进程运行完毕,此时同样可产生一个中断,通知操作系统进程已运行完毕。

2）异常结束

在进程运行期间,由于出现某些错误和故障而迫使进程终止。这类异常事件很多,常见的有以下几种。①越界错误,这是指程序所访问的存储区已越出该进程的区域。②保护错误,进程试图访问一个不允许访问的资源或文件,或者以不适当的方式进行访问,如进程试图去写一个只读文件。③非法指令,程序试图执行一条不存在的指令,出现该错误的原因可能是程序错误地转移到数据区,把数据当成了指令。④特权指令错误,用户进程试图执行一条只允许操作系统执行的指令。⑤运行超时,进程的执行时间超过了指定的最大值。⑥等待超时,进程等待某事件的时间超过了规定的最大值。⑦算术运算错误,进程试图执行一个被禁止的运算,如被0除。⑧I/O故障,这是指在I/O过程中发生了错误。

3）外界干预

外界干预并非指在进程运行中出现了异常事件,而是指进程应外界的请求而终止运行。这些干预有以下几种。①操作员或操作系统干预,由于某种原因,如发生了死锁,由操作员或操作系统终止该进程。②父进程请求,由于父进程具有终止自己的任何子孙进程的权利,因而当父进程提出终止某个子孙进程的请求时,系统将终止该进程。③父进程终止,当父进程终止时,操作系统也将其所有子孙进程终止。

2. 进程撤销原语

如果系统中发生了上述要求撤销进程的某事件后,操作系统便调用进程撤销原语,按下述过程撤销指定的进程。

(1) 根据被撤销进程的标识符,从 PCB 集合中检索出该进程的 PCB,从中读出该进程的状态。

(2) 若被撤销进程正处于执行状态,应立即终止该进程的执行,并置调度标识为真,用于指示该进程被撤销后应重新进行调度。

(3) 若该进程还有子孙进程,还应将其所有子孙进程予以撤销,以防它们成为不可控的进程。

(4) 将被撤销进程所拥有的全部资源归还给其父进程或者归还给系统。

(5) 将被撤销进程(它的 PCB)从所在队列(或链表)中移出,等待其他程序使用。

3.3.3 进程的阻塞与唤醒原语

1. 引起进程阻塞和唤醒的事件

下述 4 类事件会引起进程阻塞或被唤醒。

1) 请求系统服务

当正在执行的进程请求操作系统提供服务,但由于某种原因,操作系统并不能立即满足该进程的要求时,该进程只能转变为阻塞状态来等待。例如,一个进程请求使用某资源,如打印机,由于系统已将打印机分配给其他进程而不能分配给请求进程,这时请求进程只能被阻塞,仅在其他进程释放打印机的同时,才将请求进程唤醒。

2) 启动某种操作

当进程启动某种操作后,如果该进程必须在该操作完成之后才能继续执行,则必须先使该进程阻塞,以等待该操作完成。例如,一个进程启动了某 I/O 设备,如果只有在 I/O 设备完成了指定的 I/O 操作任务后,进程才能继续执行,则该进程在启动了 I/O 操作后,便自动进入阻塞状态去等待。在 I/O 操作完成后,再由中断处理程序或中断进程将该进程唤醒。

3) 新数据尚未到达

对于相互合作的进程,如果其中一个进程需要先获得另一(合作)进程提供的数据才能运行以对数据进行处理,则只要其所需数据尚未到达,该进程就只能等待进入阻塞状态。例如,有两个进程,进程 A 用于输入数据,进程 B 对输入数据进行加工。假如 A 尚未将数据输入完毕,则进程 B 将因没有所需的数据而阻塞;一旦进程 A 把数据输入完毕,便可唤醒进程 B。

4) 无新工作可做

系统往往设置一些具有某个特定功能的系统进程,每当这种进程完成任务后,便把自己阻塞起来以等待新任务到来。例如,系统中的发送进程,其主要工作是发送数据,若已有的数据已全部发送完成而又无新的发送请求,这时发送进程将使自己进入阻塞状态,仅当又有进程提出新的发送请求时,才将发送进程唤醒。

2. 进程阻塞原语

当发生上述某事件时,正在执行的进程由于无法继续执行,于是便通过调用阻塞原语把自己阻塞。可见,进程的阻塞是进程自身的一种主动行为。进入阻塞时,由于此时该进程还处于执行状态,所以应先中断处理机和保存该进程的 CPU 现场。然后,把该进程控制块中的现行状态由执行改为阻塞,并将其 PCB 插入阻塞队列。如果系统中设置了因不同事件而阻塞的多个阻塞队列,则应将本进程插入具有相同事件的阻塞(等待)队列。最后,转调度程序进行重新调度,将处理机分配给另一就绪进程。这里,转进程调度是很重要的,否则,处理机将会出现空转而浪费资源。

3. 进程唤醒原语

当被阻塞进程所期待的事件出现时,如 I/O 完成或其所期待的数据已经到达,则由有关进程(如用完并释放了该 I/O 设备的进程)调用唤醒原语 wakeup(),将等待该事件的进程唤醒。唤醒原语执行的过程是:首先把被阻塞的进程从等待该事件的阻塞队列中移出,将其 PCB 中的现行状态由阻塞改为就绪,然后再将该 PCB 插入就绪队列中。在被唤醒进程送入就绪队列之后,唤醒原语既可以返回原调用程序,也可以转向进程调度。

应当指出,阻塞原语和唤醒原语是一对作用刚好相反的原语。因此,如果在某进程中调用了阻塞原语,则必须在与之相合作的另一进程中或其他相关的进程中安排唤醒原语,以唤醒被阻塞进程;否则,被阻塞进程将会因不能被唤醒而长久地处于阻塞状态,从而再无机会继续运行。

3.4 进 程 同 步

在操作系统中引入进程后,虽然提高了资源利用率和系统吞吐量,但是在进程并发执行时,由于资源共享和进程的合作,使同一系统中的进程之间可能产生两种形式的制约关系,即直接制约和间接制约,而这两种关系通常表现在两类问题上:同步和互斥。进程同步机制的主要任务是使并发执行的诸进程之间能有效地共享资源和相互合作,从而使程序的执行具有可再现性。

3.4.1 互斥

并发进程可以共享系统中的各种资源,但是系统中某些资源具有一次仅允许一个进程使用的属性,这样的资源称为临界资源(critical resource)。例如,一台打印机,若让多个进程任意使用,那么很容易发生多个进程的输出结果交织在一起的混乱情况,解决这一问题唯一的办法就是一个进程提出打印申请并得到许可后,打印机一直被它单独占用。如果在此过程中,另一进程也提出打印申请,那么它必须等前一进程释放了打印机以后才可使用。

系统中有很多的物理设备属于临界资源,如打印机等,不仅硬件可以是临界资源,软件中的变量、数据、表格都可以是临界资源。下面通过一个例子来说明临界资源的概念。

例 3-3 假设在一个飞机售票系统中,某一时刻数据库中关于某一航班的机票数量 counter=5。某一窗口的售票进程执行的一条操作语句是 counter=counter−1,而另一窗口退票进程执行的一条操作语句是 counter=counter+1。

用高级语言书写的语句 counter=counter+1 和 counter=counter−1 所对应的汇编语言指令如下:

```
LOAD   A, counter;         LOAD   B, counter;
ADD    A, 1;               SUB    B, 1;
STORE  A,  counter;        STORE  B,  counter;
```

如果让售票进程和退票进程顺序执行，其结果是正确的；但如果并发执行，就会出现差错。问题就在于这两个进程共享了变量 counter。

如果退票进程先执行左列的 3 条机器语言语句，然后售票进程再执行右列的 3 条语句，则最后共享变量 counter 的值仍为 5；反之，如果让售票进程先执行右列的 3 条语句，然后再让退票进程执行左列的 3 条语句，counter 值也还是 5。但是，如果按下述顺序执行。

```
LOAD    A, counter;    (A = 5)
ADD     A, 1;          (A = 6)
LOAD    B, counter;    (B = 5)
SUB     B, 1;          (B = 4)
STORE   A, counter;    (counter = 6)
STORE   B, counter;    (counter = 4)
```

则 counter 值是 4，显然不是用户想要的值。读者可以自己试试，倘若再将两段程序中各语句交叉执行的顺序改变，又可能得到 counter＝6 的答案，这表明程序的执行已经失去了可再现性。为了预防产生这种错误，解决此问题的关键是把变量 counter 作为临界资源处理，即令售票进程和退票进程共享同一变量 counter 的那段代码不能交叉执行。

进程中访问临界资源的那段代码称为关于该临界资源的临界区（critical section）。如上例中的 counter＝counter＋1 和 counter＝counter－1 语句。涉及同一临界资源的不同进程中的临界区称为同类临界区。以后不加特别说明，均指同类临界区。

有了临界区的概念后，进程的互斥就可以描述为：一组并发进程中的两个或多个程序段，因共享某一公有资源而使得这组并发进程不能同时进入临界区的关系称为进程的互斥。

由前述可知，不论硬件临界资源还是软件临界资源，系统中多个进程必须互斥地对它们进行访问。显然，若能保证进程互斥地进入自己的临界区，就能实现诸进程对临界资源的互斥访问。为此，必须有软件方法或同步机制来协调它们。该算法或同步机制应遵循下述调度准则。

（1）独立平等。不能假设各并发进程的相对执行速度。即各并发进程享有平等的、独立的竞争共享资源的权利。

（2）空闲让进。并发进程中的某个进程不在临界区时，它不阻止其他进程进入临界区。

（3）互斥进入。并发进程中的若干进程申请进入临界区，只能允许一个进程进入，以保证临界资源的互斥使用。

（4）让权等待。当进程不能进入自己的临界区时，应立即释放处理机，以免进程陷入"忙等"。

（5）有限等待。并发进程中的某个进程从申请进入临界区时开始，应在有限的时间内进入临界区，以免进程陷入"死等"。

这里，准则（4）遵循了"尽可能地提高 CPU 的有效利用率"的操作系统设计目标；准则（5）是并发进程不发生死锁（关于死锁，将在 4.5 节中介绍）的重要保证。

3.4.2 进程的同步

在并发系统中，进程之间除了对公有资源的竞争而引起的间接制约之外，还存在着直接的制约关系，现在结合下例来讨论这类制约问题。

例 3-4 在控制测量系统中，数据采集任务反复把所采集的数据送入一个单缓冲区；计算任务不断从该单缓冲区中取出数据进行计算。它们之间具有相互的制约关系,即数据采集进程未把数据放入缓冲区,缓冲区空时,计算进程不应执行取数据的过程;同样,当缓冲区满时,计算进程还没有取走一个数据时,数据采集进程不能执行放数据的过程。如果不采取任何制约机制,则数据采集过程(collection)和计算过程(calculate)相应的程序段分别描述如下:

```
var buf;                    //定义一个全局缓冲区
int flag = 0;               //定义一个缓冲区状态标志,0 表示空,1 表示满
collection()                //数据采集过程向缓冲区送入数据
{
    while (TRUE)
    {
        采集数据;
        while(flag == 1);   //重复测试缓冲区是否满
            将采集的数据放入 buf;
        flag = 1;
    }
}
calculate()                 //计算过程从缓冲区中取走数据
{
    while(TRUE)
    {
        while(flag == 0);   //重复测试缓冲区是否空
        从 buf 中取出数据;
        flag = 0;
        计算处理;
    }
}
```

为了简化问题,在此假设不考虑共享变量 flag 的互斥访问。

显然,上述进程的并发执行会造成 CPU 执行时间的极大浪费(因为其中包含两处反复测试的语句),这是操作系统设计不允许的。由于数据采集任务和计算任务在执行过程中存在相互的制约关系,所以才造成了这种浪费,这种现象在多道程序操作系统和用户进程中大量存在。

通常把异步环境下的一组并发进程在某些程序段上需互相合作、互相等待,使得各进程在某些程序段上必须按一定的顺序执行的制约关系称为进程间同步。具有同步关系的一组并发进程称为合作进程。

无论是互斥还是同步,都是在执行的时间顺序上对并发进程的操作加以某种限制。对于互斥的进程,它们各自单独执行时都是正确的,但在临界区内不能混在一起交替执行,需互斥地执行,至于哪个进程先进入临界区则无所谓。而对于同步的进程,各自单独执行会产生错误,必须互相配合,共同推进,各合作进程对公共变量的那部分操作必须严格地按照一定的先后顺序执行。由此可见,互斥和同步对操作时间顺序所加的限制是不同的。

3.4.3 同步机制

从以上讨论可知,为了保证进程间的正确执行,操作系统中必须引入一种机制来控制进程间的互斥和同步关系,以保证进程执行结果的可再现性。系统中用来实现进程间同步与互斥的机制统称为同步机制。大多数同步机制采用一个物理实体,如锁、信号量等,并提供

相应的原语。系统通过这些同步原语来控制对共享资源或公共变量的访问,以实现进程间的同步与互斥。

1. 加锁/开锁原语

在3.4.2节中,给出了临界区的描述方法和并发进程互斥执行时所必须遵守的准则,但是并没有给出怎样实现并发进程的互斥。人们可能认为只需把临界区中的各个过程按不同的时间排列,再依次调用就行了。但事实上这是不可能的。因为这要求该组并发进程中的每个进程事先知道其他并发进程与系统的动作,由用户程序执行开始的随机性可知,这是不可能的。

一种可能的办法是对临界区加锁以实现互斥。当某个进程进入临界区之后,它将锁上临界区,直到它退出临界区时为止。并发进程在申请进入临界区时,首先测试该临界区是否是上锁的,如果该临界区已被锁住,则该进程要等到该临界区开锁之后才有可能获得临界区。为此,操作系统通常提供加锁/开锁原语来保证进程的互斥执行。

用一个变量 ω 来代表某种临界资源的状态。$\omega=1$ 表示某资源可用,可进入临界区;$\omega=0$ 表示资源正在被使用(临界区正在被执行)。

加锁原语 LOCK(ω) 定义如下。

(1) 测试 ω 是否为1。

(2) 若 $\omega=1$,则 $0\rightarrow\omega$。

(3) 若 $\omega=0$,则返回(1)。

开锁原语 UNLOCK(ω) 只有一个动作,即 $1\rightarrow\omega$。

利用加锁/开锁原语,可以很方便地实现进程互斥。当某进程要进入临界区时,首先执行 LOCK(ω) 原语。这时,若 $\omega=1$,表示没有别的进程进入此临界资源的临界区,于是它可进入并同时设置 $\omega=0$,禁止其他进程的进入;若 $\omega=0$,则表示有进程正在访问此临界资源,它需循环测试等待。当一个进程退出临界区时,必须执行 UNLOCK(ω) 原语,否则任何进程,包括它自己,都无法再使用该共享资源。加锁后的临界区程序描述如下:

```
Pro()
{
    ⋮
    LOCK(ω)
    <临界区>
    UNLOCK(ω)
    ⋮
}
```

加锁/开锁原语可以用关中断的方式实现,在进入锁测试之前关闭中断,直到完成锁测试并加锁之后才开中断。加锁/开锁还可在不同计算机上用不同的硬件指令实现。加锁/开锁机制的优点是简单、易实现;其缺点是循环测试锁定位将损耗较多的 CPU 时间,不能遵循"让权等待"的准则,而使进程陷入"忙等"。

2. 信号量和 P、V 原语

1) 信号量

信号是铁路交通管理中的一种常用设备,交通管理人员利用信号颜色的变化来实现交通管理。在操作系统中,利用信号量(semaphores)来表征一种资源或状态,通过对信号量值的改变来表征进程对资源的使用状况,或判断信号量的值控制进程的状态。

1965 年荷兰科学家 E. W. Dijkstra 提出了支持进程互斥和同步管理的信号量技术方案。实际上他定义的信号量是一个整型变量,具有两个基础的原语,简称为 P、V 操作。

信号量 S 定义如下。

(1) S 是一个整型变量而且初值非负。

(2) 对信号量仅能实施 P(S)操作和 V(S)操作,也只有这两种操作才能改变 S 的值。

(3) 每一个信号量都对应一个(空或空非的)阻塞队列,队列中的进程处于阻塞状态。

2) P(S)、V(S)原语

P 原语操作的主要动作如下。

(1) S 减 1。

(2) 若 S 减 1 后仍大于或等于零,则进程继续执行。

(3) 若 S 减 1 后小于零,则该进程被阻塞并进入该信号的阻塞队列中,然后转进程调度。

V 原语操作的主要动作如下。

(1) S 加 1。

(2) 若相加结果大于零,进程继续执行。

(3) 若相加结果小于或等于零,则从该信号的阻塞队列中唤醒一个等待进程,然后再返回原进程继续执行或转进程调度。

需要指出的是,P、V 原语操作具有严格的不可分割性,这包含两层含义:

(1) 由于信号量是系统中的公共变量,它可由若干进程所访问,因此,P、V 操作的执行绝对不允许被中断,以保证在任一时刻只能有一个进程对某一信号量进行操作。换言之,对某一信号量的操作必须是互斥的。

(2) P、V 操作是一对操作,若有对信号量 S 的 P 操作,必须也有对信号量 S 的 V 操作,反之亦然。

关于 P、V 原语的实现,有许多方法。这里介绍一种使用加锁法的软件实现方法,其实现过程描述如下:

```
P(S)
{
    lock(lockbit);            //封锁中断
    S = S - 1;
    if S < 0
        block(S,L);           //将当前进程阻塞,插入 S 的阻塞队列
    unlock(lockbit);          //开放中断
}

V(S):
{
    lock(lockbit);            //封锁中断
    S = S + 1;
    if S <= 0
        wakeup(S,L);          //将 S 的阻塞队列中的某一进程唤醒
    unlock(lockbit);          //开放中断
}
```

3) P、V 操作的物理意义

在共享同一类资源的具有相互合作关系的进程之间,信号量的初值用来表示系统中同类资源的可用数目。因此,当 $S=0$ 时,表示没有空闲的该类资源可用;$S<0$ 时,其绝对值表示因请求该类资源而被阻塞的进程数;每执行一次 P 操作意味着请求分配一个单位的某类资源,因此描述为 $S=S-1$;若 $S<0$ 表示已无该类资源可供分配,因此把该进程排列到与该 S 相关的阻塞队列中。进程使用完某类资源必须执行一次 V 操作,意味着释放一个单位的该类资源,因此描述为 $S=S+1$;若 $S\leq0$ 表示已有进程在等待该类资源,因此唤醒阻塞队列中的第一个或优先级最高的进程,允许其使用该类资源。

在具有相互合作的同步关系的进程之间,信号量还可代表合作进程之间的消息,每一个 P 操作意味着等待合作进程发来一个消息(或信号),每一个 V 操作表示向合作进程发送一个消息。

现代操作系统中,针对不同的信号对象所采用的 P、V 操作含义和概念有了改变,例如,P 操作称为 down 和 wait 操作,V 操作称为 up 和 signal 操作。

3. 管程

信号量机制是解决进程互斥、同步问题的有效工具,但前提是信号量设置、其初值的确定以及相关进程中安排 P、V 操作的位置必须正确,否则同样也会造成与时间有关的错误,有时甚至造成死锁。Dijkstra 于 1971 年提出,把所有进程对某一临界资源的互斥、同步操作都集中起来,构成所谓的"秘书"进程。1975 年,Hansen 和 Hoare 又把"秘书"进程思想发展为管程概念,把并发进程间的互斥、同步操作分别集中于相应的管程中。

1) 管程的组成

管程是由局部于自己的若干公共变量及其说明和所有访问这些公共变量的过程所组成的软件模块或软件包。管程结构如图 3-4 所示。

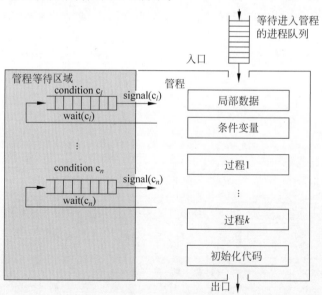

图 3-4 管程结构

管程有 3 个组成部分。

(1) 局部于管程的共享变量说明(数据结构定义)。这些共享数据表示相应资源的状态;局部于管程的数据结构仅能被局部于管程的过程所访问;局部于管程的过程只能访问管程内部的数据结构。管程相当于围墙,所有进程要访问临界资源时,必须进入管程。

(2) 对数据结构进行操作的一组过程。是每个过程完成前关于上述数据结构的某种规定的操作。

(3) 对局部于管程的数据设置初始值等语句。

2) 管程的基本形式

管程的基本形式如下:

```
TYPE <管程名> = MONITOR
  variable;
  condition;
  procedure <过程名>(<形式参数表>);
    begin
      <过程体>;
    end;
  …
  procedure <过程名>(<形式参数表>);
    begin
      <过程体>;
    end;
  begin
    <管程的局部数据初始化语句>;
  end;
```

3) 实现管程的 3 个关键问题

实现管程时必须考虑 3 个关键问题,即互斥、同步和条件变量。

(1) 互斥。管程的执行是互斥的,以保证进程互斥地访问临界资源。当几个进程都需调用某一管程时,仅允许一个进程调用进入管程,而其他调用者必须等待。管程的互斥由编译器负责,编译器知道管程的特殊性(只有部分语言支持)。调用管程的程序员无须知道编译器是如何实现互斥的,只需知道将所有的临界区转换成管程的过程即可。

(2) 同步。在管程中必须设置两个同步操作原语 wait 和 signal。当进程通过管程请求访问共享数据而未能满足时,管程便调用 wait 原语使该进程阻塞,并释放管程,此时其他进程可使用该管程。当另一进程访问完该共享数据且释放后,管程便调用 signal 原语,唤醒阻塞队中的队首进程。

(3) 条件变量。为了区别等待的不同原因,管程又引入了条件变量。不同的条件变量对应不同原因的进程阻塞队列,初始时为空。在条件变量上能作 wait 和 signal 原语操作,若条件变量名为 c,则调用同步原语的形式为 wait.c 和 signal.c(此处 wait 只是使进程等待,并不改变 c 的值,同理,signal 只是唤醒等待的进程,注意它们与 P、V 的区别)。

3.4.4 同步机构应用

由前述可知,信号量 S 是一个整数。在 S 大于或等于 0 时代表可供并发进程使用的资源实体数,但当 S 小于 0 时则表示正在等待使用该类资源的进程数。因而建立一个信号量的同时,必须说明信号量所代表的意义,并赋初值以及建立相应的数据结构,以便指向那些等待使用该临界区的进程。显然,用于互斥的信号量 S 的初值应为 1,而用于同步的信号量的初值应大于或等于 0。

1. 用信号量实现进程互斥

利用 P、V 原语和信号量,可以方便地解决并发进程的互斥问题。对于一组具有互斥关系的进程,只需设置一个互斥信号量 mutex,在临界区的前后加入 P、V 原语即可。

例 3-5 用信号量实现两个并发进程 p_A、p_B 互斥的描述。

由于信号量初始值为 1,表示没有何进程进入临界区,当某一进程进入临界区之前,首先执行 P 原语操作之后将 mutex 的值变为 0,表示已有进程可以进入临界区。这时如果有进程要进入临界区,首先也必须执行 P 原语操作将 mutex 的值变为 −1,该进程将阻塞。以此类推,在第一个进程退出临界区之前,其他任何进程都不能进入临界区。直到第一个进程执行完临界区操作,然后执行 V 原语操作之后,才可唤醒某个等待进程进入就绪队列,经调度后再进入临界区。

```
semp mutex = 1;       //互斥信号量
p_A()                         p_B()
{                             {
    ⋮                             ⋮
    P(mutex);                     P(mutex);
    临界区操作;                    临界区操作;
    V(mutex);                     V(mutex);
    ⋮                             ⋮
}                             }
```

注意:利用 P、V 原语和信号量机制实现进程间的互斥执行,则 P、V 原语操作必须成对出现在同一个进程里,如果丢失 V 原语操作将会导致一些进程永远不会被唤醒,如果丢失 P 原语操作将不能保证临界资源的互斥使用。

2. 用信号量实现进程同步

用信号量实现一组合作进程间的同步执行,通常首先设立与进程执行条件有关的信号量,然后为信号量赋初值,最后利用 P、V 原语规定各进程的执行顺序。

例 3-6 用 P、V 原语实现例 3-4 中的数据采集进程和计算进程的同步执行。

对于数据采集进程,每次放数之前必须申请一个空的缓冲区,因此,为进程 collection 设置一个信号量 Bufempty,代表缓冲区是否为空(可用),其初始值为 1。而对于计算进程 calculate,每次取数之前必须申请一个装满数据的缓冲区,因此,为进程 calculate 设置一个信号量 Buffull,代表缓冲区是否装满数据,其初始值为 0。其相应的程序段分别描述如下:

```
var buf;                      //定义一个全局缓冲区
semp Bufempty = 1;            //设置信号量 Bufempty,表示缓冲区是否为空
semp Buffull = 0;             //设置信号量 Buffull 表示缓冲区是否装满数据
collection()                  //数据采集进程向缓冲区送数
{
    while (TRUE)
    {
        采集数据;
        P(Bufempty);          //申请一个空的缓冲区
        将采集的数据放入 buf;
        V(Buffull);           //释放一个满的缓冲区
    }
}
calculate()                   //计算进程从缓冲区中取走数据
{
```

```
while(TRUE)
{
    P(Buffull);                    //申请一个满的缓冲区
    从 buf 中取出数据;
    V(Bufempty);                   //释放一个空的缓冲区
    计算处理;
}
```

数据采集进程 collection 在送数据之前,首先执行 P(Bufempty)操作,申请一个空的缓冲区。执行 P 操作后,若 Bufempty<0,表示没有足够的空缓冲区,进程 collection 阻塞,否则表示可以把数据送入 buf。把数据送入 buf 后,执行 V(Buffull),释放一个满的缓冲区,表示 buf 中有数据可取。计算进程 calculate 在取数据前首先执行 P(Buffull),申请一个满的缓冲区,若 Buffull<0,表示缓冲区空,进程 calculate 阻塞自己,否则取走数据。计算进程 calculate 取走数据后,执行 V(Bufempty),表示 buf 已空,唤醒进程 collection 送数据。

3. 利用信号量实现前趋关系

前趋图(precedence graph)是一个有向无环图,记为 DAG(Directed Acyclic Graph),用于描述进程之间执行的前后关系。图中的每个节点可用于描述一个程序段或一个进程乃至一条语句;节点间的有向边则用于表示两节点之间存在的偏序(Partial Order)关系或前序关系(Precedence Relation),记作 $p_i \rightarrow p_j$,表示 p_i 执行完以后,p_j 才可以开始执行,称 p_i 是 p_j 的直接前趋,p_j 是 p_i 的直接后继。

例 3-7 对于下述 4 条语句的程序段:

P_1: a = x + 2
P_2: b = y + 4
P_3: c = a + b
P_4: d = c + b

如果建立对应的 4 个进程 p_1、p_2、p_3、p_4,可以看出,p_3 必须在 a 和 b 被赋值后方能执行;p_4 必须在 p_3 之后执行;但 p_1 和 p_2 的执行先后则没有限制,因为它们之间互不依赖。因此,在本例中存在下述的前趋关系:$p_1 \rightarrow p_3$,$p_2 \rightarrow p_3$,$p_3 \rightarrow p_4$,可画出如图 3-5 所示的前趋图。

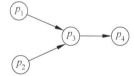

图 3-5 4 条语句的前趋图

信号量机制也可以用来控制程序或语句之间的前趋关系。根据前趋图,对每一对具有前趋关系的进程,设置一个公用的信号量,并赋初值为 0,就可在程序中适当的地方通过该信号量的 P、V 操作描述并控制这种前趋关系。

对图 3-5 所示的一组合作进程 p_1、p_2、p_3、p_4,为确保这 4 个进程的执行顺序,设置 3 个同步信号量 a_1、a_2、a_3,分别表示 p_1、p_2、p_3 是否执行完成,其初值均为 0(因为进程 p_4 没有直接后继,也就是说没有进程在等待它完成,所以不需要设置 a_4)。这 4 个进程的同步描述如下:

```
semp a₁ = 0;                       //信号量,表示进程 p₁ 是否执行完成
semp a₂ = 0;                       //信号量,表示进程 p₂ 是否执行完成
semp a₃ = 0;                       //信号量,表示进程 p₃ 是否执行完成
p₁()
```

```
{
    a = x + 2;                    //执行进程的主体代码
    V(a₁);                        //向直接后继 p₃ 发送信号,表示进程 p₁ 执行完毕
}
p₂()
{
    b = y + 4;                    //执行进程的主体代码
    V(a₂);                        //向直接后继 p₃ 发送信号,表示进程 p₂ 执行完毕
}
p₃()
{
    P(a₁);                        //等待直接前趋 p₁ 发送已完成的信号
    P(a₂);                        //等待直接前趋 p₂ 发送已完成的信号
    c = a + b;                    //执行进程的主体代码
    V(a₃);                        //向直接后继 p₄ 发送信号,表示进程 p₃ 执行完毕
}
p₄()
{
    P(a₃);                        //等待直接前趋 p₃ 发送已完成的信号
    d = c + b;                    //执行进程的主体代码
}
```

3.5 经典的进程同步问题

在多道程序环境下,进程同步问题十分重要,也是相当有趣的问题,因而引发了不少学者对它进行研究,由此产生了一系列经典的进程同步问题,其中较有代表性的是"生产者-消费者问题""读者-写者问题""哲学家进餐问题"等。通过对这些问题的学习和研究,可以帮助大家更好地理解进程同步概念和实现方法。

3.5.1 生产者-消费者问题

例 3-8 生产者-消费者(producer-consumer)问题是一个著名的进程同步问题。它描述的是:有一批生产者进程(producer(*i*))在生产产品,并将这些产品提供给消费者进程(consumer(*i*))去消费。为使生产者进程与消费者进程能并发执行,在两者之间设置了一个具有 *n* 个缓冲区的环形缓冲池,如图 3-6 所示。生产者进程将它所生产的产品放入一个个缓冲区中;消费者进程可从一个个缓冲区中取走产品去消费。尽管所有的生产者进程和消费者进程都是以异步方式运行的,但它们之间必须保持同步,既不允许消费者进程到一个空缓冲区中取产品,也不允许生产者进程向一个已装满产品且尚未被取走的缓冲区中投放产品。

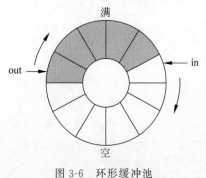

图 3-6 环形缓冲池

1. 利用信号量机制来解决生产者-消费者问题

可利用一个数组来表示上述具有 *n* 个(0,1,…,*n*−1)缓冲区的缓冲池。用输入指针 in 来指示下一个可投放产品的缓冲区,每当生产者进程生产并投放一个产品后,输入指针加

1。用输出指针 out 来指示下一个可从中获取产品的缓冲区,每当消费者进程取走一个产品后,输出指针加 1。由于这里的缓冲池是循环缓冲的,故应把输入指针加 1 表示成 in=(in+1)%n,输出指针加 1 表示成 out=(out+1)%n。当(in+1)%n=out 时表示缓冲池满,而 in=out 则表示缓冲池空。

可利用互斥信号量 mutex 实现各进程对缓冲池的互斥使用;利用信号量 empty 和 full 分别表示缓冲池中空缓冲区和满缓冲区的数量。对生产者-消费者问题的算法描述如下:

```
int    in = 0,   out = 0;          //定义和初始化全局变量
semp   empty = n;                  //设置信号量 empty,初值为 n 表示空缓冲区的数量
semp   full = 0;                   //设置信号量 full,初值为 0 表示满缓冲区的数量
semp mutex = 1;                    //用于缓冲区的互斥信号量
var    buf[n];                     //定义一个全局缓冲区
producer(i)                        //生产者进程向缓冲区送数
{
    var nextp;                     //定义局部变量用于存放每次刚生产出来的产品
    while (true)
    {
        生成新的产品放入 nextp;
        P(empty);
        P(mutex);
        buf[in] = nextp;
        in = (in + 1) % n;
        V(mutex);
        V(full);
    }
}
consumer(i)                        //消费者从缓冲区中取走产品
{
    var nextc;                     //定义局部变量用于存放每次要消费的产品
    while (true)
    {
        P(full);
        P(mutex);
        nextc = buf[out];
        out = (out + 1) % n;
        V(mutex);
        V(empty);
        处理产品 nextc;
    }
}
```

注意:在生产者-消费者问题中,由于同一过程中包含几个信号量,因此,对 P、V 原语的操作次序要非常小心。一般来说,由于 V 原语是释放资源的,所以可以以任意次序出现。但 P 原语则不然,如果次序混乱,将会造成进程之间的死锁。

2. 利用管程实现生产者-消费者问题

```
Monitor  ProducerConsumer {
    int count, in, out;            //数据结构定义
    var buf[n];
    conditionvar full, empty;
    procedure put(item)            //过程
    {
```

```
        if count >= n then wait.empty;
        buf[in] = item;
        in := (in + 1) mod n;
        count++;
        if full.queue then signal.full;
    }
    procedure get(item)
    {
        if count <= 0 then wait.full;
        item = buf[out];
        out *= (out + 1) mod n;
        count -- ;
        if empty.quence then signal.empty;
    }
    {   in = 0;    out = 0;    count = 0;   }        //初始值
    producer(i)                                      //生产者进程
    {
        while (true)
        {
            produce(item);
            ProducerConsumer.put(item);
        }
    }
    consumer(i)                                      //消费者进程
    {
        while (true)
        {
            ProducerConsumer.get(item);
            consume(item);
        }
    }
```

通过临界区互斥的自动化,管程比信号量更能保证并发编程的正确性,但编译器必须识别管程并使用某种方法保证管程的互斥执行。

生产者-消费者问题是相互合作的进程关系的一种抽象,通常把系统中使用某一类资源的进程称为该类资源的消费者,而把释放同类资源的进程称为该类资源的生产者。例如,在例 3-4 中,采集进程是生产者,计算进程是消费者。因此,生产者-消费者问题具有很大的代表性和实用价值。

3.5.2 读者-写者问题

例 3-9 一个数据文件或记录可被多个进程共享,把只要求读该文件的进程称为读者(Reader)进程,其他进程则称为写者(Writer)进程,如图 3-7 所示。允许多个进程同时读一个共享对象,因为读操作不会使数据文件混乱。但不允许一个写者进程和其他读者进程或写者进程同时访问共享对象,因为这种访问将会引起混乱。所谓读者-写者问题(Reader-Writer Problem)是指保证一个写者进程必须与其他进程互斥地访问共享对象的同步问题。

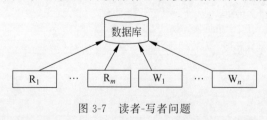

图 3-7 读者-写者问题

为实现读者与写者进程间在读或写时的互斥而设置了一个互斥信号量 Wmutex。另外,再设置一个整型变量 Readcount 表示正在读的进程数目。由于只要有一个读者进程在读,便不允许写者进程去写。因此,仅当 Readcount=0,表示尚无读者进程在读时,读者进程才需要执行 P(Wmutex)操作。若 P(Wmutex)操作成功,则读者进程便可去读,相应地,做 Readcount+1 操作。同理,仅当读者进程在执行了 Readcount−1 操作后其值为 0 时,才需执行 V(Wmutex)操作,以便让写者进程写。又因为 Readcount 是一个可被多个读者进程访问的临界资源,应该为它设置一个互斥信号量 Rmutex。其算法描述如下:

```
int    Readcount = 0;              //读者进程的数目
semp   Wmutex = 1;                 //读者与写者的互斥信号量
semp   Rmutex = 1;                 //Readcount 的互斥信号量

Reader(i)
{
    while (true)
    {
        P(Rmutex);
        if(Readcount == 0)   P(Wmutex);   //第一个进来的读者
        Readcount++;
        V(Rmutex);
        读数据库;
        P(Rmutex);
        Readcount -- ;
        if(Readcount == 0)   V(Wmutex);   //最后一个离开的读者
        V(Rmutex);
    }
}
Writer (i)
{
    while (true)
    {
        P(Wmutex);
        写数据库;
        V(Wmutex);
    }
}
```

3.5.3 哲学家进餐问题

例 3-10 哲学家进餐问题也是一个经典的同步问题。该问题的描述如下:5 位哲学家围坐在一张圆桌周围,桌子中间放了一盘食品,相邻两位哲学家之间有一根筷子,如图 3-8 所示。哲学家的生活包括两种活动,即吃饭和思考(这只是一种抽象,对本问题而言其他活动都无关紧要)。当一位哲学家觉得饿时,他试图分两次取其左右最靠近他的筷子,每次拿一只,但不分次序。如果成功获得两根筷子,则开始吃饭,吃完以后放下筷子继续思考。为每一位哲学家写一

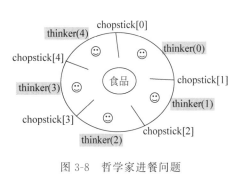

图 3-8 哲学家进餐问题

段程序来描述其行为。

经分析可知,放在桌子上的筷子是临界资源,在一段时间内只允许一位哲学家使用。为了实现对筷子的互斥使用,可以用一个信号量表示一根筷子,由这 5 个信号量构成信号量数组。第 i 位哲学家的行为算法描述如下:

```
semp chopstick [5] = {1, 1, 1, 1, 1};    //筷子的互斥信号量
thinker(i)
{
    P(chopstick[i]);
    P(chopstick[(i + 1) mod 5]);
    进餐;
    V(chopstick[i]);
    V(chopstick[(i + 1) mod 5]);
    思考;
}
```

在以上描述中,当哲学家饥饿时,总是先去拿他右边的筷子,即执行 P(chopstick[i]);成功后,再去拿他左边的筷子,即执行 P(chopstick[$(i+1)$ mod 5]),成功后便可进餐。进餐毕,他先放下右边的筷子,然后再放左边的筷子。虽然上述解法可保证不会有两位相邻的哲学家同时进餐,但有可能引起死锁。例如,假如 5 位哲学家同时饥饿而各自拿起右边的筷子时,就会使 5 个信号量 chopstick 均为 0;当他们再试图去拿左边的筷子时,都将因无筷子可拿而无限期地等待。对于这样的死锁问题,可采取以下解决方法。

(1) 至多只允许有 4 位哲学家同时去拿右边的筷子,最终能保证至少有一位哲学家能够进餐,并在用餐结束时能释放出他用过的两根筷子,从而使更多的哲学家能够进餐。

(2) 规定偶数号哲学家先拿他右边的筷子,再拿左边的筷子;而奇数号哲学家则相反。按此规定,将是 1、2 号哲学家竞争 2 号筷子,3、4 号哲学家竞争 4 号筷子。即 5 位哲学家都先竞争偶数号筷子,获得后,再去竞争奇数号筷子,最后总会有一位哲学家能获得两根筷子而进餐(读者可自己写出其算法)。

信号量机制是一种有效的进程同步工具。在长期而广泛的应用中,信号量机制又得到了很大的发展。例如,对上述问题除了利用前面介绍的整型信号量机制解决以外,也可采用记录型信号量或信号量集等机制解决。有兴趣的读者可进一步查阅相关的资料。

3.6 进程通信

并发执行的进程为了协调一致地完成指定的任务,进程之间要有一定的联系,这种联系通常采用进程间交换数据(或信息)的方式进行,我们将这种方式称为进程的通信。

3.6.1 进程通信的类型

进程通信交换的数据量可多可少,在操作系统中将数据交换量少的进程协调过程称为低级通信,而将交换信息量较大的过程称为高级通信(也称为消息通信)。

低级通信由于数据量小,通常交换的是控制信息,一般传递一个或几字节的信息,有时仅仅为一个状态、标志或数值,它们常采用变量、数组等方式实现。进程间的互斥与同步,由于其所交换的信息量少而被归入低级通信,进程通过修改信号量来向其他进程表明该资源

是否可用。应当指出,信号量机制作为同步工具是有效的,但作为通信工具却不够理想,这是因为共享数据结构的设置、数据的传送、进程的互斥与同步都必须由程序员实现。这不仅增加了程序设计的复杂性,也给程序理解带来困难,且 P、V 操作易导致死锁。

高级通信由于交换的信息数据量大,进程间可采用缓冲、信箱、管道和共享区等方式实现。这种大量的传递促进了本地进程间的通信和远程进程间的通信的开发,从而为远程终端操作和计算机网络的开发和控制奠定了基础。本节重点讨论高级通信。

3.6.2 进程通信的方式

根据通信实施的方式和数据存取的方式,进程通信方式可归结为共享存储器方式、消息缓冲方式和管道通信方式。随着网络的发展,进程间通信出现了套接字、远程调用等方法,相关内容可以参考计算机网络教材。

1. 共享存储器

共享存储器方式的通信基础是共享数据结构或共享存储区,进程之间能够通过这些空间进行通信。数据结构是系统为保证进程正常运行而设置的专门机制,利用某个专门的数据结构存放进程间需交换的数据,它可以指定为一个寄存器、一组寄存器、一个数组、一个链表、一个记录等。例如,可以在每个进程的 PCB 表中增加一个表项来存放通信信息,进程由通信表项中取得交换数据。共享存储区是在主存中设置一个专门的区域,进程像生产者和消费者一样共用这个存储区送数据和取数据。这里,公用数据结构的设置及对进程间同步的处理都是程序员的职责,这无疑增加了程序员的负担,而操作系统却只需提供共享存储器。因此,这种通信方式是低效的,只适于传递少量的数据。

2. 消息缓冲

不论是单机系统、多机系统还是计算机网络,消息缓冲都是应用最广泛的一种进程间通信的机制。在消息缓冲系统中,进程间的数据交换是以格式化的消息(message)为单位的;在计算机网络中,又把 message 称为报文。程序员直接利用系统提供的一组通信命令进行通信。操作系统隐藏了通信的实现细节,大大降低了通信程序编制的复杂性,因而使消息缓冲方式获得广泛的应用。消息传递系统的通信方式属于高级通信方式。又因其实现方式的不同而进一步分成直接通信方式和间接通信方式两种。

3. 管道通信

管道是指用于连接一个读进程和一个写进程以实现它们之间通信的一个共享文件,又称为管道文件。向管道(共享文件)提供输入的发送进程(即写进程)以字符流形式将大量的数据送入管道,而接收管道输出的接收进程(即读进程)则从管道中接收(即读)数据。由于发送进程和接收进程是利用管道进行通信的,故又称为管道通信。这种方式首创于 UNIX 系统,由于它能有效地传送大量数据,因而又被引入到许多其他操作系统中。

为了协调双方的通信,管道机制必须提供以下 3 方面的协调能力。

(1) 互斥,即当一个进程正在对管道执行读/写操作时,其他(另一)进程必须等待。

(2) 同步,指当写(输入)进程把一定数量(如 4KB)的数据写入管道,便去睡眠等待,直到读(输出)进程取走数据后,再把它唤醒。当读进程读一个空管道时,也应睡眠等待,直至写进程将数据写入管道后,才将之唤醒。

(3) 确定对方是否存在,只有确定了对方已存在时,才能进行通信。

3.6.3 消息缓冲队列通信机制

消息缓冲队列通信机制首先由美国的 Hansan 提出,并在 RC 4000 系统上实现,后来被广泛应用于本地进程之间的通信中。操作系统将一组数据称为一个消息,并在系统中设立一个大的缓冲区,作为消息缓冲池。缓冲池被分成若干消息缓冲区,每个缓冲区中存放一个消息。进程通信时,首先向系统申请一个缓冲区,放入自己的消息,并通知接收进程。接收进程从缓冲区中取走消息,同时释放缓冲区交回系统。消息通信通常采用一对系统调用,即 send(发送)过程和 receive(接收)原语来实现。

1. 消息缓冲队列通信机制中的数据结构

1) 消息缓冲区

在消息缓冲队列通信方式中,主要利用的数据结构是消息缓冲区,它是一个记录结构,主要包含下列内容:

```
sender;                  //发送者进程标识符
size;                    //消息长度
text;                    //消息正文
next;                    //指向下一个消息缓冲区的指针
```

2) PCB 中有关通信的数据项

在利用消息缓冲队列通信机制时,在设置消息缓冲队列的同时,还应增加用于对消息队列进行操作和实现同步的信号量,并将它们置入进程的 PCB 中。在 PCB 中应增加的数据项可描述如下:

```
mq;                      //消息队列队首指针
mutex;                   //消息队列互斥信号量,初值为 1
sm;                      //消息队列资源信号量,用于进程的消息计数,初值为 0
```

2. 发送原语

发送进程在调用发送原语发送消息之前,应先在自己的内存空间设置一个发送区 a,如图 3-9 所示,把待发送的消息正文、发送进程标识符、消息长度等信息填入其中,然后调用发送原语,把消息发送给目标(接收)进程。首先发送原语根据发送区 a 中所设置的消息长度 a.size 从缓冲池中申请一个缓冲区 i,然后,把发送区 a 中的信息复制到缓冲区 i 中。为了能将 i 挂在接收进程的消息队列 mq 上,应先获得接收进程内部标识符 j,然后将 i 挂在 j.mq 上。由于该队列属于临界资源,故在执行 insert 操作的前后都要执行 P、V 操作。

发送原语可描述如下:

```
send(receiver, a)
{
    i = getbuf(a.size);            //根据 a.size 申请缓冲区
    i.sender = a.sender;           //将发送区 a 中的信息复制到消息缓冲区中
    i.size = a.size;
    i.text = a.text;
    i.next = 0;
    j = getid(PCB set, receiver);  //获得接收进程内部标识符 j
    P(j.mutex);
    insert(j.mp,i);                //将消息缓冲区插入消息队列
    V(j.mutex);
    V(j.sm);                       //通知接收进程
}
```

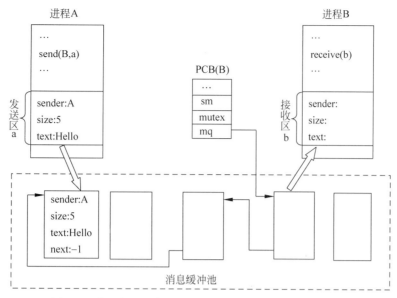

图 3-9 采用消息缓冲队列通信机制的消息接收和发送过程

3. 接收原语

接收进程调用接收原语 receive(b) 从自己的消息缓冲队列 mq 中摘下第一个消息缓冲区 i，并将其中的数据复制到以 b 为首址的指定消息接收区。接收原语描述如下：

```
receive(b)
{
    j = getid();                    //获得接收进程内部标识符 j
    P(j.sm);
    P(j.mutex);
    remove(j.mq, i);                //将消息队列中的第一个消息移出
    V(j.mutex);
    b.sender = i.sender;            //将消息缓冲区 i 中的信息复制到接收区 b
    b.size = i.size;
    b.text = i.text;
    releasebuf(i);                  //将消息缓冲区 i 释放
}
```

3.6.4 信箱通信

进程通信也可以采用信箱通信(mailbox)的方式。信箱是一种大小固定的私有数据结构，它不像缓冲区那样被系统内所有进程共享。它由信箱头和若干信箱体组成。其中，信箱头描述信箱名称、大小、方向以及拥有该信箱的进程名等，信箱体主要用来存放消息。图 3-10 为信箱通信结构。

图 3-10 信箱通信结构

当进程 A 希望与进程 B 通信时，由进程 A 创建一个连接两个进程的信箱。在以后的通信中，进程 A 将调用发送过程将信件投入信箱，系统保证进程 B 可在任何时候调用接收过程取

走信件而不丢失。因此，利用信箱通信方式，既可以实现实时通信，也可以实现非实时通信。

3.7 线 程

20世纪80年代中期，人们提出了比进程更小的、能独立运行的基本单位——线程，试图用它来提高系统内并发执行的程度，进一步提高系统的吞吐量。

3.7.1 线程的引入

许多实际(应用)系统，如事务处理软件、数据库处理软件、窗口系统以及操作系统本身等，经常需要同时处理多个服务请求，而且对这些服务请求的处理不仅运行的是同一服务程序，更是针对同一地址空间(同一数据区)的。例如，航空公司售票系统需要同时处理来自多个售票窗口的购票或查询请求，对这些购票或查询请求的处理都是对同样的数据——"飞机座位和售出信息"进行的(可能针对同一航班或不同航班)。又如，数据库服务器软件需要同时处理来自多个客户机的数据查询请求，这些请求都是针对同一数据库的。再如，操作系统需要同时处理来自多个用户进程的读盘请求，这些请求都针对同一个盘，对这些请求的处理都是基于同一磁盘。对于以上这种"基于同一数据区同时多个请求"的情况，用进程模型来实现时，显然只有3种办法。

(1) 用一个进程顺序处理所有请求，当该进程正在处理一个购票请求时(即使该进程正在因为处理该请求而处于等待磁盘服务期间，也就是说，不管该进程是在忙时还是在等时)，其他购票请求只能等待。例如，在航空公司售票系统中，用一个进程来处理来自所有售票窗口的所有购票请求。显然，这种方案会导致较多的等待(较长的等待队列)和较慢的响应时间。其中关键的效率问题是，当该进程因处理当前请求而需要等待磁盘服务(或其他资源)时，即使还有其他请求要处理，该进程也进入等待态，这样就出现了一方面有很多请求等待处理，另一方面该服务进程却处于等待态的矛盾和时间浪费局面。

(2) 用多个相互独立的进程，每个进程负责处理一个购票请求。这种方案不会出现上述的矛盾和时间浪费局面，但显然，这些进程间需要大量的和复杂的共享机制，而且需要大量的进程，每个进程都需要占用一套完整的进程管理信息，这些进程频繁地动态建立和撤销，频繁地进行进程切换。这些开销是很大的，而考虑到这些进程处理的大部分数据是共享的，运行的程序也是同一个程序，这种开销就更值得研究了。

(3) 用一个进程来并发处理所有请求，只要还有其他请求要处理，该进程就不进入等待态。例如，当该进程因处理当前请求而需要等待磁盘服务时，该进程记录当前请求的当前处理状态，然后转去处理下一请求；而当前一请求所等待的磁盘服务完成时，该进程需在适当的时间继续为前一请求服务。显然，在这种方案下，该进程需要记录所有请求的处理状态，并在这些请求间进行切换和轮换服务(整个进程的操作类似于一个有限状态机：根据发生的事件作出反应)。这增加了该进程的负担和复杂性。实际上，这种管理负担是一种与应用无关的共性的需要，不应由每个用户进程来承担，而应考虑由操作系统和一个公用函数库来统一实现。

从上述分析可以看出，以上3种办法都不能很好地解决和实现"基于同一数据区同时处理多个请求"的需要。因而，有不少研究操作系统的学者想到，若能将进程作为拥有资源的基本单位，不作为调度的基本单位，不对之进行频繁的切换，从而减少程序并发执行时系统所付出的时空开销,就能够提高进程执行的并发程度,提高资源的利用率和系统的吞吐量。正是在这种思想的指导下,形成了线程的概念。

3.7.2 线程的概念

一个进程内的基本调度单位称为线程或轻权进程,这个调度单位既可由操作系统的内核控制,也可由用户程序控制。在引入多线程的操作系统中,进程和线程具有如下的区别和联系。

(1) 进程作为系统资源分配的基本单位,与进程有关的资源信息都被记录在进程控制块 PCB 中,以表示该进程拥有这些资源或正在使用它们。在任一进程中所拥有的资源包括受到保护的进程地址空间、用于实现进程间和线程间同步和通信的机制、已打开的文件和已申请到的 I/O 设备,以及一张由系统核心维护的地址映射表,该表用于实现用户程序的逻辑地址到其物理地址的映射。线程中的实体基本上不拥有系统资源,只有一些必不可少的、能保证独立运行的资源。例如,在每个线程中都应具有一个用于控制线程运行的线程控制块(Thread Control Block,TCB),用于指示被执行指令的程序计数器,以及保留局部变量、少数状态参数和返回地址的一组寄存器和堆栈。

(2) 进程不再是一个独立运行的基本单位,而是将线程作为一个独立运行的基本单位。由于线程很"轻",相对于进程切换,线程的切换非常迅速且开销小。而且进程的调度与切换都是由操作系统内核完成的,而线程既可由操作系统内核完成,也可由用户程序完成。

(3) 一个系统中可以有多个进程,一个进程可以有一个或多个线程(至少有一个)。系统中的所有线程都只能属于某一特定的进程。这些线程都能并发执行,但只有在多处理机系统中它们才能真正地并行运行。

(4) 在同一进程中的各个线程都可以共享该进程所拥有的资源。由于同一进程的所有线程都具有相同的地址空间(同一进程的地址空间),每个线程都可访问每个虚拟地址,一个线程可以读、写甚至完全破坏另一个线程的堆栈。线程之间没有保护,因为不可能也不必要。不同的进程可能来自不同的、相互敌对的用户,而某个进程总是由一个特定的用户所有,它创建多个线程只是为了协作,而不是为了冲突。除了共享地址空间外,所有的线程还共享同一组打开的文件、子进程、定时器、信号等。

(5) 与传统的进程类似,线程可以创建子线程,在各线程之间也存在着共享资源和相互合作的制约关系,致使线程运行时也具有 3 种基本的状态:运行、阻塞、就绪。

在多线程系统中,进程与线程的关系如图 3-11 所示。

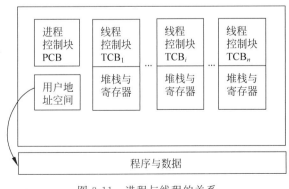

图 3-11 进程与线程的关系

3.7.3 线程的控制

线程的控制通常以线程包的形式体现,一组供用户使用的与线程有关的原语(即系统调用)称为一个线程包。

1. 线程的建立与撤销

在多线程操作系统环境下,应用程序在启动时通常仅有一个线程在执行,该线程称为初始化线程,它可根据需要再去创建若干线程。在创建新线程时,要利用线程创建函数(或系统调用),并提供相应的参数,如指向线程主程序的入口指针、堆栈的大小以及用于调度的优先级等。在线程创建函数执行完后,将返回一个线程标识符供以后使用。

与进程类似,线程可有两种终止方式:因完成任务而自行终止,或被外界强行终止。但有些线程(主要是系统线程)一旦建立便一直运行下去而不再被终止。

2. 线程调度

线程调度算法和进程调度算法是类似的,如优先级、轮转、多重队列调度算法等。与进程模型一样,线程包也提供相应的界面,允许用户选择调度算法和设置优先级。

3. 进程全局变量和线程(私有)全局变量

线程不仅有自己的栈和程序计数器,有时还需要有少量的私有数据。这样,在多线程系统中,一个进程中的所有变量便分为 3 类:进程全局变量(对该进程中的所有线程中的所有过程可见)、线程(私有)全局变量(对该线程中的所有过程可见)、过程局部变量(只对该过程可见)。由于大多数的程序设计语言只支持全局变量(对整个程序而言)和局部变量(对一个过程而言),而并不对全局变量作更细的划分,因此,对线程(私有)全局变量,需要将线程(私有)全局变量数据区的地址作为一个额外的参数传递给该线程中的每个过程。

4. 线程互斥与同步

由于同一进程内的各线程共享该进程的所有资源和地址空间,任何线程对资源的操作都会对其他相关线程带来影响。因此,系统必须为线程的执行提供同步控制机制。线程中所使用的同步控制机制与进程中所使用的相同。

3.7.4 线程的实现

对于线程管理有两种方式:一种是由操作系统来管理线程,另一种是由进程自己来管理线程。因此,线程的实现就有两种方式:用户态线程和核心态线程。在同一个操作系统中,有的使用纯用户态线程,有的使用纯核心态线程,有的则混合使用这两种方式。

1. 用户态线程

这种方式将线程包完全放在用户空间内,而核心对此一无所知。就核心而言,它只是在管理常规的进程,即单线程进程。线程在一个线程运行管理系统上执行,而线程运行管理系统则是一组管理线程的过程。当线程执行系统调用、转入睡眠、实施一个信号量或互斥量操作或其他可能导致它被挂起的操作时,都调用线程运行管理系统中的过程,这个过程检查线程是否必须被阻塞。若是,则将线程的寄存器存入表中,寻找一个未被阻塞的线程来运行,并为新线程装配寄存器。一旦堆栈指针和程序计数器被切换,新线程就立即被激活了。如果计算机有存储所有寄存器及恢复所有寄存器的指令,则整个线程切换工作用几条指令就可以完成。换言之,线程在切换时只进行线程执行环境的切换,不进行处理机的切换。

2. 核心态线程

在这种方式下,用户级的线程运行管理系统已不再需要了。核心为每个进程准备了一张表,每个线程占一项,填写有关的寄存器、状态、优先级和其他信息。这些信息与用户态线程是一样的,只是现在放在核心空间。所有对线程的操作都以系统调用的形式实现。当线程被阻塞时,操作系统不仅可以运行同一进程中的另一线程,而且可以运行别的进程中的线程。相比之下,用户级的线程运行管理系统总是在运行本进程中的线程,除非操作系统核心取消其 CPU 使用权(或已经没有就绪的线程供运行了)。

3. 对用户态线程和核心态线程的评价

1) 用户态线程的优点和核心态线程的缺点

(1) 用户态线程最明显的优点是它可以在一个不支持线程的操作系统上实现。例如,UNIX 并不支持线程,但已有了多个基于 UNIX 的用户态线程包。

(2) 开销和性能。用户态线程切换比陷入核心至少快一个数量级,这也就是用户态线程的受欢迎之处。而核心态线程中,由于所有线程操作都以系统调用的形式实现,从而比在用户级调用线程运行管理系统中的过程开销大得多。

(3) 用户态线程允许每个进程有自己特设的调度算法。对有些应用,如配有一个空闲区回收线程的应用,有了自己的调度算法,就不必担忧一个线程会在一些不适当的地方停下来。

(4) 用户态线程的可扩充性也很好。而核心线程需要不停地使用核心空间,这在线程数较多时是一个问题。

2) 用户态线程的缺点和核心态线程的优点

用户态线程虽然有较好的性能,但也有一些较大的问题。

(1) 在用户态线程中,阻塞型系统调用会阻塞所有的线程。例如,线程在读一条空的管道时,会导致所在进程阻塞,这意味着该进程的所有线程(包括本线程)都被阻塞。而在核心实现中,同样情况发生时线程陷入内核,内核将线程挂起,并开始运行另一个线程。

(2) 在用户态线程中,在一个线程开始运行以后,除非它自愿放弃 CPU,否则没有其他线程能得到运行。而在核心级线程中,周期发生的时钟中断可以解决这个问题。在用户态线程实现中,单进程中没有时钟中断,从而轮转式的调度是行不通的。

3) 用户态线程和核心态线程都存在的问题

典型的问题是,由于一个进程内的所有线程共享该进程的所有数据区和信号等资源,随机的线程切换会导致数据的覆盖、不一致等错误,从而导致资源使用发生冲突和很多库程序变成不可再入的代码。

3.7.5 线程的适用范围

使用线程最大的好处是在有多个任务需要处理机处理时能减少处理机的切换时间。线程的几种典型的应用如下。

(1) 服务器中的文件管理或通信控制。局域网的文件服务器(进程)由于等待盘操作而经常被阻塞。若对文件的访问要求由服务器进程派生出的线程进行处理,则第一个线程睡眠时另一个线程可以继续运行(接受新的文件服务请求)。这样的好处是文件服务的吞吐率和性能都提高了。如果计算机系统是多处理机的,则这些线程还可以被安排到不同的处理机上执行。

(2) 线程也经常用于客户线程。例如,一个客户想要在多个服务器上备份一个文件,就可以用一个线程与一个服务器对话。客户线程的另一个用途是处理信号,如 Del、Break 等键盘中断。这时,不再让信号中断进程,而是专门安排一个线程来等待中断。通常它是被阻塞的,当信号产生时,它被唤醒并处理该信号。因此,用了线程后可以消除用户级的中断。

(3) 前后台处理。许多用户都有过前后台处理经验,即把一个计算量较大的程序或实时性要求不高的程序安排在处理机空闲时执行。对于同一个进程中的上述程序来说,线程可用于减少处理机切换时间和提高执行速度。例如,在表处理进程中,一个线程可用于显示菜单和读取用户输入,而另一个线程则可用于执行用户命令和修改表格。由于用户输入命令和命令执行分别由不同的线程在前后台执行,这可以有效地提高操作系统的效率。

(4) 数据的批处理以及网络系统中的信息发送与接收和其他相关处理等。例如,图 3-12 给出了一个用户主机通过网络向两台远程服务器进行远程调用(RPC)以获得相应结果的执行情况。如果用户程序只用一个线程,则第二个远程调用的请求只有在得到第一个请求的执行结果后才能发出,如图 3-12(a)所示。采用多线程时,用户程序不必等待第一个 RPC 请求的执行结果而直接发出第二个 RPC 请求,如图 3-12(b)所示,从而缩短了等待时间。

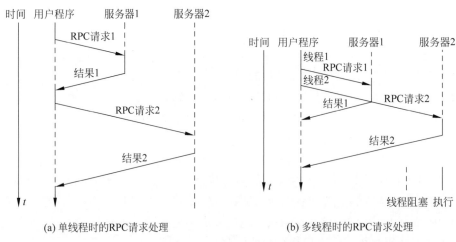

图 3-12 RPC 请求处理

由此可知,最适合线程的系统是多处理机系统。但并不是所有的计算机系统都适合使用线程。事实上,在那些很少做进程调度和切换的实时系统、个人数字助理系统中,由于任务的单一性,设置线程反而会占用更多的内存空间和寄存器。同时,使用线程不当可能导致死锁。

3.8 Linux 的进程管理

进程是 Linux 系统中一个重要的概念,Linux 系统的一个重要特点就是可以同时启动多个进程。本节主要介绍 Linux 进程描述、进程的状态、进程的控制及进程通信。

3.8.1 Linux 进程概念与描述

Linux 进程符合一般操作系统教材中对进程概念的解释，即进程是一个程序的一次执行的过程，进程是系统中最基本的执行单位。程序是静态的，它是一些保存在磁盘上的可执行的代码和数据集合；而进程是一个动态的概念。

在 Linux 系统中，进程仍是最小的调度单位。进程被存放在名为任务链表（tasklist）的双向循环链表中。Linux 中的进程控制块是一个名为 task_struct 的数据结构，其中包含了很多重要的信息，供系统调度和进程本身执行使用。

每个进程用一个 task_struct 数据结构来表示（任务与进程在 Linux 中可以混用）。数组 task 包含指向系统中所有 task_struct 结构的指针。创建新进程时，Linux 将从系统内存中分配一个 task_struct 结构并将其加入 task 数组。当前运行进程的结构用 current 指针来指示。task_struct 结构部分描述如下：

```
struct task_struct {
    volatile long state;           /*进程的状态*/
    unsigned long flags;           /*进程标志*/
    mm_segment_t addr_limit;       /*线性地址空间*/
    …
    long counter;                  /*进程的动态优先级*/
    long nice;                     /*进程的静态优先级*/
    unsigned long policy;          /*进程采用的调度策略*/
    struct mm_struct * mm;         /*进程属性中指向内存管理的数据结构 mm_structd 的指针*/
    …
    struct task_struct * next_task , * prev_task;   /*进程通过这两个指针组成一个双向链表*/
    struct mm_struct * active_mm;  /*指向活动地址空间*/
    /* task state */
    pid_t pid;                     /*进程标识符*/
    gid_t gid;                     /*进程组标号*/
    uid_t uid                      /*用户标识*/
    …
    struct task_struct * p_opptr, * p_pptr, * p_cptr, * p_ysptr, * p_osptr;
    /*这5个标志表示一个进程在计算机中的亲属关系，分别代表祖先进程、父进程、子进程、弟进程和兄进程，为了在两个进程之间共享方便而设立*/
    struct list_head thread_group;
    …
    struct task_struct * pidhist_next;
    struct task_struct * pidhist_pprev;
                                   /*上面两个指针是为了在计算机中快速查一个进程而设立的*/
    …
    struct fs_struct * fs;         /*指向和文件管理有关的数据结构*/
    …
};
```

task_struct 中最重要的信息为进程 ID，在上述结构中定义为 pid，进程 ID 也被称为进程标识符（Process ID，PID），是一个非负的整数，在 Linux 操作系统中唯一地标识一个进程。

Linux 中的进程分为普通进程和实时进程两种，实时进程必须对外部事件作出快速反应，实时进程的优先级高于普通进程。

3.8.2 Linux 中的进程状态及其转换

Linux 中的进程有 5 种状态。

(1) 可运行状态(TASK_RUNNING)。相当于进程 3 种基本状态中的执行状态和就绪状态,正在运行或准备运行的进程处于这种状态,处于这种状态的进程实际参与进程的调度。

(2) 可中断阻塞状态(TASK_INTERRUPTIBLE)。处于这种阻塞状态中的进程,通常只要阻塞的原因解除。例如请求资源未能满足而阻塞,一旦资源满足后,就可以被唤醒到就绪状态;也可以由其他进程通过信号或定时中断唤醒,并进入就绪队列。这种阻塞状态类似于一般进程的阻塞状态。

(3) 不可中断阻塞状态(TASK_UNINTERRUPTIBLE)。处于这种阻塞状态的进程,只能在资源请求得到满足时唤醒到就绪状态,不能通过信号或定时中断唤醒。

(4) 僵死状态(TASK_ZOMBIE)。处于这种状态的进程已经结束运行,离开 CPU,并归还所占用的资源,只是进程控制块(PCB)结构还没有归还释放。

(5) 暂停状态(TASK_STOPPED)。处于这种状态的进程被暂停执行而阻塞,通过其他进程的信号才能唤醒。导致暂停的原因有两种:一是收到暂停信号(SIGSTOP、SIGSTP、SIGTTIN、SIGTTOU);二是受其他进程的系统调用的控制,而暂时把 CPU 交给控制进程,处于暂停状态。

这 5 种状态不是固定不变的,它们随着条件的变化而转换,如图 3-13 所示。

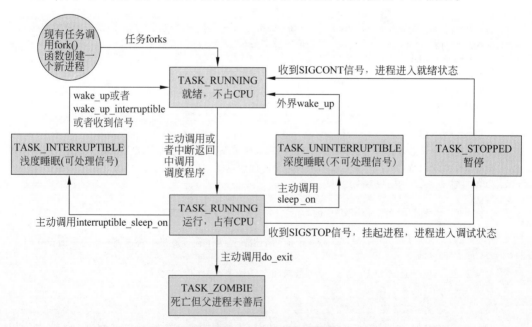

图 3-13 Linux 进程状态转换

用户进程执行 do_fork()函数时创建一个新的子进程,该子进程插入就绪队列,处于可运行状态。创建一个子进程时,进程状态为不可中断阻塞状态。在创建子进程的工作结束前把父进程唤醒为就绪状态,即可运行状态。处于可运行状态的进程插入就绪队列中,在适当时被调度程序选中,可以获得 CPU。占有 CPU 的进程,当分给它的时间片(10ms 的整数倍)被用完时,将由时钟中断触发重新调度,使该进程又回到就绪状态,并挂到就绪队列队尾。

已经占有 CPU 并正在运行的进程,若申请资源不能满足,则睡眠阻塞。若调用 sleep_on(),则睡眠状态变为不可中断阻塞状态。若调用 interrupt_sleep_on(),则睡眠状态变为可中断阻塞状态。一旦进程变为阻塞状态,其释放的 CPU 会马上被调度程序重新调度一个就绪进程去占用,而阻塞的进程插入相应的阻塞队列,一旦资源满足后,阻塞的进程就可以被唤醒到就绪状态;也可以由其他进程通过信号或定时中断唤醒,插入就绪队列。而处于不可中断阻塞状态的进程只能由所请求的资源得到满足而唤醒,不能由信号或定时中断唤醒。唤醒后插入就绪队列。

当进程执行系统调用 sys_exit()或收到 SIG KILL 信号(取消进程)而调用 do_exit()结束时,进程变为僵死状态。此时,归还它所占有的资源,同时启动进程调度系统程序 schedule()重新调度,让其他就绪者占有 CPU。如果进程通过系统调用设置跟踪标志,则在系统调用返回前进入系统调用跟踪(syscall_trace()),进程状态就变为暂停状态。CPU 经重新调度给其他进程,仅当其他进程发出暂停进程信号(SIG KILL)或 SIG CONT 时,才能把暂停状态唤醒,重新插入就绪队列。

3.8.3 Linux 的进程控制

1. 进程的建立

Linux 中的绝大多数进程也是有生命期的,因创建而产生,因调度而运行,因撤销而消失。系统启动时运行于核心模式,此时只有一个初始化进程,即 0♯进程。当系统初始化完毕后,初始化进程启动 init 进程,然后进入空闲等待的循环中。

init 进程即 1♯进程,它完成一些系统初始化工作,如打开系统控制台、装根文件系统等。初始化工作结束后,init 进程通过系统调用 fork()函数为每个终端创建一个终端子进程为用户服务,如等待用户登录、执行 Shell 命令解释程序等。每个终端进程又可创建自己的子进程,从而形成一棵进程树。

在 Linux 系统中,系统函数 fork()、vfork()和 clone()都可以创建一个进程,但它们都是通过内核函数 do_fork()实现的。

do_fork()函数的主要工作如下。

(1) 为新进程分配一个唯一的进程标识号 PID 和 task_struct 结构,然后把父进程中 PCB 的内容复制给新进程后检查用户具有执行一个新进程的必需的资源。

(2) 设置 task_struct 中与父进程值不同的数据成员,如初始化自旋锁、初始化堆栈信息等,同时会把新创建的子进程运行状态置为 TASK_RUNNING(这里应该是就绪状态)。

(3) 设置进程管理信息,根据 do_fork()提供的 clone_flags 参数值,决定是否对父进程 task_struct 结构中的文件系统、已打开的文件指针等所选择的部分进行复制,增加与父进程相关联的有关文件系统的进程引用数。

(4) 初始化子进程的内核栈。通过复制父进程的上下文来初始化新进程的硬件上下文。把新进程加入到 pidhash[ ]散列表中,并增加任务计数值。

(5) 启动调度程序使子进程获得运行机会。向父进程返回子进程的 PID。设置子进程在系统调用 do_fork()时返回 0。

例 3-11　调用 fork()函数创建子进程的例子。

```c
/* fork_test.c */
#include <sys/types.h>
#include <unistd.h>
main()
{
    pid_t pid;                  /* 此时仅有一个进程 */
    pid = fork();               /* 此时已经有两个进程在同时运行 */
    if(pid < 0)
        printf("error in fork!");
    else if(pid == 0)
        printf("I am the child process, my process ID is %d\n",getpid());
    else
        printf("I am the parent process, my process ID is %d\n",getpid());
}
```

编译并运行：

```
$gcc fork_test.c -o fork_test
$./fork_test
I am the parent process, my process ID is 1991
I am the child process, my process ID is 1992
```

在这个程序中，在语句 pid=fork();之前，只有一个进程在执行这段代码，但在这条语句之后，就变成两个进程在执行了，这两个进程的代码部分完全相同，将要执行的下一条语句都是 if(pid==0)…。两个进程中，原先就存在的那个被称为父进程，新出现的那个被称为子进程。父子进程的区别除了进程标识符(PID)不同外，变量 pid 的值也不相同，pid 存放的是 fork()的返回值。fork()函数调用的一个奇妙之处就是它仅仅被调用一次，却能够返回两次，它可能有 3 种不同的返回值。

(1) 在父进程中，fork()函数返回新创建子进程的 PID。

(2) 在子进程中，fork()函数返回 0。

(3) 如果出现错误，fork()函数返回一个负值。

在此程序中如果 pid 小于 0，说明出现了错误；pid==0，就说明 fork()函数返回了 0，也就说明当前进程是子进程，就去执行 printf("I am the child process…")，否则当前进程就是父进程，执行 printf("I am the parent process…")。

2. 进程的撤销

当进程执行完毕，即正常结束时，调用 exit()函数自我终止。当进程受某种信号(如 SIGKILL)的作用时，也经过执行 exit()函数而撤销。进程被撤销时，一方面要收回进程所占用的资源，另一方面还必须通知其父进程和子进程，对一些信号作必要的处理。

进程终止的系统调用 sys_exit 通过调用 do_exit()函数实现。do_exit()函数系统调用主要完成下列工作。

(1) 将进程的状态标志设为 PF_EXITING，表示进程正在退出状态。

(2) 释放分配给这个进程的大部分资源，包括内存、线性区描述符和页表、文件对象相关资源等。

(3) 向父进程发送信号，给其子进程重新找父进程。

(4) 将进程设置为 TASK_ZOMBIE(僵死)状态,使进程不会再被调度。

(5) 调用 schedule()函数,重新调度其他进程执行。

处于"僵死状态"的进程运行已经结束,不会再被调度,内核释放了与其相关的所有资源,但其进程控制块还没有释放,由其父进程调用 wait()函数来查询子孙进程的退出状态,释放进程控制块。

在后面的例 3-12 中,父进程调用 wait(0)函数等待子进程写入信息,子进程在写入信息后调用 exit(0)函数退出。

3. 程序的装入和执行

当父进程使用 fork()函数调用创建子进程后,子进程继承了父进程的正文段和数据段,从而执行和父进程相同的程序段。为了使 fork()函数产生的子进程可以执行一个指定的可执行文件,系统内核中开发了一个系统函数调用 exec()函数。它是一个调用族,每个调用函数参数稍有不同,但目的都是把文件系统中的可执行文件调入并覆盖调用进程的正文段和数据段之后执行。

3.8.4 Linux 的进程通信

Linux 提供的进程通信方式和原理与 UNIX 的通信机制一样,有管道方式、信号方式和 System V 的 IPC 通信机制。下面分别进行介绍。

1. 管道通信方式

管道通信方式是传统的进程通信技术。管道通信技术又分为无名管道和有名管道两种类型。

无名管道为建立管道的进程及其子孙进程提供一条以比特流方式传递消息的通信管道。该管道在逻辑上被看作管道文件,在物理上则由文件系统的高速缓存区构成。发送进程利用系统调用 write(fd[1],buf,size) 把 buf 中的长度为 size 字符的消息送入管道口 fd[1],接收进程则使用系统调用 read(fd[0],buf,size) 从管道出口 fd[0] 读出 size 字符的消息送入 buf 中。此外,管道按先进先出(FIFO)方式传递消息,且只能单向传递,如图 3-14 所示。

图 3-14 管道通信示意图

例 3-12 用 C 语言编写一个 C 程序,建立一个管道,同时父进程生成一个子进程,子进程向管道中写入一个字符串,父进程从管道中读出该字符串,从而实现数据的传递。程序如下:

```
#include<stdio.h>
main()
{
    int x,fd[2];
    char buf[50],s[50];
    pipe(fd);                    /*系统调用,可建立一条同步通信管道*/
    while((x=fork())==-1);
    if (x==0)
    {
```

```
        sprintf(buf,"This is an example of pipe\n");
        write(fd[1],buf,50);
        exit(0);
    }
    else
    {
        wait(0);
        read(fd[0],s,50);
        printf(" %s",s);
    }
}
```

在 Linux 中,管道是通过指向同一个临时 VFS 的 i 节点的两个文件 file 数据结构的文件描述符实现的,如图 3-15 所示。

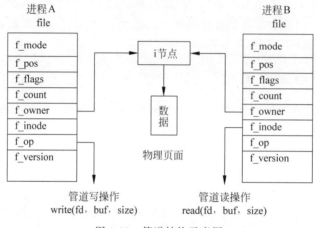

图 3-15 管道结构示意图

VFS 中 i 节点指向内存中的一个物理页面,进程各自的 file 结构都有 f_op 操作项,分别指向管道写操作和管道读操作。当写入过程对管道进行写入操作时,数据被复制到共享的数据页面中,而读取进程则从管道的共享数据页面中复制数据,从而实现了进程之间的数据传递。

Linux 必须保证对管道访问的同步,为此需要使用锁、等待队列和信号量等同步机制。当管道写入进程欲对管道写入时,该进程使用标准的文件写函数 pipe_write(),表示打开文件和打开管道的描述符用来对进程的 file 数据结构进行索引。Linux 系统调用使用由管道 file 数据结构的 f_op 属性指向的管道写过程,这个写过程用保存在用于表示管道的 VFS i 节点中的信息来管理写入请求。

只要管道未被读出进程加锁,系统就为写入进程对管道加锁,并将写入进程地址空间中的数据复制到共享数据页面中。若管道已被读取进程加锁,或者没有足够空间存储数据,则当前进程将进入管道 i 节点等待队列,同时进程调度程序选择其他进程投入执行。若写进程是可中断的,当有足够的空间或管道被解锁时,该进程将被读取进程唤醒。在数据写入时,管道的 VFS i 节点解锁,同时所有在该节点的等待队列上睡眠的读出进程都将被唤醒。

从管道中读出数据的过程与写入过程类似。Linux 允许进程以非阻塞的方式读出管道的内容,此时如果没有数据可读或者管道被加锁,则返回出错信息。阻塞方式则使该进程在管道 i 节点的等待队列上睡眠,直到写进程写入操作的结束。当两个进程对管道的使用结束后，管道 i 节点或共享数据页面同时被释放。

Linux 还支持有名管道(named pipe)，即 FIFO 管道。这种管道总是按先进先出的原则工作，第一个被写入的数据将首先从管道中读出。和无名管道不同的是，有名管道不是临时对象，而是文件系统中的实体，并且可以通过 mkfifo 命令来创建。进程只要拥有适当的权限就可以自由地使用有名管道。

无名管道需要先创建(建立 file 数据结构、VFS i 节点和共享数据页面)，而有名管道已经存在，使用者只需打开与关闭。在写入进程打开有名管道之前，Linux 必须让读出进程先打开此管道，任何读出进程从中读出之前必须有写入进程向其中写入数据。有名管道的使用方法与无名管道基本相同，也使用相同的数据结构和操作。

2. 信号

信号主要用来向进程发送异步的事件信号，发送信号表明要求一个进程做某件事。用户可以用键盘中断产生信号，中断一个进程的运行，而浮点运算溢出或者内存访问错误等也可产生信号，告知相关的进程产生了异步事件。进程可以选择对某种信号所采取的特定操作，这些操作包括以下 3 种。

(1) 忽略信号和阻塞信号。进程可忽略产生的信号，但 SIGKILL 和 SIGSTOP 信号不能被忽略；进程可选择阻塞某些信号。

(2) 由进程处理该信号。进程本身可在系统中注册处理信号的处理程序地址，当发出该信号时，由注册的处理程序处理信号。

(3) 由内核进行默认处理。信号由内核的默认处理程序处理。大多数情况下，信号由内核进行处理。

在 Linux 内核中不存在任何机制用来区分不同信号的优先级。换言之，多个信号发出时，进程可能会以任意顺序接收到信号并进行处理。另外，如果进程在处理某个信号之前又有相同的信号发出，则进程只能接收到一个信号。

系统在 task_struct 结构中利用两个字分别记录当前挂起的信号(signal)以及当前阻塞的信号(blocked)。挂起的信号指尚未进行处理的信号，阻塞的信号指进程当前不处理的信号。如果产生了某个当前被阻塞的信号，则该信号会一直保持挂起，直到该信号不再被阻塞为止。除了 SIGKILL 和 SIGSTOP 信号外，所有的信号均可以被阻塞，信号的阻塞可通过系统调用实现。每个进程的 task_struct 结构中还包含了一个指向 sigaction 结构数组的指针，该结构数组中的信息实际指定了进程处理所有信号的方式。如果某个 sigaction 结构中包含处理信号的例程地址，则由该处理例程处理该信号；反之，则根据结构中的一个标志或者由内核进行默认处理，也可以直接忽略该信号。通过系统调用，进程可以修改 sigaction 结构数组的信息，从而指定进程处理信号的方式。

进程不能向系统中所有的进程发送信号。一般而言，除系统和超级用户外，普通进程只会向具有相同 uid 和 gid 的进程或者处于同一进程组的进程发送信号。产生信号时，内核将进程 task_struct 的 signal 字中的相应位设置为 1，从而表明产生了该信号。系统不对其置位之前该位已经为 1 的情况进行处理，因而进程无法接收到前一次信号。如果进程当前没有阻塞该信号，并且进程正处于可中断的等待状态，则内核将该进程的状态改变为运行，并放置在运行队列中。这样，调度程序在进行调度时就有可能选择该进程运行，从而可以让进程处理该信号。

发送给某个进程的信号并不会立即得到处理，相反，只有该进程再次运行时，才有机会处理该信号。每次进程从系统调用中退出时，内核会检查它的 signal 和 block 字段，如果有任何一个未被阻塞的信号发出，内核就根据 sigaction 结构数组中的信息进行处理。处理过程如下。

（1）检查对应的 sigaction 结构，如果该信号不是 SIGKILL 或 SIGSTOP 信号，且被忽略，则不处理该信号。

（2）如果该信号利用默认的处理程序处理，则由内核处理该信号，否则转向第（3）步。

（3）该信号由进程自己的处理程序处理，内核将修改当前进程的调用堆栈帧，并将进程的程序地址寄存器修改为信号处理程序的入口地址。此后，指令将跳转到信号处理程序，当从信号处理程序中返回时，实际就返回了进程的用户模式部分。

3. Linux IPC 机制

Linux 支持 UNIX System V IPC(Inter-Process Communication，进程间通信)机制：消息队列、信号量和共享内存。在 IPC 机制中，系统在创建这 3 种对象时就给每个对象设定了一个 ipc_perm 结构的访问权限，并返回一个标识。进程通信时必须先传递该标识，待 ipcperms()函数确认权限后才可以访问通信资源。

1）消息队列

一个或多个进程可向消息队列写入消息，而一个或多个进程可从消息队列中读取消息，这种进程间通信机制通常使用在客户/服务器模型中，客户向服务器发送请求消息，服务器读取消息并执行相应请求。在许多微内核结构的操作系统中，内核和各组件之间的基本通信方式就是消息队列。例如，在 MINIX 操作系统中，内核、I/O 任务、服务器进程和用户进程之间就是通过消息队列实现通信的。

Linux 为系统中所有的消息队列维护一个 msgque 链表，该链表中的每个指针指向一个 msgid_ds 结构，该结构完整地描述一个消息队列。当建立一个消息队列时，系统从内存中分配一个 msgid_ds 结构并将指针添加到 msgque 链表中。

图 3-16 是 msgid_ds 结构的示意图。从图中可以看出，每个 msgid_ds 结构都包含一个 ipc_perm 结构的 msg_perms 指针，表明该消息队列的操作权限以及指向该队列所包含的消息(msg 结构)的指针。显然，队列中的消息构成了一个链表。另外，Linux 还在 msgid_ds 结构中包含了一些有关修改时间之类的信息，同时包含两个等待队列，分别用于队列的写入进程和队列的读取进程。

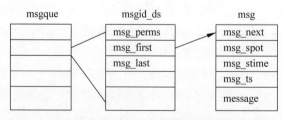

图 3-16 msgid_ds 结构的示意图

消息队列是进程所读写的消息的存储空间。每当进程希望对指定队列进行写消息操作时，就发出以下系统调用：

```
sys_ipc(MSGSND,msgid,msgsz,msgflg,msgp);
```

该进程的标识 uid、gid 都首先与该队列 ipc_perm 的对应属性相比较。检查通过后，将消息复制到 msg 结构，再挂到消息队列的末尾。如果消息队列一时无法接收该消息（可能空间不够），写消息的进程暂时进入 msgid_ds 结构的写等待队列，直到这个队列的一些消息读走后，该进程才被唤醒。

读消息进程的工作进程与写消息类似。进程发出以下系统调用：

sys_ipc(MSGRCV,msgid,msgsz,msgflg,msgp);

内核系统首先检查访问权限，通过后，读取第一条消息，或读取指定类型的消息。如果进程选择的消息不存在，则进入 msgid_ds 结构的读等待队列，当等待的消息进入队列时才被唤醒。

2）信号量

在操作系统中，信号量最简单的形式是一个整数，多个进程可检查并设置信号量的值。这种检查和设置操作是不可被中断的，也称为原子操作。检查和设置操作的结果是信号量的当前值和设置值相加的结果，该设置值可以是正值，也可以是负值。根据检查和设置操作的结果，进行操作的进程可能会进入休眠状态，而当其他进程完成自己的检查并设置操作后，由系统检查前一个休眠进程是否可以在新信号量值的条件下完成相应的检查和设置操作。这样，通过信号量就可以协调多个进程的操作。

信号量可用来实现所谓的"关键段"。关键段指同一时刻只能有一个进程执行其中代码的代码段。也可用信号量解决经典的生产者-消费者问题。

Linux 利用 semid_ds 结构来表示 System V IPC 信号量，如图 3-17 所示。与消息队列类似，系统中所有的信号量组成了一个 semary 链表，该链表的每节点指向一个 semid_ds 结构。从图 3-17 可以看出，semid_ds 结构的 sem_base 指向一个信号量数组，允许操作这些信号量数组的进程可以利用系统调用执行操作。系统调用可指定多个操作，每个操作由 3 个参数指定：信号量索引、操作值和操作标志。信号量索引用来定位信号量数组中的信号量；操作值是要和信号量的当前值相加的数值。首先，Linux 按如下的规则判断是否所有的操作都可以成功：操作值和信号量的当前值相加大于 0，或操作值和当前值均为 0，则操作成

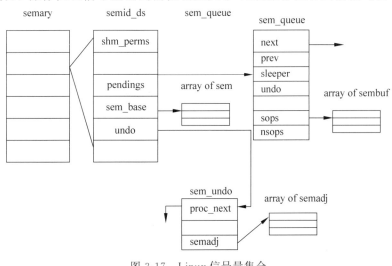

图 3-17　Linux 信号量集合

功。如果系统调用中指定的所有操作中有一个操作不能成功,则 Linux 会挂起这一进程。但是,如果操作标志指定这种情况下不能挂起进程,系统调用返回并指明信号量上的操作没有成功,而进程可以继续执行。如果进程被挂起,Linux 必须保存信号量的操作状态并将当前进程放入等待队列。为此,Linux 在堆栈中建立一个 sem_queue 结构并填充该结构,将新的 sem_queue 结构添加到信号量对象的等待队列中(利用 sem_pending 和 sem_pending_last 指针),将当前进程放入 sem_queue 结构的等待队列中(sleeper),然后调用调度程序选择其他的进程运行。

如果所有的信号量操作都成功了,当前进程可继续运行。在此之前,Linux 负责将操作实际应用于信号量队列的相应元素。这时,Linux 检查任何等待的或挂起的进程,看它们的信号量操作是否可以成功。如果这些进程的信号量操作可以成功,Linux 就会将它们从挂起队列中移去,并将它们的操作实际应用于信号量队列。同时,Linux 会唤醒休眠进程,以便在下次调度程序运行时可以运行这些进程。当新的信号量操作应用于信号量队列之后,Linux 会接着检查挂起队列,直到没有操作可成功或没有挂起进程为止。

Linux 通过维护一个信号量数组的调整链表来避免死锁问题。当某个信息号的操作标志为 Sem_undo 时,操作系统将跟踪当前进程对该信号量的修改情况,如果当前进程在没有释放该信号量的情况下终止,则操作系统将自动释放该进程持有的信号量,以防止其他进程因得不到该信号量而发生死锁。

3) 共享内存

Linux 采用的是虚拟内存管理机制(见 5.7 节),因此,进程的虚拟地址可以映射到任意一处物理地址。这样,如果两个进程的虚拟地址映射到同一物理地址,这两个进程就可以利用这一物理地址进行通信。但是,一旦内存被共享之后,对共享内存的访问同步需要由其他 IPC 机制(如信号量)来实现。Linux 中的共享内存通过访问键来访问,并进行访问权限的检查。共享内存对象的创建者负责控制访问权限以及访问键的公有或私有特性。如果具有足够的权限,则也可以将共享内存锁定到物理内存中。

图 3-18 是 Linux 中共享内存对象的结构。每个新创建的共享内存区域由一个 shmid_ds 数据结构来表示。它们被保存在 shm_segs 数组中。shmid_ds 数据结构描述共享内存的大小、进程如何使用以及共享内存映射到其各自地址空间的方式。由共享内存创建者控制对此内存的存取权限以及其键是公有还是私有。如果它有足够权限,还可以将此共享内存加载到物理内存中。每个使用此共享内存的进程必须通过系统调用将其连接到虚拟内存

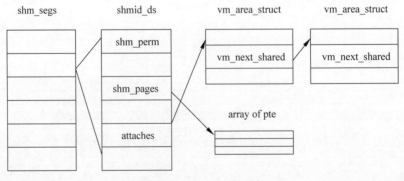

图 3-18 Linux 共享内存

上。这时进程创建新的 vm_area_struct 来描述此共享内存。进程可以决定此共享内存在其虚拟地址空间的位置，或者让 Linux 选择一块足够大的区域。新的 vm_area_struct 结构将被放到由 shmid_ds 指向的 vm_area_struct 链表中。通过 vm_next_shared 和 vm_prev_shared 指针将它们连接起来。虚拟内存在连接时并没有创建，而在进程访问它时才创建。

某个进程第一次访问共享虚拟内存时将产生页故障。这时，Linux 找出描述该内存的 vm_area_struct 结构，该结构中包含用来处理这种共享虚拟内存的处理函数地址。共享内存页故障处理代码在 shmid_ds 的页表项链表中查找，以便查看是否存在该共享虚拟内存的页表项。如果没有，系统将分配一个物理页并建立页表项。该页表项加入 shmid_ds 结构的同时也添加到进程的页表中。此后，当另一个进程访问该共享内存时，共享内存页故障处理程序将使用同一物理页，而只是将页表项添加到这一进程的页表中。这样，前后两个进程就可以通过同一物理页进行通信。

当进程不再共享此虚拟内存时，进程和共享内存的连接将被断开。如果其他进程还在使用这个内存，则此操作只影响当前进程。其对应的 vm_area_struct 结构将从 shmid_ds 结构中删除并回收。当前进程对应此共享内存地址的页表入口也将被更新并置为无效。当最后一个进程断开与共享内存的连接时，当前位于物理内存中的共享内存页面将被释放，同时释放的还有此共享内存的 shmid_ds 结构。

习　　题

1. 程序的顺序执行和并发执行各有什么特点？
2. 进程的定义是什么？为什么要引入进程？
3. 进程和程序有什么区别？
4. 进程有哪些特征？基本特征是什么？
5. 进程的静态描述由哪几部分组成？
6. 为什么说进程控制块是操作系统感知进程存在的唯一标志？
7. 进程在运行过程中有哪些基本状态？各状态之间转换的条件是什么？
8. 试述引起进程创建的主要事件。
9. 试述引起进程被撤销的主要事件。
10. 试述引起进程阻塞或唤醒的主要事件。
11. 试述创建进程原语的主要工作。
12. 试述撤销进程原语的主要工作。
13. 试述进程阻塞原语的主要工作。
14. 试述进程唤醒原语的主要工作。
15. 什么是临界资源？什么叫临界区？试举例说明。
16. 并发进程间的制约有哪两种？引起制约的原因是什么？
17. 什么是进程间的互斥关系？什么是进程间的同步关系？
18. 什么是原语？用户进程通过什么方式访问内核原语？
19. 为什么说在阻塞原语的最后必须转入进程调度？
20. 互斥机构应遵循的准则是什么？

21. 简述 P、V 原语的主要操作。

22. P、V 操作的物理意义是什么?

23. 如何用信号量实现进程间的互斥?举例说明。

24. 什么叫进程通信?进程通信有哪两类?

25. 根据数据存取的方式,进程高级通信方式有哪些?

26. 为什么在操作系统中引入线程?

27. 试述线程与进程的区别与联系。

28. 试述用户态线程和核心态线程的优缺点。

29. 试画出下面 6 条语句的前趋图,并用 P、V 操作描述它们之间的同步关系。

$$S1: X1 = a * a;$$
$$S2: X2 = 3 * b;$$
$$S3: X3 = 5 * a;$$
$$S4: X4 = X1 + X2;$$
$$S5: X5 = b + X3;$$
$$S6: X6 = X4/X5;$$

30. 有 3 个进程 PA、PB、PC 合作解决文件打印问题:PA 将文件记录从磁盘读入主存的缓冲区 1,每执行一次读一个记录;PB 将缓冲区 1 的内容复制到缓冲区 2,每执行一次复制一个记录;PC 将缓冲区 2 的内容打印出来,每执行一次打印一个记录。缓冲区的大小等于一个记录大小。请用 P、V 操作来保证文件的正确打印。

31. 桌上有一个空盘,允许存放一种水果。爸爸可向盘中放苹果,也可向盘中放橘子。儿子专等吃盘中的橘子,女儿专等吃盘中的苹果。规定当盘中空时一次只能放一种水果供吃者取用。请用 P、V 原语实现爸爸、女儿、儿子三个并发进程的同步关系。

32. 有一个阅览室,共有 100 个座位。读者进入时必须先在一张表上登记,该登记表每一座位列一表目,包括座号和读者姓名。读者离开时要消掉登记内容。试用 P、V 原语描述读者进程间的同步关系。

33. Linux 进程有哪几种基本状态?各个状态是如何转换的?

34. Linux 中如何创建进程?创建进程时需要做哪些工作?

35. 编写一个程序,使用系统调用 fork() 函数生成 3 个子进程,并使用系统调用 pipe() 函数创建一个管道,使得这 3 个子进程和父进程共用一个管道进行通信。

第4章 处理机调度与死锁

处理机是系统中的重要资源之一,它的利用率及系统性能(吞吐量、响应时间)在很大限度上取决于处理机调度性能的好坏,因而,处理机调度便成为操作系统设计的中心问题之一。

在多道程序环境下,使多个进程并发运行,共享系统资源,从而提高了系统的资源利用率。但是若对资源管理和使用不当,在一定条件下会发生一种危险现象——死锁。

本章重点介绍单处理机调度中的进程调度和作业调度,包括调度时机、调度常用算法和对各种算法的评价,最后介绍死锁的概念和解决死锁的常用方法。

4.1 调度的基本概念

处理机调度实际上是处理机分配问题。在多道程序系统中,一个作业被提交后,必须经过处理机调度后,方能获得处理机而执行。在批处理系统中,处于执行状态下的作业一般包含多个进程;在分时系统中,同时有多个终端进程;而在单处理机系统中,每一时刻只能有一个进程占有处理机。因此,如何从众多的就绪进程中挑选一个进程,使之得到处理机而执行呢?这就需要有一定的方法和策略为这些进程分配处理机。

4.1.1 作业的概念及状态

1. 作业的概念

在一次应用业务处理过程中,从输入开始到输出结束,用户要求计算机所做的有关该次业务处理的全部工作为一个作业。例如,用程序设计语言编制一个程序,系统要完成如下工作:编辑、编译、链接、执行。以上几个步骤的总和就是一个作业。

作业是早期批处理系统引入的一个概念。分时用户在一次登录后所进行的交互序列也常被看作是一个作业。一般来说,作业是比进程还大的一个概念,一个作业通常包含多个计算步骤,作业中一个相对独立的处理步骤称为一个作业步。各个作业步是相互独立又相互关联的,一般来说,每一个作业步产生下一个作业步的输入文件。一个作业步的划分与具体的作业和操作系统有关。例如,有的高级语言编译后得到的不是目标代码而是汇编语言源程序,那么编译后还要增加一个汇编作业步。

作业由程序、数据和作业说明书组成。系统通过作业说明书控制文件形式的程序和数据,使之执行和操作。一个作业至少包含一个程序。作业中包含的程序和数据用于完成用户所要求的业务处理工作。作业说明书则体现用户的控制意图。通过作业说明书,在系统中将生成一个名为作业控制块(JCB)的表。该表登记该作业所要求的资源情况、预计执行时间和执行优先级等。操作系统通过该表了解到作业的要求,并分配资源和控制作业中程序和数据的编译、链接、装入和执行等。

一般而言,作业说明书方式主要用在批处理系统中,且各计算机厂家对自己的系统定义有各自的作业说明书的格式和内容。在微机和工作站系统中,人们常用批处理文件或 Shell 程序方式编写作业说明书。

2. 作业的状态

与进程的状态转换类似,一个作业从进入系统到运行结束,一般要经过 3 个阶段,对应"后备""执行""完成"3 个状态,如图 4-1 所示。

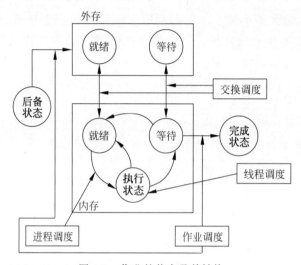

图 4-1 作业的状态及其转换

1) 后备状态

用户通过某种输入设备将作业从外部输入到外存中的过程称为提交过程。当作业的全部信息进入外存之后,系统为之建立一个作业控制块,标志着作业的生命周期开始。在作业提交完成,未开始运行之前这一阶段,作业处于后备状态。外存中所有的后备作业组成一个后备队列,等待作业调度程序选中。

2) 执行状态

从一个位于后备队列的作业被作业调度程序选中调入内存,直到作业的功能完成这一阶段,作业处于执行状态。需要指出的是,从宏观上看,作业处于执行状态,但是由于作业的主进程又可以建立若干子进程,同时,作业调度程序可以在一段时间内选中多个作业投入运行,所以,从微观上看,在某一时刻,到底是哪个作业的哪个进程在处理机上执行,则由进程调度程序决定。

3) 完成状态

当一个作业正常终止或者因出错而中途停止时,作业就处于完成状态。在这一阶段,操作系统回收该作业所占用的资源,给出作业的执行结果,同时执行作业调度程序选取新的作业执行。作业的输出结果可以在作业结束时直接输出,也可以以输出文件的方式送入外存设备,稍后采用脱机方式输出。

作业调度就是处理这 3 种状态之间的转换。要注意,在有的操作系统中,除了上述 3 种作业状态外,还设置了其他作业状态。

4.1.2 分级调度

一个批处理系统中的作业,从进入系统并驻留在外存的后备队列中开始,直到作业运行完成,可能要经过多级调度才能完成。

1. 作业调度

作业调度又称为宏观调度或高级调度。其主要任务是按一定的算法从后备作业队列中选中一个或一批作业调入内存,并为之分配内存等必要的资源,创建相应的进程,以使该作业获得竞争处理机的权利;当作业执行完成时,还负责回收系统资源。由于一个系统中可以有多个作业同时运行,一个作业中又可以有多个进程,故一个作业在宏观上处于运行状态。在微观上,究竟哪个作业的哪个进程能真正获得处理机而执行,要由进程调度来决定。

对于批处理系统,作业进入系统后,先驻留在外存中,因此,需要由作业调度将它们分批地装入内存。而在分时系统中,为了做到及时响应,用户通过键盘输入的命令或数据等都直接送入内存,因而无须配置作业调度机制。类似地,在实时系统中,通常也不需要作业调度。

2. 交换调度

为了提高内存利用率和系统吞吐量,引入了交换调度,也称为中级调度。其主要任务是按照给定的策略,将处于内存中暂时不运行的进程的部分或全部代码与数据调至外存交换区中,此时,进程处于静止状态。当这些进程重新具备运行条件时,由交换调度决定将哪些进程重新调入内存,这一过程也称为激活,进程这时处于活动状态。因此,在引入交换调度的系统中,进程的就绪状态分为静止就绪和活动就绪,阻塞状态分为静止阻塞和活动阻塞。交换调度主要涉及内存管理,将在第 5 章中做详细介绍。

3. 进程调度

进程调度又称为微观调度或低级调度。其主要任务是按照某种策略和方法选取一个就绪状态的进程占用处理机。在确定了占用处理机的进程之后,系统必须进行进程上下文切换以建立与占用处理机进程相适应的环境。

4. 线程调度

线程调度与进程调度类似,选择一个就绪状态的线程进入执行状态。与进程调度不同的是,线程上下文切换比进程上下文切换速度快。

在多用户系统中都涉及进程的调度,但其他的调度则并不是所有的系统都具有,通常与操作系统的设计目标有关。

4.1.3 调度的功能与时机

1. 作业调度的功能与时机

作业调度由作业调度程序处理的,它本身作为一个系统进程执行,这个进程在系统初始化时就已经建立了。作业调度程序主要完成作业从后备状态到执行状态的转换,以及从执行状态到完成状态的转换。一般来说,一个作业调度程序应完成下述功能:

(1) 记录系统中各作业的状况。为了对作业进行管理,系统必须掌握作业在各个阶段的有关情况。通常,当作业进入后备状态之后,系统为它建立一个对应的 JCB 记录有关的信息。作业调度程序根据JCB中的内容对作业进行管理和控制。为此,作业调度程序必须记录系统中各作业中的状况,例如,登记作业的描述信息、作业的执行时间,查询当前作业的状态,等等。

(2) 按照一定的算法从后备作业队列中选出一个或多个作业投入运行。

(3) 为被选中的作业建立相应的主进程,并为它分配运行所需的系统资源。例如,调用内存分配程序为它分配内存,调用外存分配程序为它分配外存,等等。

(4) 在作业执行完毕时,释放并回收该作业占用的资源,撤销该作业,并选取新的作业执行调度过程。

一般来说,在下列情况下将启动作业调度。

(1) 设 m 为系统支持的在主机上运行的最大作业数(也称为道数),n 为在主机上运行的当前作业数,如果 $n<m$,且存在后备作业,则启动作业调度。

(2) 当一个作业终止而被撤销后,如果存在后备作业。则启动作业调度。

2. 进程调度的功能和时机

进程调度由进程调度程序完成,进程调度以原语的形式为进程服务。进程调度程序的主要功能如下。

(1) 将进程排队。进程调度模块通过PCB来掌握系统中所有进程的执行情况和状态特征,并在适当的时机从就绪队列中选择一个进程占用处理机。因此,为了给进程调度作准备,进程调度模块根据各进程的状态特征和资源要求,将各进程的PCB排成相应的队列。

(2) 选择占用处理机的进程。按照一定的策略选择一个处于就绪状态的进程,为其分选配处理机。

(3) 进行进程上下文切换。一个进程的上下文包括进程的状态、有关变量和数据结构的值、硬件寄存器的值和PCB以及有关程序等。一个进程是在进程的上下文中执行的。当正在执行的进程由于某种原因要让出处理机时,系统要进行进程上下文切换,以使另一个进程得以执行。当进行进程上下文切换时,首先检查是否允许做上下文切换(在有些情况下,上下文切换是不允许的,例如系统正在执行某个不允许中断的原语时),如果允许,系统将保留有关的信息,以便以后换回该进程时能恢复该进程的上下文。在系统保留了有关的信息之后,调度程序从就绪队列中选择一个进程,装配该进程的上下文,使选中的进程得以执行。

一个进程在CPU上的一次连续执行过程称为该进程的一个CPU周期。当进程需等待某个事件而进入阻塞态时,便终止了一个CPU周期。当等待的事件发生后,进程将开始下一个CPU周期。进程执行完毕进入停止状态,则终止了它的最后一个CPU周期。一个进程在其生命周期中,通常有若干离散的且长短不等的CPU周期。例如,一个进程需要在CPU上执行的总时间为1s,在100ms、450ms、600ms的执行点处分别要等待3个事件而暂停执行,即该进程有4个分别为100ms、350ms、150ms、400ms 的 CPU 周期。当现行进程执行完它的一个 CPU 周期时,系统应及时把 CPU 转交给另一个进程去执行它的 CPU 周期,这是导致进程调度的基本原因。

进程调度的方式主要有两种:剥夺方式和非剥夺方式。在剥夺方式下,就绪队列中一旦有进程的优先级高于当前正在执行的进程的优先级时,便立即发生进程调度,转让处理机。换言之,当一个进程正在执行它的一个CPU周期期间,系统强行剥夺现行进程正占用的CPU,并把CPU分配给另一个进程。在采用剥夺方式的调度系统中,一个进程的CPU周期可能被分割成两个或多个CPU周期。而非剥夺方式下,一个进程一旦获得处理机便一直执行下去,直到完成它的当前CPU周期,系统才重新调度。

引起进程调度的原因与进程调度方式有关,主要有以下几类:进程执行结束;时间片用完;执行中进程因某种原因而被阻塞;执行完系统调用,系统返回用户进程;高优先级的进程到来。

4.1.4 调度原则与性能衡量

1. 调度原则

在一个操作系统的设计中,应如何选择调度方式和算法,在很大限度上取决于操作系统的类型和目标。例如,批处理系统的主要目标是提高系统的吞吐量和资源的利用率,分时系统的主要目标是提供公平的多路服务和及时响应用户。根据不同的系统目标,要考虑许多相应的调度原则。一般的调度原则主要有以下5点。

(1) 公平。对所有的作业(或进程)应该是公平合理的,任何一个作业的完成都不能被无限延迟。

(2) 有效。均衡使用资源,使CPU与外设尽量都保持"忙"的状态,使设备有高的利用率。

(3) 高吞吐量。每天尽可能地多执行作业,以提高系统的吞吐量。

(4) 及时响应。尽可能地缩短用户的响应时间。

(5) 支持优先。对于某些紧急的作业(或进程)应能得到及时的处理。

然而这些原则往往是互相冲突的,任一调度算法要想同时满足上述目标是不可能的。例如,为了提高吞吐量应优先考虑运行短作业,使单位时间内运行的作业数增加,但这样做对那些估计运行时间长的作业不公平,使它们的响应时间变得非常长;而为了提高CPU的利用率则应优先考虑运行长作业,因为频繁的作业调度会增加CPU的额外开销。因此,在选择调度算法时如果考虑的因素过多,调度算法就会变得非常复杂。其结果是系统开销增加,资源利用率下降。在实际设计算法时通常是对各种调度原则进行折中或有所侧重,并力求简化。

2. 衡量调度算法优劣的指标

衡量一个调度算法的优劣,主要是看它是否满足系统设计的要求。对于批处理系统,由于其主要用于计算且对作业的周转时间要求较高,因此,作业的平均周转时间或平均带权周转时间被作为作业衡量调度算法优劣的标准;对于分时系统,外加平均响应时间被作为衡量调度算法的优劣的标准;而对于实时系统,则截止时间的保证是评价实时调度算法的重要指标。

1) 平均周转时间

作业 i 从提交时刻 T_{is} 到作业的完成时刻 T_{ie} 所经历的时间称为该作业的周转时间 T_i,即

$$T_i = T_{ie} - T_{is}$$

一个作业的周转时间说明该作业在系统内停留的时间,因此:

$$T_i = T_{iw} + T_{ir}$$

其中，T_{ir} 为作业的执行时间，T_{iw} 为作业从后备状态到执行状态的等待时间。

进程 i 从进入就绪队列的时刻 T_{ir} 到完成本次 CPU 周期的时刻 T_{ic} 所经历的时间称为该进程的周转时间 T_i，即

$$T_i = T_{ic} - T_{ir}$$

n 个被测定作业或进程的平均周转时间为

$$T = \frac{1}{n} \sum_{i=1}^{n} T_i$$

2）平均带权周转时间

作业 i 或进程 i 的带权周转时间为

$$W_i = T_i / T_{ir}$$

平均带权周转时间为

$$W = \frac{1}{n} \sum_{i=1}^{n} W_i$$

3）响应时间

响应时间是指从用户通过键盘提交一个请求开始，直至系统首次响应为止的时间。响应时间用来评价分时系统的性能。

4）截止时间

截止时间指某任务必须开始执行的最迟时间或必须完成的最迟时间。截止时间是评价实时系统性能的重要指标。

4.2 调度算法

由前述讨论可知，为了满足不同的设计目标，操作系统必须选择合适的调度算法。目前有许多调度算法，有的适用于作业调度，有的适用于进程调度，有的既适用于进程调度又适用于作业调度。本节介绍几种常用的调度算法。

4.2.1 先来先服务算法

先来先服务（First Come First Serve，FCFS）是一种最简单的调度算法，既可用于作业调度，也可用于进程调度。该算法按照作业到达或进程就绪时间的先后排成一个调度队列，当发生调度时，从队头选中一个作业或进程运行。因此，在不考虑其他条件的情况下，从处理的角度来看，FCFS算法是最适合的调度算法，因为不论是追加还是取出一个队列元素，在操作上都是最简单的。下面通过例子来说明 FCFS 算法的调度过程及其调度性能。

例 4-1 在单道作业多道程序环境下，假定有 4 道作业（或进程）1、2、3、4，它们到达的相对时刻、运行时间（单位为 ms，即本次 CPU 周期）都已知，如表 4-1 中的第二、三列所示。给出采用 FCFS 算法时这 4 道作业（进程）的调度顺序以及它们的平均周转时间和平均带权周转时间。调度时间忽略不计。

解：由题知，作业到达的先后顺序为 1、2、3、4，因此，按照 FCFS 算法的调度策略，4 道作业（进程）的调度顺序是 1、2、3、4，也可推算出每道作业（进程）的开始执行时间、完成时

间、周转时间、带权周转时间,如表 4-1 中第 4~7 列所示。

表 4-1 FCFS 算法下作业的运行情况

作业号	到达时刻/ms	运行时间/ms	开始时间/ms	完成时间/ms	周转时间/ms	带权周转时间
1	0	10	0	10	10	1
2	1	5	10	15	14	2.8
3	5	1	15	16	11	11
4	10	2	16	18	8	4

平均周转时间 $T=10.75\mathrm{ms}$,平均带权周转时间 $W=4.7$。

从表 4-1 中可以看出,其中短作业 3 的带权周转时间为 11,而长作业 2 的带权周转时间只有 2.8。因此,FCFS 算法具有如下的优缺点。

(1) 优点:实现简单,有利于长作业和 CPU 繁忙的进程(很少请求 I/O 的进程)。

(2) 缺点:使短作业等待长作业,重要的作业等待可能不是很重要的长作业,因而不利于短作业和紧迫的作业或进程,不能用于分时和实时系统。

FCFS 算法在实际使用中很少单独使用,而是和其他算法结合使用。

4.2.2 短作业优先算法

短作业优先(Shortest First,SF)算法就是选择估计运行时间最短的作业或本次 CPU 周期最短的进程执行。以例 4-1 中给出的 4 道作业(进程)为例来说明 SF 算法的调度过程及其调度性能。

例 4-2 对于表 4-1 的前 3 项,给出采用 SF 调度算法时这 4 道作业(进程)的调度顺序以及它们的平均周转时间和平均带权周转时间。调度时间忽略不计。

解:采用 SF 算法时,作业 1 运行结束时,其他 3 个作业已进入后备状态,此后,按作业运行时间的由短到长的顺序,即按作业 3、作业 4、作业 2 的次序调度运行。它们的运行情况如表 4-2 所示。

表 4-2 SF 算法下作业的运行情况

作业号	到达时刻/ms	运行时间/ms	开始时间/ms	完成时间/ms	周转时间/ms	带权周转时间
1	0	10	0	10	10	1
2	1	5	13	18	17	3.4
3	5	1	10	11	6	6
4	10	2	11	13	3	1.5

平均周转时间 $T=9\mathrm{ms}$,平均带权周转时间 $W=2.975$。

比较本例和例 4-1,可以看出,采用 SF 算法后,这组作业的平均周转时间和平均带权周转时间都比 FCFS 算法有较明显的改善,因此,对于这组作业,SF 算法要优于 FCFS 算法。

SF 算法具有如下的优缺点。

(1) 优点:有利于短作业或短进程。可使系统在同一时间内处理的作业或进程个数最多,从而降低了作业的平均等待时间,提高了系统的吞吐量。

(2) 缺点:由于作业(进程)的长短只是根据用户提供的估计执行时间而定的,而用户又可能有意或无意地缩短作业的估计执行时间,致使该算法不一定能真正做到短作业优先。另外,SF 算法不利于长作业,不能满足紧迫作业,对于一个不断进入短作业的批处理系统来说,SF 算法可能使那些长作业永远得不到执行。SF 算法同样不能保证对用户的及时响应。

SF 算法适合于运行时间可预知的批作业调度。例如,保险公司每天做类似的工作,可以相当准确地预测一个处理 100 起索赔的作业需要多长时间。

4.2.3 最高响应比优先算法

最高响应比优先(Highest Response_ratio Next,HRN)算法是对 FCFS 算法和 SF 算法的一种综合平衡。FCFS 算法只考虑每个作业的等待时间而未考虑执行时间的长短,SF 算法只考虑执行时间而未考虑作业的等待时间的长短。因此,这两种调度算法的缺点处于两个极端。HRN 算法同时考虑每个作业的等待时间和估计执行时间的长短。

一个进程或作业的响应比 R 定义为

R=(需运行的时间+已等待的时间)/需运行的时间=1+已等待的时间/需运行的时间

HRN 调度算法每次从后备队列中选中响应比 R 的值最大的作业执行。仍以例 4-1 中的 4 道作业为例来说明 HRN 算法的调度过程及其调度性能。

例 4-3 对于表 4-1 的前 3 项,给出采用 HRN 调度算法时这 4 道作业(进程)的调度顺序以及它们的平均周转时间和平均带权周转时间。调度时间忽略不计。

解:采用 HRN 算法时,4 道作业(进程)的调度顺序是 1、3、2、4,它们的运行情况如表 4-3 所示。作业 1 运行结束时,其他 3 个作业已进入后备状态,此时,为了确定到底要选择哪一个作业执行,需计算后备队列中每个作业的响应比。作业 2 的响应比 $R_{12}=1+(10-1)/5=2.8$,作业 3 的响应比 $R_{13}=1+(10-5)/1=6$,作业 4 的响应比 $R_{14}=1+(10-10)/2=1$。因此,作业 3 的响应比最高,选中作业 3 执行。在作业 3 执行完成时,需计算作业 2 和作业 4 的响应比(注意,此时每道作业的响应比已改变)。此时,作业 2 的响应比 $R_{22}=1+(11-1)/5=3$,作业 4 的响应比 $R_{24}=1+(11-10)/2=1.5$。选中响应比高的作业 2 执行。在作业 2 执行完成后,再选中作业 4 执行。

表 4-3 HRN 算法下作业的运行情况

作业号	到达时刻/ms	运行时间/ms	开始时间/ms	完成时间/ms	周转时间/ms	带权周转时间
1	0	10	0	10	10	1
2	1	5	11	16	15	3
3	5	1	10	11	6	6
4	10	2	16	18	8	4

平均周转时间 $T=9.75\text{ms}$,平均带权周转时间 $W=3.5$。

可见,HRN 算法的调度性能介于 FCFS 算法和 SF 算法之间。它具有如下的优缺点。

(1) 优点:一方面,响应比 R 与作业需运行时间成反比,故短作业或短进程可获得较高的响应比;另一方面,R 与作业的等待时间成正比,故长作业或长进程随着其等待时间的增长也可获得较高的响应比。因此,HRN 既照顾了短作业,也考虑了长作业。

(2) 缺点:每次进行调度前都要进行响应比计算,会增加系统的开销;不能满足紧迫作业或进程的需要。

4.2.4 高优先权优先算法

为了使紧迫型作业或进程在进入系统后便可获得优先处理,引入了高优先权优先

(High Priority First，HPF)算法。当发生调度时，调度程序将选择当前优先级最高的后备作业或就绪进程。HPF 是一种广泛使用的调度算法，它常常作为批处理系统的作业调度算法，也可作为多种操作系统的进程调度算法，还可用于实时系统中。

HPF 算法的核心是优先级的确定。优先级通常用一个整型数来表示，称为优先数。对于不同的系统，既可以用较大的数也可以用较小的数来表示较高的优先级。例如，UNIX 中的优先数的范围为 $-128\sim +127$，且规定优先数越小其表示的优先级越高。

优先级的设置分为静态和动态两种方式。

（1）静态设置方式。在一个作业或进程被建立时就为它确定一个优先级，它在作业或进程的整个生命周期内保持不变。一个作业可由用户根据作业的紧迫程度输入一个适当的优先级。为防止各用户都将自己的作业冠以高优先级，系统应对高优先级用户收取较高的费用。也可由系统或操作员根据作业的类型、作业对资源的要求情况来确定优先级。

进程的优先级则由系统根据进程的类型来确定。一般来说，系统进程优先级要高于用户进程；而对于 I/O 繁忙型的进程，其大多数时间用来等待 I/O 结束，使这类进程长时间等待 CPU 只会使它无谓地长时间占用内存，因此，通常 I/O 繁忙型进程的优先级高于计算型进程的优先级，以便在启动一个 I/O 操作后，就可以启动一个计算进程。也可根据进程对资源的要求确定优先级，如进程对内存的需求量的多少和进程的估计执行时间等。

（2）动态设置方式。在创建一个进程时，根据该进程的基本特征为其设置一个初始的优先级，此后随着进程特性和运行环境的变化而动态地改变其优先级。例如，使进程的优先级随着其等待使用 CPU 时间的增长而提高，随着其占用 CPU 时间的增长而降低。这样，即使是低优先级的进程，也会在等了足够的时间后，使其优先级提高而得到执行。而对于高优先级的进程，随着进程占用 CPU 时间的增长，其优先级会逐渐下降，因而可防止一个长进程长时间占用处理机。

HPF 算法可以是剥夺式或非剥夺式的。在剥夺方式下，系统将保证在任何时刻现行进程的优先级不低于任一就绪进程，因此一旦出现了比现行进程具有更高优先级的就绪进程，便立即实施剥夺。而在非剥夺方式下，只有等现行进程的当前 CPU 周期结束后才重新调度。显然，剥夺式 HPF 算法更能体现优先级的意义，使得高优先级进程能够尽快地完成它的任务，但无疑也增加了一定的系统开销。

下面通过一个例子考察 HPF 进程调度的执行过程及其调度性能。

例 4-4 假定有 4 个就绪进程，它们进入就绪队列的相对时刻、各自的本次 CPU 周期长度及初始优先数如表 4-4 所示。在此，规定小的优先数表示高的优先级，调度时间忽略不计。

表 4-4 4 个进程的 CPU 周期长度及初始优先数

进程	到达时刻/ms	CPU 周期/ms	优先数
p_1	0	22	4
p_2	0	8	2
p_3	0	4	5
p_4	18	10	3

（1）给出采用非剥夺静态设置方式 HPF 算法时 4 个进程的平均周转时间及平均带权周转时间。

（2）给出采用剥夺动态设置方式 HPF 调度算法时 4 个进程的平均周转时间及平均带

权周转时间。假设现行进程每连续执行 10ms 以上其优先数加 1(即降低优先级),而就绪进程每 20ms 后其优先数减 1(即提高优先级)。

解:(1) 在非剥夺静态设置方式下,执行情况如图 4-2 所示。在相对 0 时刻,就绪队列中有进程 p_1、p_2 和 p_3,进程 p_2 的优先数最小,优先级最高,因而进程 p_2 优先执行。在 p_2 执行完后,执行进程 p_1,在进程 p_1 执行期间,进程 p_4 到达,虽然其优先级高于进程 p_1,但是在非剥夺方式下,只有在当前正在执行的进程的 CPU 周期完成后,才去调度,因而在进程 p_1 执行完成后,执行进程 p_4,最后执行进程 p_3。可以算出这组进程的平均周转时间 T 和平均带权周转时间 W 分别为

$$T = 26\text{ms} \quad W = 3.89$$

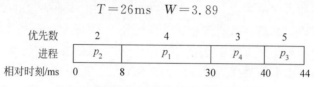

图 4-2 静态设置非剥夺方式的执行情况

(2) 在剥夺动态设置方式下,执行情况如图 4-3 所示。

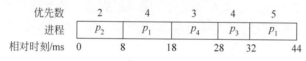

图 4-3 动态设置剥夺方式的执行情况

在 p_2 执行完后,执行进程 p_1,在进程 p_1 执行到 18ms 时,进程 p_4 到达,其优先级高于进程 p_1,剥夺进程 p_1 而执行进程 p_4,同时进程 p_1 因连续执行了 10ms 而优先数被加 1(变为 5);在进程 p_4 执行期间进程 p_3 因等待了 20ms,其优先数被减 1(变为 4),但是此时仍然是进程 p_4 的优先数最小,接着执行进程 p_4 直到执行完毕(28ms 时);此时 p_3 的优先数小于进程 p_1 的优先数,于是先执行 p_3,最后再执行进程 p_1。可以算出这组进程的平均周转时间 T 和平均带权周转时间 W 分别为

$$T = 23.5\text{ms} \quad W = 3$$

从上面的两组平均周转时间 T 和平均带权周转时间 W 数据中可以看出,在本例中,采用动态优先级设置要优于静态优先级设置。因此,HPF 算法具有如下的优缺点。

(1) 优点:可以使紧迫的任务得到优先执行。

(2) 缺点:静态优先级易于实现,系统开销小,但作业或进程的优先级不够精确,有可能导致某些优先级较低的进程长期等待;动态优先级须计算优先级,增加系统的开销。

在实际使用中,优先级的确定涉及许多因素,因此,往往和其他算法结合使用。

4.2.5 轮 转 法

轮转法(Round Robin,RR)也称为时间片轮转法,它依照公平对待的原则,照顾到所有的进程,让它们都有机会得到执行。

在 RR 算法的具体实现中,系统将所有的就绪进程按照先来先服务的顺序排成一个队列,调度程序每次选中队列中的第一个进程执行,并规定其连续执行的时间不能超过一个给定的时间。例如 100ms,该时间称为时间片。如果现行进程的当前 CPU 周期的时值小于时间片,即分配给该进程的时间片还没有用完,进程因某种原因转入等待状态,则重新调度,并

将该进程插入相应的等待队列中,当它所等待的事件发生后,转入就绪状态,重新返回到就绪队列尾,等待下一次的执行;如果现行进程的当前 CPU 周期的时值大于或等于时间片,即分配给该进程的时间片已用完,则将当前进程送至就绪队列尾等待下一轮的执行,同时将处理机分配给就绪队列队首的进程。如此轮转调度,使得所有就绪进程在一个有限的时间周期内都可获得一次时间片的执行。因此,RR 算法特别适合于分时系统,通过轮转调度,系统能够及时响应每个终端用户的请求。分时系统提供了大量的终端命令,只要时间片值恰当,大多数终端命令都能在一个时间片内完成。因此,在用户可接受的时间周期内,每个用户的一次请求命令都能得到及时的响应。

RR 算法中,一个极为重要的问题是时间片 q 值的设置。一个进程切换到另一个进程需要一定的时间。假设进程切换需要花费 5ms,一个系统的时间片为 20ms,则 CPU 在做完一个有用的工作后要花费 5ms 来进行进程切换,那么,CPU 时间的 20% 就被浪费在管理开销上了。为了提高 CPU 效率,可以将时间片设为 500ms,这时 CPU 浪费的时间为 1%。但是,假设某一时刻有 10 个用户同时按下 Enter 键,则最后一个用户在 5s 后才得到响应,这对多数用户来说不能忍受。

综上所述,若 q 值取得过大,以致使每个进程都能在分给它的时间片内完成,则 RR 算法就已经退化成了 FCFS 算法,对短进程的请求交互响应变差;反之,若 q 值取得过小,则势必导致频繁的进程调度,增加了 CPU 的额外开销,降低了 CPU 的有效利用率。那么,到底怎样确定一个系统的时间片大小呢?

通常,时间片的大小选择是根据系统对响应时间上限的要求 R 和系统中所允许的最大的就绪进程数目 N_{max} 确定的。它可表示为

$$q = R/N_{max}$$

为所有进程分配固定时间片的方法显然简单易行,适合于小型的分时系统。但是,在时间片固定的情况下,如果就绪队列中的进程数远小于 N_{max},则用户的响应时间看上去会大大减小,而实际上对系统开销来说,由于时间片固定,进程切换的时机不变,切换所花费的时间不变,从而系统开销不变。

例如,假设时间片为 0.1ms,当就绪进程 $n=20$ 时,用户和响应时间为 $r=2$ms;当 $n=6$ 时,$r=0.6$ms。对用户来说,2ms 的响应时间和 0.6ms 的响应时间并没有太大的差别,而系统的进程切换开销并没有减小。倘若保持响应时间不变(为 2ms),当 $n=6$ 时,时间片变为 0.35ms,显著减少系统开销。因此,为了进一步改善 RR 算法的调度性能,可采用可变时间片的 RR 调度算法。一种可行的办法是,每当新的一轮调度开始时,系统便根据就绪队列中已有的进程数目计算一次时间片 q,作为新一轮调度的时间片。

总之,未考虑进程优先级和进程特点的 RR 算法具有如下的优缺点。

(1) 优点:可以使用户得到及时的响应和服务。

(2) 缺点:由于所有进程的等待时间是相同的,这对短进程用户和 I/O 繁忙型进程是不利的。特别是当紧迫型的进程到来时,不能及时得到处理。

4.2.6 多级反馈算法

多级反馈(Multiple Feedback,MF)算法是一种普遍应用的进程调度算法。MF 算法是综合了 FCFS、RR 和 HPF 算法的特点的一种调度算法。它综合考虑了多种因素,根据进程

运行情况的反馈信息对进程实施调度。如图 4-4 所示，MF 算法的实施过程如下。

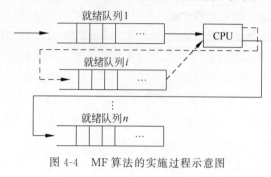

图 4-4　MF 算法的实施过程示意图

(1) 按优先级设置 n 个就绪队列，并为各个队列赋予不同的优先级。第一个队列的优先级最高，第二个队列次之，其余各列的优先级逐个降低。该算法赋予各个队列中进程执行时间片的大小也各不相同，在优先级越高的队列中，为每个进程所规定的执行时间片就越小。例如，第二个队列的时间片要比第一个队列的时间片长一倍……第 $i+1$ 个队列的时间片要比第 i 个队列的时间片长一倍。

(2) 当一个新进程进入内存后，首先将它放入第一个队列的末尾，按 FCFS 原则排队等待调度。当轮到该进程执行时，如果它能在该时间片内完成，便可准备撤离系统；如果它在一个时间片结束时尚未完成或者被阻塞，调度程序便将该进程转入第二队列的末尾；如果它在第二队列中运行一个时间片后仍未完成，再依次将它放入第三队列……如此下去。

(3) 仅当一个长进程从第一个队列依次降到第 n 个队列后，在第 n 个队列中便采取按时间片轮转的方式运行，其余队列均采用 FCFS 调度。

(4) 系统每次总是调度优先级较高的队列中的进程。仅当第 $1\sim i-1$ 个队列均为空时，才会调度第 i 个队列中的进程运行。

(5) 如果处理机正在第 i 个队列中为某进程服务时，又有新进程进入优先权较高的队列(第 $1\sim i-1$ 中的任何一个队列)，则此时新进程将抢占现行进程的处理机，将现行进程调入第 i 队列的末尾。如果一个进程被唤醒，则它进入原先离开的那个队列或更高一级的就绪队列。

例如，一个进程运行完成需要 100 个时间片。如果采用 RR 算法，则这个进程需要切换 100 次。如果采用 MF 算法，第一次运行分配给它一个时间片，第二次分配给它两个时间片，随后依次为 4、8、……、64 个，则这个进程运行需要切换 7 次就可完成，大大提高了 CPU 的使用效率，同时随着运行优先级的不断降低，它的运行频度放慢，为其他进程让出了 CPU。MF 算法可以较好地协调长进程和短进程的执行。

总之，不论采用哪一种调度算法，可靠、有效和实用的调度算法是操作系统设计的最终目标。

4.3　实时调度

由于前述的调度算法都不能很好地满足实时系统的调度要求，为此，需引入一种新的调度，即实时调度。而随着计算机移动通信和网络的发展，实时系统变得越来越重要。

4.3.1　实时系统的特点

1. 实时任务的特点

实时任务有以下特点。

(1) 实时任务的处理和控制的正确性不仅取决于计算结果的正确性，而且取决于计算结果产生的时间。实时系统是那些时间因素非常关键的系统。例如,计算机的一个或多个外设发出信号,计算机必须在一段固定时间内做出适当的反应。一个实例是,计算机用CD-ROM放音乐时从驱动器获得二进制数据,并且必须在很短的时间内将其转换成音乐。如果其间计算花的时间太长,则音乐听起来就会失真。其他实时系统还包括医院里特护病房的监控系统、飞行器中的自动驾驶仪以及核反应堆中的安全控制系统等。在这些系统中,迟到的响应即使正确,也和没有响应一样糟糕。因此,在实时系统中每一个要处理的任务都联系着一个截止时间。为保证系统能正常工作,实时调度算法必须能满足实时任务对截止时间的要求。实时任务最迟开始处理的时间称为开始截止时间,实时任务最迟完成的时间称为完成截止时间。

(2) 根据对处理事件的时限要求,实时系统中处理的外部事件可分为硬实时任务和软实时任务。硬实时任务要求系统必须完全满足任务的时限要求。软实时任务则允许系统对任务的时限有一定的延迟,其时限要求只是一个相对的条件。

(3) 按处理任务的性质进一步可分为周期性任务(每隔一段固定的时间发生)和非周期性任务(在不可预测的时间发生)两大类。根据每个事件需要的处理时间,一个系统可能响应多个周期的事件流,也可能根本来不及处理所有事件。例如,有 n 个周期性事件,事件 i 的周期为 P_i ms,其中每个事件需要 C_i ms 的 CPU 时间来处理,则只有满足以下条件:

$$\sum_{i=1}^{n} \frac{C_i}{P_i} \leqslant 1$$

才可能处理所有的负载。满足该条件的实时系统称作是可调度的。例如,一个软实时系统处理 3 个事件流,其周期分别为 100、200 和 500ms。如果事件处理时间分别为 50、30 和 100ms,则这个系统是可调度的,因为 0.5+0.15+0.2<1。如果加入周期为 1s 的第 4 个事件,则只要其处理时间不超过 150ms,该系统仍将是可调度的。这个运算的隐含条件是上下文切换的开销很小,可以忽略。

2. 实时系统具备的能力

实时系统要求很高的可靠性,当系统发生错误时,实时系统不能像非实时系统那样,先停止当前处理的进程,转去执行出错处理或重新启动系统。实时系统要求在系统出错时,既能够处理所发生的错误,又不影响正在执行的用户进程。另外,为了保证实时系统处理的任务在有限的时间内处理完毕,实时系统允许用户控制进程的优先级并选择相应的调度算法,从而对进程执行的先后顺序进行控制。因此,一个实时系统应具有如下的能力。

(1) 快速的切换机制。为保证实时任务的及时运行,实时系统的进程或线程切换速度应非常快。这就要求加强系统的处理能力,以减少对每一个任务的处理时间。

(2) 快速的外部中断响应能力。为及时响应外部事件的中断请求,系统要具有快速的硬件中断机构,还应使禁止中断的时间间隔尽量短。

(3) 采用基于优先级的抢占式调度策略。当一个优先级更高的任务到达时,允许将当前任务暂时挂起,而令高优先级任务立即投入运行,以满足实时任务对截止时间的要求。但这种调度机制比较复杂。对于一些小型的实时系统,如果能预知任务的截止时间,则可采用非抢占式调度,以减少调度任务时所花费的系统开销。

4.3.2 实时调度算法

实时调度算法可以是动态的或是静态的。前者在运行时做出调度决定,后者在系统启动之前完成所有的调度决策。下面介绍 3 种常用的实时调度算法。

1. 频率单调调度算法

频率单调调度(Rate-Monotonic Scheduling,RMS)算法是面向周期性任务的非抢占式调度算法。该算法的基本原理是频率越低(周期越长)的任务优先级越低。已经证明,RMS 算法可调度的充分条件是

$$\sum_{i=1}^{n} \frac{C_i}{P_i} \leqslant n(2^{\frac{1}{n}} - 1)$$

例 4-5 有 A、B、C 3 个周期性任务,它们的发生周期 T_1、T_2、T_3 分别为 100ms、150ms、350ms,每个周期任务的处理时间 C_1、C_2、C_3 分别为 20ms、40ms、100ms,可否采用频率单调调度算法进行调度? 如果可以,则画出它们的进程调度顺序。

解:由于

$$\frac{C_1}{T_1} + \frac{C_2}{T_2} + \frac{C_3}{T_3} = 0.753 \leqslant 3(2^{\frac{1}{3}} - 1) \approx 0.780$$

因此,RMS 算法可以满足所有任务的调度要求。

采用 RMS 算法时与任务 A、B、C 相关的进程调度顺序如图 4-5 所示。在开始时,进程 A1 的发生周期比进程 B1 和 C1 都短,因此其优先级最高,首先调度进程 A1。在 100ms 时,虽然进程 A2 到达,它的优先级较进程 C1 高,但 RMS 算法是非抢占式的,因此,进程 C1 接着执行。当进程 C1 执行完后,接着执行 A2。在 240~300ms 没有进程就绪,因此 CPU 空闲,直到 300ms,进程 A4 和进程 B3 同时就绪,但 A4 优先级高,先执行 A4,后执行 B3。以此类推,直到任务完成。

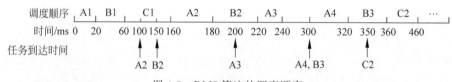

图 4-5 RMS 算法的调度顺序

2. 最早截止优先算法

最早截止优先(Earliest-Deadline-First,EDF)算法采用抢占式调度,既可用于周期性任务,又可用于非周期性任务。当一个事件发生时,对应的进程被加到就绪队列。该队列按照进程要求的截止时间由近到远排序。对于一个周期性事件,其截止时间即为事件下次发生的时间。该算法首先运行队首进程,即截止时间最近的那个。

例 4-6 有 A、B 两个周期性任务,它们的发生周期分别为 20ms、50ms,它们对应的任务到达时间(就绪时间)、执行时间和截止时间(注:此表中的截止时间是指本任务中完成的截止时间)如表 4-5 所示。画出采用最早截止优先算法时它们的调度顺序。

表 4-5 实时任务

进程	任务到达时间/ms	执行时间/ms	截止时间/ms
A1	0	10	20
A2	20	10	40
A3	40	10	60
A4	60	10	80
⋮	⋮	⋮	⋮
B1	0	25	50
B2	50	25	100
B3	100	25	150
⋮	⋮	⋮	⋮

解：采用 EDF 算法时与任务 A、B 相关的进程调度顺序如图 4-6 所示。在开始时，进程 A1 的截止时间比进程 B1 近，首先调度进程 A1。在 20ms 时，进程 A2 到达，它的截止时间比进程 B1 近，进程 A2 抢占进程 B1 执行。在 30ms 时，进程 A2 执行完毕，进程 A3 还没有到达，则调度进程 B1 执行。以此类推，直到任务完成。从图 4-6 中可以看出，采用 EDF 算法时可以满足任务 A、B 的调度要求。

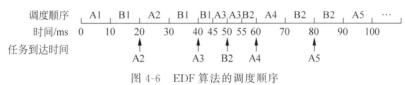

图 4-6 EDF 算法的调度顺序

3. 最低松弛度优先算法

最低松弛度优先(Least-laxity-First，LLF)算法是根据任务的松弛度来确定任务的优先级。任务的松弛度越低，为该任务所赋予的优先级就越高，以使之优先执行。例如，一个任务在 200ms 时必须完成，而它本身所需的运行时间就有 100ms，因此，调度程序必须在 100ms 之前调度执行，该任务的松弛度为 100ms。又如，另一任务在 400ms 时必须完成，它本身需要运行 150ms，则其松弛度为 250ms。在实现 LLF 算法时，要求系统中有一个按松弛度排序的实时任务就绪队列，松弛度最低的任务排在队列最前面，调度程序总是选择就绪队列中的队首任务执行。LLF 算法主要用于可抢占调度方式中。

例 4-7 对于例 4-6 的两个周期性任务，画出采用 LLF 算法时它们的调度顺序。

解：采用 LLF 算法时与 EDF 算法时的进程调度顺序相同，如图 4-6 所示。在开始时，进程 A1 必须在 20ms 时完成，而它本身运行又需 10ms，可算出进程 A1 的松弛度为 10ms；进程 B1 必须在 50ms 时完成，而它本身运行又需 25ms，可算出进程 B1 的松弛度为 25ms，故调度程序应先调度进程 A1 执行。在 20ms 时，进程 A2 的松弛度可按下式算出：

A2 的松弛度 = 截止时间 − 其本身的剩余运行时间 − 当前时间
= 40ms − 10ms − 20ms = 10ms

类似地，可算出 B1 的松弛度 = 50ms − 15ms − 20ms = 15ms，故进程 A2 先运行。在 30ms 时，进程 A2 运行完成，A3 未到，运行 B1，直到 40ms 时，A3 到达，A3 的松弛度为 10ms，B1 松弛度已减为 5ms，直到 45ms 时，B1 完成。以此类推，直到任务完成。从图 4-6 中可以看出，采用 LLF 算法时可以满足任务 A、B 的调度要求。

尽管在理论上通过使用这3种调度算法中的一种可以将一个通用操作系统转换为一个实时系统,但实际上,通用操作系统的上下文切换开销太大,以至于只对那些时间限制较松的应用才能达到其实时性能要求。这就导致多数实时系统使用专用的实时操作系统。这些系统具有一些很重要的特征,典型的特征包括:规模小,中断时间很短,进程切换很快,中断被屏蔽的时间很短,以及能够管理毫秒或微秒级的多个定时器等。

4.4 多处理机调度

为了实现对信息的高度并行处理,提高系统的吞吐量和可靠性。20世纪90年代中后期,计算机系统中出现了多处理机系统(MultiProcessor System,MPS)。目前随着处理机价格的下降,多处理机已经成为服务器的普遍配置,一些计算机主板也增加了CPU插槽,许多商业操作系统如Linux、Windows等都提供了对多处理机的支持。

多处理机操作系统要比单处理机操作系统复杂得多,除调度之外,还有并发控制问题。例如,不能使两个处理机选择相同的进程,也不能在并发访问调度队列时丢失进程。多处理机调度应在保证正确性的前提下,充分利用处理机资源,提高系统效率。

4.4.1 多处理机系统的类型

1. 紧密耦合 MPS 和松弛耦合 MPS

从多处理器之间耦合的紧密程度上,可把 MPS 分为两类:紧密耦合 MPS 和松弛耦合 MPS。

(1)紧密耦合(Tightly Coupled)MPS。通常通过高速总线或高速交叉开关来实现多个处理器之间的互连。它们共享主存储器系统和 I/O 设备,并要求将主存储器划分为若干能独立访问的存储器模块,以便多个处理机能同时对主存进行访问。系统中的所有资源和进程都由操作系统实施统一的控制和管理。

(2)松散耦合(Loosely Coupled)MPS。在松散耦合 MPS 中,通常是通过通道或通信线路来实现多台计算机之间的互连。每台计算机都有自己的存储器和 I/O 设备,并配置了操作系统来管理本地资源和在本地运行的进程。因此,每一台计算机都能独立地工作,必要时可通过通信线路与其他计算机交换信息,以及协调它们之间的工作。

2. 对称多处理器系统和非对称多处理器系统

根据系统中所用处理器相同与否,可将 MPS 分为如下两类:对称多处理器系统和非对称多处理器系统。

(1)对称多处理器系统(Symmetric MultiProcessor System,SMPS)。系统中所包含的各处理器单元在功能和结构上都是相同的,当前绝大多数 MPS 都属于 SMPS。

(2)非对称多处理器系统(Asymmetric MultiProcessing System,AMPS)。在系统中有多种类型的处理单元,它们的功能和结构各不相同,其中只有一个主处理器,多个从处理器。

4.4.2 多处理机系统调度方式

1. 非对称多处理机系统调度方式

非对称多处理机系统大多采用主/从式进程(线程)分配的方式。即操作系统的核心部分驻留在一台主机上,而从机上只有用户程序。进程调度由主机执行,每当从机空闲时,便向主机发送一条请求进程(线程)的信号,由主机为它分配进程(线程)。分配算法可采用单处理机系统的所有算法,如 FCFS、HPF 等。在主机中保持一个就绪队列,只要就绪队列不空,主机便从其队首摘取一个进程(线程)分配给请求的从机。当有多个从机同时发出请求时,还需考虑处理机类型与计算任务类型,例如科学计算最好在浮点处理器上运行。

在非对称的 MPS 中,因为所有进程的分配由一台主机处理,使进程间的同步问题得以简化,所以主/从式进程(线程)分配方式的主要优点是系统处理较简单。但仅由一台主机控制一切,有潜在的不可靠性,即主机一旦出现故障,将导致整个系统瘫痪,而且也会因为主机太忙,来不及处理而形成系统瓶颈。

2. 对称多处理机系统调度方式

对称多处理机系统是目前较为常见的配置,也是目前商业操作系统普遍支持的类型。因此,存在许多的调度方式,其中多是以线程作为基本调度单位。比较有代表性的调度方式有自调度方式、组调度方式。

1) 自调度

自调度(self-scheduling)也称为均衡调度。系统中保持唯一的一个就绪队列,新创建的线程或被唤醒的线程都进入这个唯一的就绪队列。当系统中某个处理机空闲下来时,便到该就绪队列中按调度算法选取下一个运行的线程。其调度算法可采用单处理机系统的所有算法。

这种算法的主要优点是:不需要专门的处理机从事任务分派工作;只要系统中有任务,或者说只要公共就绪队列不空,就不会出现处理机空闲的情况;任务分配均衡,不会发生处理机忙闲不均的现象,因而有利于提高处理机的利用率。

其主要缺点是:这种调度必须基于专门的互斥机制,保证多处理机不会同时访问系统中唯一的就绪队列;当处理机个数较多(如十几个或上百个)时,对就绪队列的访问可能成为系统的瓶颈;线程的两次相继调度可能被不同处理机选择,使得局部缓冲信息失效;不能保证同一进程中的多个线程被同时调度,而对于同一个应用程序中的多个相互合作的线程来说,不能同时调度,就可能加长相互等待的时间。

2) 组调度

组调度(gang-scheduling)的思想实际上早于线程。基于进程的组调度是将一组相关的进程同时分派到多台处理机上运行,以减少进程之间相互等待而引起的进程切换,从而降低系统开销。线程级别的组调度是将同一进程中的多个线程同时分派到多个处理机上运行,以减少因相关线程之间的相互等待而引起的切换,提高线程推进速度,从而提高系统处理效率。

组调度的每次调度都可以解决一组线程的处理器分配问题,因而可以显著地减少调度频率,从而也减少了调度开销,可见组调度的性能优于自调度。目前,组调度已获得广泛的认可,并被应用到许多种多处理机操作系统中。

4.5 死　　锁

在多道程序系统中,使多个进程并发运行共享系统资源,从而提高了资源的利用率,也提高了系统的处理能力。但是,如果资源使用不当,会导致一组进程进入死锁状态。在一些系统中,一旦发生死锁,最终会导致整个系统的瘫痪。因此,对于死锁问题的解决是操作系统中的一个重要问题。死锁的解决主要包括死锁的预防、避免、检测和解除等技术。

4.5.1 死锁的产生

1. 什么是死锁

死锁是因竞争资源而引起的一种普遍现象。不仅在计算机系统中,而且在日常生活中也是屡见不鲜。例如,十字路口的交通阻塞,每个方向行驶的车流均被另一个方向的车流所阻塞,致使谁也无法前进。可以把十字路口看作是车流互相竞争的共享资源。现在每个方向的车流都占用一部分资源,而要求其他方向的车流释放资源,结果使得谁也不能释放所占用的资源,也不能得到所要求的资源,而使各个方向的车流处于无休止的相互等待中。

死锁是指一组并发进程互相等待对方所拥有的资源,且这些并发进程在得到对方的资源之前不会释放自己所拥有的资源,从而使并发进程不能继续向前推进的状态。陷入死锁状态的进程称为死锁进程。

在多道系统中,实现资源共享是操作系统的基本目标。但不少资源必须互斥地使用,在这种情况下,比较容易发生死锁。

例 4-8 假设系统中有一台打印机(R_1)和一台输入机(R_2),由两个进程 p_1 和 p_2 共享。且每个进程以下列的使用顺序请求这两个资源。

$p1$:请求 R_1→请求 R_2→释放 R_1→释放 R_2。
$p2$:请求 R_2→请求 R_1→释放 R_2→释放 R_1。

当这两个进程并发运行时,是否会发生死锁?

解:由于进程执行时的异步特性,有可能出现下列这种进程的推进顺序:p_1 请求 R_1;p_2 请求 R_2;p_1 请求 R_2(阻塞);p_2 请求 R_1(阻塞)。

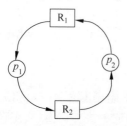

图 4-7 两个进程发生死锁

两个进程发生死锁如图 4-7 所示。当进程 p_1 执行到请求 R_1 时,因为此时资源 R_1 空闲,因此将 R_1 分配给进程 p_1。此后,进程 p_2 得到处理机(如进程 p_1 的时间片到),在进程 p_2 执行完请求 R_2 后,得到资源 R_2。再把处理机给进程 p_1,请求 R_2,但此时,R_2 已分配给进程 p_2,因此,进程 p_1 进入阻塞状态。在进程 p_2 执行到请求 R_1 时,R_1 被进程 p_1 占用,因此,进程 p_2 进入阻塞状态。此时,进程 p_1 和 p_2 各自占用了对方所需的资源,而又申请新的资源,在没有得到所需的资源之前,都不会将自己占用的资源释放,致使它们互相等待,在无外力的情况下,将会无休止地等待下去,这时就说进程 p_1 和 p_2 进程进入了死锁状态。

2. 产生死锁的原因

竞争有可能产生死锁,但并不一定都会产生死锁。死锁产生的原因主要有两点:

(1) 系统资源不足(根本原因)。系统中配置的许多资源是互斥资源,因为互斥资源一旦分配给某一进程后,便不能强行收回,一直到进程使用完后,才可分配给别的进程。系统中供多个进程共享的资源其数量不能满足各个进程的需要时,会引起进程对资源的竞争而产生死锁。例如,在例 4-8 中,如果有两台打印机或两台输入机就不会产生死锁。

(2) 进程推进顺序不合适。由于进程执行时的异步特性,如果让例 4-8 中的进程 p_1 和进程 p_2 顺序执行,则不会发生死锁。例如按如下顺序推进:p_1 请求 $R_1 \rightarrow p_1$ 请求 $R_2 \rightarrow p_2$ 请求 R_2(阻塞)$\rightarrow p_1$ 释放 $R_1 \rightarrow p_1$ 释放 R_2(唤醒 p_2)$\rightarrow p_2$ 请求 $R_1 \rightarrow p_2$ 释放 $R_1 \rightarrow p_2$ 释放 R_2。虽然在执行过程中由于等待资源出现了阻塞状态,但不会发生死锁。我们说上述两种进程的推进顺序是合法的,而引起进程发生死锁的推进顺序是不合法的,如例 4-8 中所述的资源请求顺序。

4.5.2 死锁的必要条件

综上所述,由于系统资源的不足、进程争夺的是互斥资源、进程的异步特性等原因,使进程在执行的过程有可能发生死锁,但并非一定发生死锁。发生死锁具有如下 4 个必要条件,即如果一组进程之间发生死锁,则 4 个条件必然都存在;而如果 4 个条件之一不存在,则一定不会发生死锁。

(1) 互斥条件。指进程竞争的资源具有互斥性,即在一段时间内某资源被一个进程占用,如果此时还有其他进程请求使用该资源,则只能等待,直到占用该资源的进程用完后主动释放。

(2) 不可剥夺条件(不可抢占条件)。指已分配给某一进程的资源,在它未使用完之前,不能强行剥夺,只能在使用完后,由进程自己释放。

(3) 部分分配条件(请求与保持条件)。指进程已经占用了一部分资源,但又提出新的资源请求,而该资源又被其他的进程所占用,此时请求进程只能阻塞,但又对自己占用的资源保持不放。

(4) 环路条件(循环等待条件)。指进程发生死锁时,必然存在一个进程-资源的环形链。即有一组进程 $p_1, p_2, \cdots, p_n$,其中,p_1 正在等待 p_2 占用的资源,p_2 正在等待 p_3 占用的资源……p_n 正在等待 p_1 占用的资源。图 4-7 所示为两个进程竞争两个资源的环形图。

4.6 解决死锁问题的方法

在讨论了死锁的产生原因和死锁的必要条件后,就可以根据死锁产生的原因和条件寻求一些解决死锁的办法,以及当死锁发生以后应采取的措施。常用的方法有死锁的预防、避免、检测和解除。

4.6.1 死锁的预防

死锁的预防主要研究的问题是如何破坏死锁产生的必要条件,从而达到不使死锁发生的目的。

在死锁的 4 个必要条件中,"互斥"条件是设备固有的属性,很难改变;如果允许破坏"不可剥夺"条件,系统为了保护在自动放弃资源时的现场以及以后恢复现场,需要付出很高的代价。由此还可能出现进程反复地申请和释放某些资源而被无限延迟执行的现象。因此,死锁的预防措施主要是破坏"部分分配"条件和"环路等待"条件。

1. 防止"部分分配"条件的出现

要打破部分分配条件,可以采用一次性分配策略(也称为资源的静态预分配策略)。系统要求任一进程必须预先申请它所需要的全部资源,而且仅当该进程的全部资源要求都能得到满足时,系统才给予一次性分配,然后启动该进程运行。进程在整个生存期间不再请求新的资源。如果进程所要求的某一资源不能满足,则其他资源也不分配给它,进程转入等待状态,这样,进程在等待期间不会占用任何资源。因此,"部分分配"条件不会出现,死锁也就不可能发生。

该方法简单安全,易于实施。但是它会产生资源浪费,资源利用率很低。因为进程所申请的全部资源中有一些很少被使用或者在进程运行后期才使用,甚至有的资源在进程正常运行情况下完全不被利用。例如,进程申请一台打印机,以在处理出错时将有关现场信息打印输出,但是,如果进程运行中不发生错误,这台打印机就一直闲着。采用一次性分配策略将使进程因得不到所需的全部资源而长期等待,这样将延长进程的周转时间。

2. 防止"环路等待"条件的出现

合理规划进程的执行顺序或者资源的申请顺序,可以破坏环路等待条件。可采用资源顺序使用法,把系统中所有资源按类型分类,并赋予每类资源以唯一的编号。例如,输入机为1号,打印机为2号,磁带机为3号,磁盘机为4号等。进程申请资源时,必须严格按照资源编号的递增顺序进行,否则系统不予分配。由于在任何时刻总有一个进程占有较高编号的资源,它继续请求资源的要求必然获得满足,因此,一定不会出现"环路等待"条件。

与预分配策略比较,资源顺序使用法显著提高了资源利用率。但是,实际上有些进程使用资源的顺序往往与系统规定的不一致,于是某些暂时不用的资源要先申请,先占有而暂不使用,降低了资源利用率。另外,严格地限制使用资源的顺序,也给程序设计带来了不便。

4.6.2 死锁的避免

死锁的避免与预防的区别在于:预防是严格地破坏死锁的必要条件之一,使之不在系统中出现。避免是不那么严格地限制必要条件的存在(必要条件存在,系统未必发生死锁)。而是在系统运行过程中关注那些产生死锁的情况,避免死锁的产生,目的是提高系统的资源利用率。其基本思想是:找出一个合适的算法,当进程请求资源时,判断分配资源后系统是否处于安全状态。如果系统处于安全状态,则分配资源;如果不安全,系统让提出资源分配的进程等待,直到别的进程释放资源。

1. 安全状态

在某个时刻 t,系统的资源分配状态 $s(t)$ 定义为系统中的可用资源数、已分配资源数以及各进程对资源的最大需求量的当前情况。此后,如果系统能够按某种次序为每个进程分配它们所需的资源,使各个进程都可顺利完成,那么称状态 $s(t)$ 是安全的。即对于系统中的各进程 $p_i(i=1,2,\cdots,n)$,存在一个安全的进程执行序列 $(p_1,p_2,\cdots,p_i,\cdots,p_n)$。序列 $(p_1,p_2,\cdots,p_i,\cdots,p_n)$ 是安全的是指,对于每个进程 p_i 的资源剩余需求数(即 p_i 的最大资源需求数减去它的已占用数)均可得到满足,使其顺利完成。即便进程 p_i 所需的资源不能立即被满足,但在其他进程运行完毕后一定可满足。如果不存在这样的进程序列,则称系统状态 $s(t)$ 是不安全的。

下面通过一个例子来说明安全状态。

例 4-9 假定系统中有总数为 12 的某类资源,3 个进程 p_1、p_2 和 p_3,且它们对该类资源的最大需求数分别为 9、4、12。假设在时刻 T,系统的分配状态 $S(t)$ 如表 4-6 所示。找一

个在时刻 T 存在的安全序列。

表 4-6 系统的分配状态

进程	最大需求	已分配	可用资源
p_1	9	4	3
p_2	4	2	
p_3	12	3	

解：此时，资源的当前可用数为3，它可满足进程 p_2 的剩余需求，将剩余的资源分配2个给进程 p_2，p_2 可继续运行，在 p_2 运行完成后，系统可回收 p_2 所占用的4个资源，此时，系统资源的可用数为5，可满足进程 p_1 的资源剩余需求数，以后将这些资源全部分配给进程 p_1，进程 p_1 完成后，可释放它所占用的全部资源，系统资源的可用数为9，从而 p_3 可获得足够的资源顺利运行完成。因此，在时刻 T 存在安全序列 (p_2, p_1, p_3)，系统处于安全状态。

如果不按照安全序列分配资源，则系统可能由安全状态进入不安全状态。例如，在时刻 T 以后，在时刻 T_0，进程 p_3 又请求1个该类资源，则将剩余的3个资源分配1个给进程 p_3，分配后的状态见表 4-7。

表 4-7 分配后的状态

进程	最大需求	已分配	可用资源
p_1	9	4	2
p_2	4	2	
p_3	12	4	

此时，系统进入不安全状态。因为此时系统的可用资源数为2，将剩余的资源全部分配给进程 p_2，在 p_2 运行完成后，系统可回收 p_2 所占用的4个资源，此时，系统资源的可用数为4，均不满足进程 p_1 和 p_3 的资源剩余需求数。因此找不到一个安全的进程序列，故状态 $S(T_0)$ 是不安全的。

需要说明的是，系统进入不安全状态并不就是说系统处于死锁状态，它只是意味着可能导致死锁的产生。

2. 银行家算法

最有代表性的避免死锁的算法是 Dijkstra 提出的银行家算法。这一名称的由来是由于该算法把操作系统比作一个银行家，把操作系统管理的各种资源比作银行的可周转的借贷资金，而把申请资源的进程比作借贷的客户。如果每个客户的借贷总额不超过银行的借贷资金总数，而且在有限的期限内银行可收回借出的全部贷款，那么银行就可满足客户的借贷要求，同客户进行借贷交易，否则银行将拒绝借贷给客户。

1) 数据结构

银行家算法中用到下列数据结构，令 n 是系统中的进程数，m 是资源类数。

(1) 可用资源向量 A(Available)。向量 A 的长度为 m，向量元素 $A[j](j=1,2,\cdots,m)$ 为系统中资源类 r_j 的当前可用数。

(2) 最大需求矩阵 M(Max)。M 是一个 $n \times m$ 的矩阵，矩阵元素 $M[i,j]$ 为进程 p_i 关于资源类 r_j 的最大需求数，每个进程必须预先申报。

(3) 资源占用矩阵 U(Use)也称为已分配资源矩阵(Allocation)。U 是一个 $n \times m$ 的矩阵,矩阵元素 $U[i,j]$ 为进程 p_i 关于资源类 r_j 的当前占用数。

(4) 剩余需求矩阵 N(Need)。N 是一个 $n \times m$ 的矩阵,矩阵元素 $N[i,j]$ 是进程 p_i 还需要的资源类 r_j 的数量。显然有 $N[i,j]=M[i,j]-U[i,j]$。

2) 简记法

为了简化对算法的描述,对上述数据结构采用如下的简记法。

(1) 令 X 和 Y 为长度是 m 的向量,若 $X \leqslant Y$,当且仅当对任意的 $i(i=1,2,\cdots,m)$ 有 $X[i] \leqslant Y[i]$。

(2) 对于 $n \times m$ 的矩阵 $Z_{n \times m}$,$Z_i(i=1,2,\cdots,n)$ 表示矩阵 $Z_{n \times m}$ 的第 i 个行向量。

3) 算法描述

令 RR_i 是长度为 m 的进程 p_i 的资源请求向量,元素 $RR[i,j]$ 是进程 p_i 请求分配的资源类 r_j 的数量。当进程 p_i 向系统提交一个资源请求向量 RR_i 时,系统调用银行家算法执行下述工作:

(1) 若 $RR_i > N_i$,则有 $(RR_i + U_i) > M_i$,即进程 p_i 请求的资源数量大于它申请的最大需求数,故请求无效,作出错处理;否则进行下一步。

(2) 若 $RR_i > A$,则进程 p_i 必须等待,即系统当前没有足够的资源满足进程 p_i 当前的请求;否则进行下一步。

(3) 系统进行假分配,即假设系统给进程 p_i 分配所请求的资源,对资源分配状态作如下修改:

$$A = A - RR_i$$
$$U_i = U_i + RR_i$$
$$N_i = N_i - RR_i$$

(4) 调用安全算法检查此次资源分配后的现行状态是否为安全状态。若安全,则正式将资源分配给进程 p_i,完成进程 p_i 的资源请求分配工作。否则拒绝分配,让进程等待,并恢复此次的假设分配,即撤销步骤(3)对分配状态所作的修改。

4) 安全算法描述

(1) 设向量 W(Work),向量元素 $W[j](j=1,2,\cdots,m)$ 表示系统可供给各个进程继续运行的 j 类资源数;向量 F(Finish),向量元素 $F[i](i=1,2,\cdots,n)$ 表示系统是否有足够的资源可使进程 p_i 完成。初始化 $W=A$,$F[i]=$false。

(2) 从进程集合中找到一个进程 p_i,有 $F[i]=$false 且 $N_i \leqslant W$,则执行步骤(3);如果这样的进程不存在,则转去执行步骤(4)。

(3) 进程 p_i 可得到所需的全部资源,顺利执行完成,并释放它所占用的资源,所以执行 $W=W+U_i$ 及 $F[i]=$true,转去执行(2)。

(4) 若对所有的进程,都有 $F[i]=$true,则存在一个安全序列,现行状态是安全的,否则是不安全的。

下面通过一个例子来说明银行家算法的应用。

例 4-10 假定系统中有 5 个进程 $\{p_1,p_2,p_3,p_4,p_5\}$ 和 4 类资源。若在 T_0 时刻出现如图 4-8 所示的资源分配情况,试问:如果进程 p_2 提出资源请求 $RR_2=(0,4,2,0)$,系统能否将资源分配给它?为什么?

$$A = (1,5,2,0) \quad U_{5\times 4} = \begin{bmatrix} 0 & 0 & 1 & 2 \\ 1 & 0 & 0 & 0 \\ 1 & 3 & 5 & 4 \\ 0 & 6 & 3 & 2 \\ 0 & 0 & 1 & 4 \end{bmatrix} \quad N_{5\times 4} = \begin{bmatrix} 0 & 0 & 0 & 0 \\ 0 & 7 & 5 & 0 \\ 1 & 0 & 0 & 2 \\ 0 & 0 & 2 & 0 \\ 1 & 6 & 4 & 2 \end{bmatrix}$$

图 4-8 资源分配状态

解：利用银行家算法进行检查。

(1) $RR_2 \leqslant N_2$，即 $(0,4,2,0) \leqslant (0,7,5,0)$，继续下一步。

(2) $RR_2 \leqslant A$，即 $(0,4,2,0) \leqslant (1,5,2,0)$，继续下一步。

(3) 进行假分配：

$$A = A - RR_2$$
$$U_2 = U_2 + RR_2$$
$$N_2 = N_2 - RR_2$$

假分配后的资源分配状态图如图 4-9 所示。

$$A = (1,1,0,0) \quad U_{5\times 4} = \begin{bmatrix} 0 & 0 & 1 & 2 \\ 1 & 4 & 2 & 0 \\ 1 & 3 & 5 & 4 \\ 0 & 6 & 3 & 2 \\ 0 & 0 & 1 & 4 \end{bmatrix} \quad N_{5\times 4} = \begin{bmatrix} 0 & 0 & 0 & 0 \\ 0 & 3 & 3 & 0 \\ 1 & 0 & 0 & 2 \\ 0 & 0 & 2 & 0 \\ 1 & 6 & 4 & 2 \end{bmatrix}$$

图 4-9 假分配后的资源分配状态图

(4) 执行安全算法。

① 设向量 $W = A = (1,1,0,0)$，$F[i] = \text{false}(i=1,2,3,4,5)$。

② 有 $F[1] = \text{false}$ 且 $N_1 \leqslant W$，即 $(0,0,0,0) \leqslant (1,1,0,0)$，则执行 $W = W + U_1 = (1,1,1,2)$，及 $F[1] = \text{true}$。

有 $F[3] = \text{false}$ 且 $N_3 \leqslant W$，即 $(1,0,0,2) \leqslant (1,1,1,2)$，则执行 $W = W + U_3 = (2,4,6,6)$，及 $F[3] = \text{true}$。

有 $F[2] = \text{false}$ 且 $N_2 \leqslant W$，即 $(0,3,3,0) \leqslant (2,4,6,6)$，则执行 $W = W + U_2 = (3,8,8,6)$，及 $F[2] = \text{true}$。

有 $F[4] = \text{false}$ 且 $N_4 \leqslant W$，即 $(0,0,2,0) \leqslant (3,8,8,6)$，则执行 $W = W + U_4 = (3,14,11,8)$，及 $F[4] = \text{true}$。

有 $F[5] = \text{false}$ 且 $N_5 \leqslant W$，即 $(1,6,4,2) \leqslant (3,14,11,8)$，则执行 $W = W + U_5 = (3,14,12,12)$，及 $F[5] = \text{true}$。

③ 对所有的进程，都有 $F[i] = \text{true}$，得到一个安全序列 $(p_1, p_3, p_2, p_4, p_5)$，故状态是安全的。

注意：安全序列不是唯一的。

因此，如果进程 p_2 提出资源请求 $RR_2 = (0,4,2,0)$，系统可以将资源分配给它。

但是，对于图 4-9 的新状态，假定进程 p_5 提出资源请求 $RR_5 = (1,0,0,0)$，虽然有 $RR_5 \leqslant N_5$ 及 $RR_5 \leqslant A$，但是进行假分配后的状态如图 4-10 所示。

此时，有 $F[1] = \text{false}$ 且 $N_1 \leqslant W$，则执行 $W = W + U_1 = (0,1,1,2)$ 及 $F[1] = \text{true}$ 后，再

$$A = (0,1,0,0) \quad U_{5\times 4} = \begin{bmatrix} 0 & 0 & 1 & 2 \\ 1 & 4 & 2 & 0 \\ 1 & 3 & 5 & 4 \\ 0 & 6 & 3 & 2 \\ 1 & 0 & 1 & 4 \end{bmatrix} \quad N_{5\times 4} = \begin{bmatrix} 0 & 0 & 0 & 0 \\ 0 & 3 & 3 & 0 \\ 1 & 0 & 0 & 2 \\ 0 & 0 & 2 & 0 \\ 0 & 6 & 4 & 2 \end{bmatrix}$$

图 4-10 p_5 请求分配后的资源分配状态

也找不到一个进程的 $N_i(i=2,3,4,5)$，满足 $N_i \leqslant (0,1,1,2)$。所以，图 4-10 所示状态找不到一个安全序列，是不安全状态，系统将拒绝分配资源，让进程 p_5 等待，以避免发生死锁。

银行家算法虽然能有效地避免死锁的发生，但是也存在一些缺点。例如，它要求系统中被分配的每类资源固定；用户进程数目保持固定不变；要求用户事先说明他们的最大资源需求；同时每次进行资源分配前都要进行安全性检查，花费处理机时间等。

4.6.3 死锁的检测与解除

死锁的预防与避免都可以严格地不让系统发生死锁，但是它们都对资源的使用设置了一些限制，并且增加了系统额外的负担。在实际系统运行中，资源不足会导致死锁发生，但不是一定就会发生。因此，为了提高资源的利用率，对于资源的使用和用户进程不加任何限制，而是利用一些机制检测系统中是否发生了死锁，如果有死锁发生，则采用一定的方法解除死锁。

1. 资源分配图

图论是一种能够用于许多领域中解决实际问题的强有力的数学工具。在操作系统中同样能够利用图论的方法来研究死锁问题。

系统中一组进程使用一组资源的状态 S 可用资源分配图（Resoureces Allocation Graph，RAG）来表示。一个 RAG 可定义为一个有向图 $S=(N,E)$，其中 N 是节点集合，E 是有向边集合。N 又包含两个子集 P 和 R，子集 $P=\{p_1,p_2,\cdots,p_n\}$，p_i 表示进程 i，在图中用矩形表示；子集 $R=\{r_1,r_2,\cdots,r_n\}$，r_j 表示一类资源 j，在图中用圆圈表示，某类资源可能有多个分配单位，在图形中用圆圈中的小圆圈表示；$E=\{r_j \rightarrow p_i$ 或 $p_i \rightarrow r_j\}$，其中 $r_j \in R, p_i \in P, r_j \rightarrow p_i$ 表示已分配一个单位的资源 r_j 给进程 p_i，在图中有一条从节点 r_j 指向节点 p_i 的有向边，称作分配边；$p_i \rightarrow r_j$ 表示进程 p_i 申请一个单位的资源 r_j，在图中有一条从节点 p_i 指向节点 r_j 的有向边，称作申请边。

例 4-11 在某一时刻系统中有 3 个进程和 4 类资源。

$$P=\{p_1,p_2,p_3\}, \quad R=\{r_1,r_2,r_3,r_4\}$$

它们申请资源和占用资源的情况为

$$E=\{p_1 \rightarrow r_1, p_2 \rightarrow r_3, r_1 \rightarrow p_2, r_2 \rightarrow p_1, r_2 \rightarrow p_2, r_3 \rightarrow p_3, r_4 \rightarrow p_3, p_3 \rightarrow r_4\}$$

其中，各个资源的单位数为：$|r_1|=1, |r_2|=2, |r_3|=1, |r_4|=3$，画出在这一时刻它们对应的 RAG。

解：在这一时刻它们的 RAG 如图 4-11(a)所示。

2. 死锁的检测

死锁的检测实际上是检查系统中是否存在死锁，并标出哪些进程和资源牵涉到死锁。主要是检查系统中是否存在循环等待条件。下面介绍一种基于 RAG 与死锁定理的检测

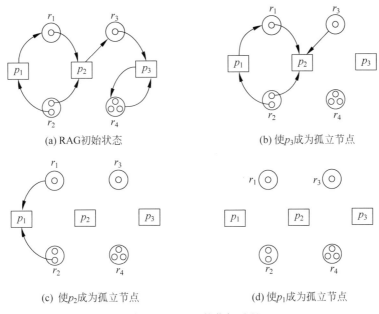

图 4-11 RAG 的化解过程

算法。

可以通过化解 RAG 来检测当前状态 S 是否为死锁状态。化解方法如下：

(1) 在 RAG 中找一个非孤立的进程节点 p_i，且这个节点只有分配边，或虽然有请求边，但该请求边能立刻转换为分配边，即进程 p_i 没有被阻塞。然后消去节点 p_i 的全部有向边，即释放进程 p_i 所占有的全部资源，使其成为一个孤立的节点。

(2) 假定 r_k 是进程节点 p_i 释放了的资源节点，则另一个进程节点 p_j 关于 r_k 的请求边 $p_j \rightarrow r_k$ 就可转换为分配边，即进程 p_i 释放的资源又可分配给进程 p_j 使用。如果经一系列转换后，p_j 只有分配边，则使 p_j 成为一个孤立的节点。

(3) 经过一系列的转换后，若 RAG 中所有的节点都变成了孤立节点，则称该 RAG 是可完全化解的，否则称该 RAG 是不可完全化解的。

对于较复杂的 RAG，可能有不同的化解顺序，但所有的化解顺序都将得到同样的不可化解图或完全的可化解图。显然不可化解的 RAG 中必然存在环路。

可以证明：S 为死锁状态的充分条件是，当且仅当 S 状态的资源分配图是不可完全化解的。该条件称为死锁定理。

例 4-12 在图 4-11 所示的 RAG 中是否存在死锁？

解：化解过程如图 4-11 所示。

在图 4-11(a) 中，首先找到节点 p_3，消去其所有的有向边，释放资源 r_3 和 r_4，将 $p_2 \rightarrow r_3$ 转换成 $r_3 \rightarrow p_2$，形成图 4-11(b) 所示的情况；然后，释放节点 p_2 所占用的资源 r_1 和 r_2，将 $p_1 \rightarrow r_1$ 转换成 $r_1 \rightarrow p_1$，形成图 4-11(c) 所示情况；最后 RAG 中所有的节点都变成了孤立的节点，如图 4-12(d) 所示。因此，图 4-11(a) 是可完全化解的，不存在死锁状态。

如果在图 4-11(a) 中再加入一条有向边 $p_3 \rightarrow r_2$，那么该 RAG 是不可化解的，于是状态 S 为死锁状态。

基于 RAG 与死锁定理的死锁检测算法描述与银行家算法非常类似，在此不再赘述。

3. 解除

一旦检测到死锁，便要立即设法解除。常用的解除方法有如下两种。

(1) 强制性地从系统中撤销所有发生死锁的进程，或者选择一些发生死锁的进程撤销，并剥夺它们的资源给剩下的进程使用，直到死锁解除。每次选择撤销那些代价最小的进程。撤销的代价可能是优先数的改变或者最短撤销路径的寻求。这些都需要较复杂的处理。

(2) 使用一个有效的挂起和解除挂起机构来挂起一些进程，实质上是从挂起进程那里抢占资源以解除死锁。需要注意的是挂起需要保留多个现场，以便解挂时能回退到挂起点重新执行。

4.7 Linux 进程调度

调度程序是多任务 Linux 操作系统的基础，为了最大限度地发挥系统资源，Linux 采用公平、高效、简单的原则设计进程调度算法。

4.7.1 Linux 进程调度的时机

调度的时机是指何时进行重新调度，即重新分配 CPU 资源的问题。为了减少操作系统设计的复杂性和提高系统的执行效率，只在几个核心的位置调度。Linux 的调度时机主要有以下几种。

(1) 当前正在 CPU 执行的进程结束，或因某种原因阻塞睡眠时，要重新调度。具体说就是正在运行的进程执行 exit() 函数或 sleep() 函数时，这些函数主动启动进程调度函数，重新分配 CPU。

(2) 当就绪队列中增加一个新进程时，要重新调度。也就是说，正在执行的进程每当调用 add_runqueue() 函数时要重新分配 CPU 资源。在此过程中，新加入的进程和当前正在执行进程的 counter 值如果符合一定条件（例如，新进程的 counter 值减去当前进程的 counter 值大于 3），就将调度标志 need_resched 置为 1。当内核校验到调度标志为 1 时便执行调度程序，重新调度。

(3) 当正在执行的进程分到的时间片用完时，调度标志 need_resched 置为 1，要重新调度。此种情况下，调度执行的启动是由时钟中断引发的。

(4) 当进程从执行系统调用返回到用户态时，要重新调度。在系统调用返回时，一般要调用返回 ret_from_call() 函数，由此函数检测调度状态，若是 1，则启动调度程序。

(5) 当内核结束中断处理返回用户态时，要重新调度。此种情况也是通过执行返回函数检测调度标志的。有时，对于那些经常响应和及时处理的中断，为了节省开销，并不调用返回函数，这时返回的是被中断的进程。

(6) 直接执行调度程序。

4.7.2 Linux 进程调度策略

Linux 把进程区分为实时进程和普通进程，其中普通进程进一步划分为交互式进程和批处理进程。Linux 调度策略的基础是时间片轮转和优先级抢占的结合，为了满足不同应用的需要，内核提供了3种调度策略。

（1）SCHED_FIFO（先到先服务）。对于所有相同优先级的进程，最先进入运行队列的进程总能优先获得调度；进程一旦占用CPU则一直运行，直到有更高优先级的任务到达或自己放弃。

（2）SCHED_RR（时间片轮转）。该策略采用更加公平的轮转策略，当进程的时间片用完时，系统将重新分配时间片，并置于就绪队列尾。放在队列尾保证了所有具有相同优先级的RR任务的调度公平。

（3）SCHED_NORMAL（普通进程调度策略，在Linux 2.6内核以前为SCHED_OTHER）。

用户进程可以通过系统调用设定自己的调度策略。实时进程的优先级由sys_sched_setschedule()函数设置。该值不会动态修改，而且总是比普通进程的优先级高。在进程描述符中用rt_priority域表示。

4.7.3 Linux进程调度算法

从Linux的第1版到Linux 2.4内核系列，Linux的调度算法都采用了分时动态优先级的调度算法，这个算法的缺点是当内核中有很多任务时，调度器本身就会耗费不少时间。所以，从Linux 2.5开始引入了一种名为$O(1)$的调度器，$O(1)$调度器对于区分交互式进程和批处理进程的算法与以前相比虽大有改进，但对于一些要求响应时间的交互式进程却反应缓慢。从Linux 2.6内核开始，将公平调用的概念引入，采用了名为CFS（Completely Fair Scheduling，完全公平调度）的调度算法。

对于普通进程，Linux调度算法进行了不断改进，主要经历了3种调度算法的演变。

1. 分时动态优先级的调度算法

在Linux 2.4内核系列中，在创建进程时指定采用分时调度策略，并指定优先级nice值（−20～19）。每个进程在创建时都被赋予一个时间片counter。调度程序调用goodness()函数遍历就绪队列中的进程，计算每个进程的动态优先级（counter+20−nice），选择计算结果最大的一个去运行。时钟中断递减当前运行进程的时间片，当这个时间片用完后（counter减至0）或者主动放弃CPU时，该进程将被放在就绪队列TASK_RUNNING末尾。当进程的时间片用完时，调度程序必须重新赋予时间片才能有机会运行。Linux 2.4调度程序保证只有当所有TASK_RUNNING进程的时间片都被用完之后，才对所有进程重新分配时间片。如果某个进程没有用完其所有的时间片，那么剩余时间片的一半将被添加到新时间片，使其在下次调度中可以执行更长时间。进程被创建时子进程的counter值为父进程counter值的一半，这样保证了任何进程都不能依靠不断地调用fork()函数创建子进程从而获得更多的执行机会。

调度程序选择进程时需要遍历整个TASK_RUNNING队列，从中选出优先执行的进程，因此该算法的执行时间与进程数成正比。另外，每次重新计算counter所花费的时间也会随着系统中进程数的增加而线性增长，当进程数很大时，更新counter操作的代价会非常高，导致系统整体的性能下降。

2. $O(1)$的调度算法

从Linux 2.6内核开始采用了$O(1)$调度算法。该算法可以在恒定的时间内为每个进程重新分配时间片,而且在恒定的时间内可以选取一个最高优先级的进程,重要的是这两个过程都与系统中可运行的进程数无关,这种算法的复杂度为 $O(1)$。

$O(1)$ 算法中将可运行态(TASK_RUNNING)进程分为两类:一类是活动进程,即那些还没有用完时间片的进程;另一类是过期进程,即那些已经用完时间片的进程,在其他进程没有用完自己的时间片之前,过期进程不能再被运行。系统一共有 140 个不同的优先级,因此两类进程各有 140 个不同优先级的进程链表。各个队列还采用优先级位示图来标记每个链表中是否存在进程。调度执行的进程都会被按照先进先出的顺序添加到各自的链表末尾。每个进程都有一个时间片,这取决于系统允许执行这个进程多长时间。

调度程序的工作就是在活动进程集合中选取一个最高优先级的进程。需要选择当前最高优先级的进程时,调度程序不用遍历整个 TASK_RUNNING 队列,而是利用优先级位图从高到低找到第一个被设置的位,该位对应着一条进程链表,这个链表中的进程是当前系统所有可运行进程中优先级最高的,在该进程链表中选取第一个进程,即为调度程序马上要执行的进程。

不同类型的进程应该有不同的优先级。每个进程与生俱来(即从父进程那里继承而来)都有一个优先级,称为静态优先级。每次时钟中断时,进程的时间片(time_slice)被减 1。当 time_slice 为 0 时,表示当前进程的时间片用完,此时系统就会为该进程分配新的时间片(即基本时间片),新的时间片大小由静态优先级决定。静态优先级越高(值越低),进程得到的时间片越长,优先级低的进程得到的时间片则较短。进程除了拥有静态优先级外,当调度程序选择新进程运行时就会使用进程的动态优先级。动态优先级的生成是以静态优先级为基础,再加上相应的惩罚或奖励(bonus)。这个奖励并不是随机产生的,而是根据进程过去的平均睡眠时间做相应的惩罚或奖励。平均睡眠时间可以用来衡量进程是否是一个交互式进程,交互性强的进程会得到调度程序的奖励(bonus 为正),而那些一直霸占 CPU 的进程会得到相应的惩罚(bonus 为负),从而适当地提高了交互进程的优先级。

$O(1)$ 调度程序区分交互式进程和批处理进程的算法与以前相比虽大有改进,但仍然在很多情况下会失效。有一些著名的程序总能让该调度程序性能下降,导致交互式进程反应缓慢,对于 NUMA(Non Uniform Memory Access Architecture,非统一内存的多处理器架构)支持也不完善。该算法的复杂性主要来自动态优先级的计算,调度程序根据平均睡眠时间和一些很难理解的经验公式来修正进程的优先级以及区分交互式进程,这样的代码很难阅读和维护。

3. 完全公平调度算法

Linux 2.6.26 内核调度程序吸收了以前版本的精华,抛弃了动态优先级的概念,遵循一种完全公平的思想,不再跟踪进程的睡眠时间,也不再企图区分交互式进程。它将所有的进程(普通进程)都统一对待,这就是公平的含义。完全公平调度算法 CFS 允许每个进程运行一段时间,循环轮转,选择运行时间最少的进程作为下一个运行进程。

CFS 在所有可运行进程总数基础上计算出一个进程应该运行多久。

每个进程都有一个 nice 值,表示其静态优先级,每个 nice 值对应一个进程的权重。nice 值越小,进程的权重越大;nice 值越大,进程的权重越小。一个进程在一个调度周期中的运行时间为

$$\text{分配给进程的运行时间} = \text{调度周期} \times \text{进程权重} / \text{所有进程权重之和}$$

可以看到,进程的权重越大,分到的运行时间越多。

为确保每个进程只在公平分配给它的处理机时间内运行,CFS 中引入了虚拟运行时间(vruntime)的概念。vruntime 记录了一个可执行进程到当前时刻为止执行的总时间。

$$vruntime += 当前进程的运行时间 \times NICE\_0\_LOAD/ 进程权重$$

其中,NICE_0_LOAD 是一个定值,为系统默认的进程的权值;调度算法每次选择 vruntime 值最小的进程进行调度,内核中使用红黑树可以方便地得到 vruntime 值最小的进程。由此,vruntime 越大,说明该进程运行得越久,所以被调度的可能性就越小;权重越大,vruntime 增长越慢,进程越会优先得到执行。简单来说,一个进程的优先级越高,而且该进程运行的时间越少,则该进程的 vruntime 就越小,该进程被调度的可能性就越高。

系统定时器周期性地计算当前进程的执行时间。时钟周期中断函数主要是更新当前进程的 vruntime 值和实际运行时间值,并判断当前进程在本次调度中的实际运行时间是否超过了调度周期分配的实际运行时间,如果是,则设置重新调度标志。

习 题

1. 处理机调度一般分为几个级别?每级调度的含义是什么?
2. 一个作业从进入系统到运行结束,一般有几个状态?
3. 作业调度的主要功能是什么?
4. 进程调度的主要功能是什么?
5. 进程调度分几种方式?
6. 一般的调度原则有哪些?
7. 试比较 FCFS 和 FS 两种调度算法。
8. 在 RR 调度算法中,时间片的确定与哪些因素有关?
9. 什么是静态优先级?什么是动态优先级?
10. 为什么说多级反馈队列调度算法能较好地满足各方面用户的需要?
11. 判断实时任务处理结果正确的条件什么?
12. 什么是硬实时任务?什么是软实时任务?
13. 一个实时系统应具有哪些能力?
14. 什么是自调度方式?其主要优缺点是什么?
15. 什么是组调度方式?其主要优点是什么?
16. 什么叫死锁?产生死锁的必要条件是什么?
17. 解决死锁的常用方法有哪些?
18. 银行家算法有什么优缺点?
19. 什么是死锁定理?
20. 生产者-消费者问题中,如果对调生产者进程中的两个 P 操作,则可能发生什么情况?
21. 假定有 4 道作业,它们的到达时间、运行时间(单位为 ms,十进制)如表 4-8 所示。试计算在单道作业多道程序环境下,分别采用 FCFS 调度算法、SF 算法时和 HRN 算法时,这 4 道作业的平均周转时间及平均带权周转时间,并指出它们的调度顺序。(调度时间忽略不计)

表 4-8 4 道作业的到达时间和运行时间

作业号	到达时间/ms	运行时间/ms
1	0	2.0
2	0.3	0.5
3	0.5	0.1
4	1	0.4

22. 在单 CPU 和两台输入输出设备(I1、I2)的多道程序环境下,同时投入 3 个进程 p_1、p_2、p_3 运行。这 3 个进程对 CPU 和输入输出设备的使用顺序和时间如下:

p_1:I2(30ms);CPU(10ms);I1(30ms);CPU(10ms);I2(20ms)。

p_2:I1(20ms);CPU(20ms);I2(40ms)。

p_3:CPU(30ms);I1(20ms);CPU(10ms);I1(10ms)。

假定 CPU、I1、I2 都能并行工作,进程 p_1 优先级最高,p_2 次之,p_3 最低,且 3 个进程的优先级始终不变。优先级高的进程可以抢占优先级低的进程的 CPU,但不能抢占 I1 和 I2。试求(调度时间忽略不计):

(1) 3 个进程从投入运行完成总共需要的时间。

(2) 从投入到完成 3 个进程这段时间内 CPU 的利用率。

(3) 输入输出设备的利用率。

23. 假设有一组进程在相对时刻 0 以 p_1、p_2、p_3、p_4、p_5 的次序进入就绪队列。它们的 CPU 周期和优先数如表 4-9 所示。

表 4-9 5 个进程的 CPU 周期和优先数

进程	CPU 周期/ms	优先数
p_1	10	3
p_2	1	1
p_3	2	3
p_4	1	4
p_5	5	2

其中,优先数越小,表示优先级越高。试计算在采用非剥夺的静态 HPF 调度算法时,这组进程的平均周转时间和平均带权周转时间。

24. 有相同类型的 5 个资源被 4 个进程所共享,且每个进程最多需要两个这样的资源就可以运行完成。该系统是否会由于对这种资源的竞争而产生死锁?

25. 某系统有 r_1、r_2 和 r_3 共 3 种资源,在 T_0 时刻有 4 个进程 p_1、p_2、p_3 和 p_4,它们最大资源需求量和已分配资源数量的情况如表 4-10 所示。

表 4-10 4 个进程的最大资源需求量和已分配资源数量的情况

进程	最大资源需求量			已分配资源数量		
	r_1	r_2	r_3	r_1	r_2	r_3
p_1	3	2	2	1	0	0
p_2	6	1	3	4	1	1
p_3	3	1	4	2	1	1
p_4	4	2	2	0	0	2

此时,系统可用的资源向量为(2,1,2)。

(1) 试写出 T_0 时刻各进程的剩余需求矩阵。

(2) 如果此时 p_1 和 p_2 均发出资源请求(1,0,1),为了保证系统的安全性,应该如何分配资源给这两个进程?说明理由。

26. 试化解图 4-12 所示的资源分配图,并利用死锁定理给出相应的结论。

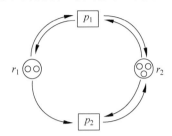

图 4-12　题 26 的资源分配图

27. Linux 提供了哪些调度策略?

28. Linux 的调度算法是如何演变的?

第 5 章 存 储 管 理

现代计算机系统中的存储器通常由内存和外存组成。存储管理主要涉及的是内存的管理,而外存则被看成是内存的直接延伸,故存储管理也称作内存管理。

内部存储器(简称为内存,或称为主存)的管理是操作系统的主要功能之一。近年来,内存容量虽然一直在不断扩大,但是程序增长的速度和内存容量的增长一样快,内存仍然是一种宝贵而又紧俏的资源。因此,对内存的管理和有效利用仍然是当今操作系统十分重要的内容。

内存一般被分为两大区域:系统区和用户区。系统区用于存放操作系统的内核程序和其他系统常驻程序,这些程序在系统初启时便装入系统区并一直驻留内存。对一个具体的计算机系统,系统区是固定的,一般占据内存的低地址部分。用户区用以存放用户程序和数据以及用户态下运行的系统程序,它是用户进程可共享的内存区。本章主要讨论用户区的管理。

各种操作系统之间最明显的区别之一,往往在于它们所采用的存储管理方案不同。目前,存储管理基本上可概括成 4 种方案:分区式存储管理、页式存储管理、段式存储管理、段页式存储管理。本章将逐一讨论各种方案的基本思想和实现技术。

5.1 存储管理基本概念

5.1.1 物理内存和虚拟存储空间

1. 物理内存

物理内存是由系统实际提供的硬件存储单元(通常为字节)组成的,CPU 可直接访问这些存储单元,所有的程序指令和数据必须装入内存才能执行。

内存中所有的存储单元从 0 开始依次编号,这个编号称为这个存储单元的内存地址或物理地址。CPU 通过物理地址找到相应的存储单元中存放的指令或数据。内存的地址空间是一维的,它的大小受到实际存储单元的限制,存储单元最大的内存地址加 1 称为内存空间大小或物理地址空间大小。内存地址编号 00000000H~003FFFFFH(十六进制)构成了一个 4MB 大小的物理存储空间,如图 5-1 所示。

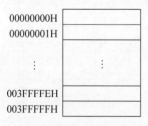

图 5-1 4MB 大小的物理存储空间

虽然内存的访问速度快,但其价格昂贵。因此,一个计算机系统中实际的内存容量往往有限,不可能存入大量的程序与数据,只能暂时存放将要访问的进程的程序段和数据。而系统中大量的程序和数据存入价格较便宜的外部存储器中,待需要访问时,再将其调入内存。

2. 虚拟存储空间

将用户编写的源程序变为一个可在内存中执行的程序代码,通常要经过以下几个步骤。首先是编译,由编译程序将用户程序的源程序编译成若干目标模块;其次是链接,由链接程序将编译后的目标模块以及它们所需要的库函数链接在一起,形成一个完整的可装入模块,链接既可以是在程序执行以前由链接程序完成(称为静态链接),也可以是在程序执行过程中由于需要而进行的(称为动态链接);最后由系统装入程序将装入模块装入内存。

那么,程序在运行中要访问的内存地址该怎样给出呢?通常有两种方法。一种是由程序员在程序中直接给出要访问的数据或指令的物理地址,但在程序员在给出直接的物理地址时,不仅要求程序员熟悉内存的使用情况,而且一旦程序或数据被修改,可能就要改变程序中所有的地址。因此,通常采用另一种方法,即用户用高级语言或汇编语言进行编程时,源程序中使用的都是符号地址,如 CALL Subpro1,GOTO A;等,用户不必关心符号地址在内存中的物理位置。源程序经过编译和链接后,形成一个以 0 地址为起始地址的线性或多维虚拟地址空间,每条指令或数据单元都在这个虚拟地址空间中拥有确定的地址,我们把这个地址称为虚拟地址(virtual address)也称为相对地址或逻辑地址。程序运行时访问的内存物理地址由地址装入模块的地址变换机构完成。

通常将进程中的目标代码、数据等的虚拟地址组成的虚拟空间称为虚拟存储空间(virtual memory)。虚拟存储空间不考虑物理内存的大小和信息存放的实际位置,只规定每个进程中互相关连的信息的相对位置。与实际物理内存只有一个(单机系统中)且被所有进程共享不一样,每个进程都拥有自己的虚拟存储空间,且虚拟存储空间的容量是由计算机的地址结构和寻址方式确定的。例如,直接寻址时,如果 CPU 的有效地址长度是 20 位,则其寻址范围为 $0 \sim 2^{20} - 1$。采用虚拟存储空间技术使得用户程序空间和内存空间分离,从而使用户程序不受内存空间大小的限制,为用户提供一个比实际内存更大的虚拟存储空间。至于如何管理和实现虚拟存储空间,在第 5 章中将有介绍。

5.1.2 存储管理的主要任务

在多道的操作系统中,允许多个进程同时装入内存,通过进程的并发执行来提高 CPU 的利用率。于是如何将可用内存有效地分配给多个进程?如何让对存储容量的要求大于可用内存的大进程得以运行?如何保护和共享内存的信息?等等,是对存储管理提出的一系列要求。

现代操作系统中,存储管理既要方便用户,又要有利于提高内存的利用率。存储管理有如下 4 个主要任务。

1. 内存分配与回收

内存分配是多道程序共享内存的基础,它要解决的是如何为多个程序划分内存空间,使各个程序在指定的内存空间里运行。为此,操作系统必须随时掌握内存空间每个单元的使用情况(空闲还是占用);当有存储申请时,根据需要选定分配区域,进行内存分配;如果占用者不再使用某个内存区域时,则应及时收回该区域。

内存分配有静态分配和动态分配两种方式。静态分配是在目标模块装入内存时一次性分配进程所需的内存空间,它不允许进程在运行过程中再申请内存空间;动态分配是在目标模块装入内存时分配进程所需的基本内存空间,并允许进程在运行过程中申请附加的内存空间。

显然,动态存储分配具有较大的灵活性,它不需要一个进程在其全部信息进入内存后才开始运行,而是在进程运行期间需要某些信息时,系统才将其自动调入内存,进程当前暂不使用的信息可不进入内存,这对提高内存的利用率大有好处。

2. 地址变换

在多道程序环境下,要使程序运行,必须为它建立进程。建立进程时,首先必须为它分配必要的内存空间,再由装入程序将其装入内存。而在一般情况下,一个进程装入时分配到的内存空间和它的虚拟地址空间是不一致的。因此,当进程在运行时,所要访问的指令或数据的实际物理地址和虚拟地址是不同的。显然,如果在进程装入或执行时不对有关的地址部分加以相应的修改,将导致错误的结果。为了保证程序的正确执行,需将程序的虚拟地址转换为物理地址,将由虚拟地址到物理地址的变换过程称为地址重定位或地址变换。虚拟地址空间的程序和数据经过地址重定位后,就变成可由 CPU 直接执行的绝对地址程序,其变换过程与存储空间如图 5-2 所示。

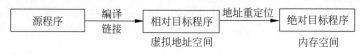

图 5-2 地址变换过程与存储空间

地址重定位可分为静态重定位和动态重定位两种方式。

(1) 静态地址重定位是在目标程序装入指定的内存区域时由装配程序完成地址的变换。例如,图 5-3 中一个以 0 为起始地址的目标程序要装入以 100 为起始地址的存储空间。显然,在装入之前要做某些修改,程序才能正确执行。例如,"LOAD 1,1000"这条指令的意义是把虚拟地址为 1000 的存储单元内容 222 装入 1 号寄存器。现在内容为 222 的存储单元的实际地址为 1100,即为虚拟地址(1000)加上装入的起始地址(100)。因此,"LOAD 1,1000"这条指令装入内存后,其中的直接地址也要做相应的修改,而成为"LOAD 1,1100"。程序在装入内存时,程序中涉及地址的每条指令都要进行这样的修改,程序才正确执行。

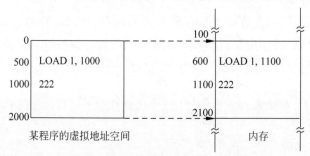

图 5-3 静态地址重定位示意图

静态地址重定位的优点是不需要硬件支持。但存在如下缺点:一是程序装入内存后不能在内存中移动;二是程序必须装入连续的地址空间内,不利于程序的共享,也不能充分利用内存空间。

(2) 动态地址重定位是指程序在执行的过程中,在 CPU 访问内存地址之前,由地址变换机构(硬件)来完成要访问的指令或数据的虚拟地址到物理地址的转换。地址变换机构通常设置一个公用的基址寄存器(Base Register,BR),它存放现行进程在内存空间的起始地址。当 CPU 经虚拟地址访问内存时,地址变换机构将自动把该虚拟地址加上 BR 中的地址以形成实际物理地址。显然,如果程序在内存的存放位置发生了改变,则只要改变 BR 的内容,就可以正确地访问程序。图 5-4 是实现动态地址重定位的示意图。

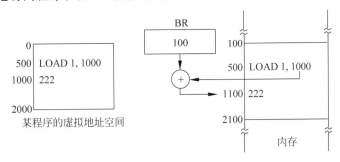

图 5-4 实现动态地址重定位的示意图

在图 5-4 中的程序目标模块装入内存时,与地址有关的各项均保持原来的虚拟地址不进行任何修改。例如,"LOAD 1,1000"这条指令在装入内存后,其中要访问的地址并没有改变(仍是虚拟地址 1000)。当此模块被操作系统调度到处理机上执行时,操作系统将把此模块装入的实际起始地址减去目标模块的相对基地址(图 5-4 中该基地址为 0),然后将其差值(100)装入基址寄存器 BR 中。当 CPU 执行"LOAD 1,1000"指令时,地址变换机构自动将指令中的虚拟地址(1000)与基址寄存器中的值(100)相加,再把和的值(1100)作为内存绝对地址去访问该单元中的数据。

由此可见,实现动态地址重定位是在指令执行过程中每次访问内存前动态地进行的。采取动态地址重定位可带来两个好处。

(1) 目标模块装入内存时无须任何修改,因而装入之后再搬迁也不会影响其正确运行,这对于后面将要介绍的存储器紧缩、解决碎片问题是极其有利的。

(2) 一个程序由多个相对独立的目标模块组成时,每个目标模块各装入一个存储区域,这些存储区域可以不是顺序相邻的,只要各个模块有自己对应的定位存储器就行。

动态地址重定位技术所付出的代价是需要硬件支持。

3. 内存信息的共享和保护

内存信息的共享与保护也是内存管理的重要功能之一。在多道程序设计环境下,内存中的许多用户程序或系统程序和数据段可供不同的用户进程共享,这种资源共享将会提高内存的利用率。但是,反过来说,除了被允许共享的部分之外,又要限制各进程只在自己的存储区活动,各进程不能对别的进程的程序和数据段产生干扰和破坏,因此必须对内存中的程序和数据段采取保护措施。

下面介绍几种常用的内存信息保护方法。

(1) 上下界保护法。这是一种常用的硬件保护法。该技术要求为每个进程设置一对上下界寄存器,其中装有被保护程序和数据段的起始地址和终止地址。在程序执行过程中,在对内存进行访问操作时首先进行访址合法性检查,即检查经过重定位后的内存地址是否在上下界寄存器所规定的范围之内,若是,则访问是合法的,否则是非法的,并产生访址越界中断。

(2) 保护键法。该方法为每一个被保护存储块分配一个单独的保护键,保护键可设置成对读写同时保护,也可设置成只对读或写进行单项保护。在程序状态字(PSW)中设置相应的保护键开关字节,对不同的进程赋予不同的开关代码,与被保护的存储块中的保护键相匹配。如果开关字中的代码与保护键匹配或存储块未受到保护,则允许访问该存储块,否则将产生访问出错中断。例如,在图 5-5(a)所示的内存状态中,保护键 0 就是对 2~4KB 的存储区进行读写同时保护的,而保护键 5 则只对 4~6KB 的存储区进行读保护,保护键 3 只对 6~8KB 的存储区进行写保护。假设当前的程序状态字为 5,图 5-5(b)给出了采用保护键法的一些合法访问指令与非法访问指令实例。其中,对于指令"LOAD 1,5000"与"STORE 2,5200",它们访问的内存存储单元的保护键为 5,与当前的程序状态字(5)相匹配,所以是合法指令;对于指令"LOAD 2,7000",虽然它访问的存储单元(6~8KB)的保护键为 3,与当前的状态字不匹配,但是存储单元 6~8KB 保护是写保护,因此可以读;对于指令"LOAD 1,2500"与"STORE 1,7000",它们访问的存储单元的保护键与当前的状态字不匹配,同时访问的存储单元的保护分别有读写保护与写保护,因此是非法指令。

图 5-5　保护键法

(3) 界限寄存器与 CPU 的用户态或核心态工作方式相结合的保护方式。在这种保护模式下,用户态进程只能访问那些在界限寄存器所规定范围内的内存部分,而核心态进程则可以访问整个内存地址空间。UNIX 系统就采用了这种内存保护方式。

4. 内存扩充

为了满足大进程的存储请求,内存管理应该能够在内存中存放尽可能多的用户进程,给它们分配得以运行的足够的内存空间,从而提高整个系统的使用效率。但是,实际计算机的内存容量是有限的,这就要求计算机系统提供"扩充的内存",以保证内存分配的需要。这种扩充不是指物理内存的扩充,而是指利用存储管理软件为用户程序提供一个比实际内存容量更大的逻辑存储空间,即所谓的虚拟存储技术。

事实上,上述 4 个任务也是存储管理要解决的 4 个基本问题,各种存储管理方案都是以它们作为基本的出发点。内存分配、地址变换、内存保护是任何管理方案必须实现的,比较完善的管理方案则实现了内存扩充。

5.2　分区式存储管理

分区式存储管理是满足多道程序设计的最简单的一种存储管理技术。分区的基本思想是将内存区域划分成若干大小不等的区域,每个区域称为一个分区,每个分区存放一道进程对应的程序和数据,使进程在内存中占用一个分区,而且进程只能在所在分区内运行。分区可分为固定式和可变式两类。

5.2.1 固定分区

固定分区是指在用户进程装入之前,系统或系统操作员将用户空间划分为若干固定大小的区域,每个进程占用一个分区,划分好的分区大小和个数在整个系统运行期间不会变化,因此也称为静态分区。

系统对内存的管理和控制通过数据结构——分区说明表来实现的。分区说明表中的每个表项记载一个分区的特性,包括分区号、分区大小、分区起始地址和状态(已分配用 1 表示,空闲用 0 表示)。内存的分配与释放、存储保护以及地址变换等都是通过分区说明表进行的。分区说明表存放在系统区内,不能由用户改动。图 5-6 给出了分区说明表和其对应的内存状态示例。

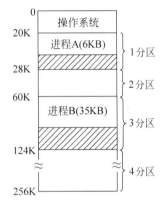

分区号	分区大小	起始地址	状态
1	8KB	20K	1
2	32KB	28K	0
3	64KB	60K	1
4	132KB	124K	0

(a) 分区说明表 (b) 内存空间分配情况

图 5-6 固定分区示例

从图 5-6 可以看出,2、4 分区为空闲区,8KB 的 1 分区被 6KB 的进程 A 占用,有 2KB 内存未被使用(图中阴影部分),64KB 的 3 分区被 35KB 的进程 B 占用,也留有 29KB 内存未被使用,分区内这些未被使用的无效的存储空间称为内碎片。内碎片的存在降低了内存空间的利用率,有时会造成内存空间的极大浪费。

当一个进程要求分配内存时,系统依次查找分区说明表中的表项,将分区大小满足进程请求容量并且状态为 0 的空闲分区分配给该进程,修改该分区对应的表项,置状态为 1。进程运行完毕后,系统将进程释放的分区收回,分区表项对应的状态置为 0。

固定分区管理能使多个进程共享内存,具有数据结构简单、分配和回收算法容易实现等优点。但是,存在小进程占据大分区造成内碎片和可调入的进程大小受到分区大小限制等问题。例如,在图 5-6 中,若进程 C 需要 135KB 内存,虽然所有的空闲区总和大于 135KB,但进程 C 也分配不到内存,因为没有一个分区的大小大于或等于 135KB。

5.2.2 可变分区

1. 可变分区基本思想

可变分区是指在装入进程的过程中,根据进程的实际需要建立分区,该分区的大小正好等于进程的大小。随着系统的运行,内存中的分区大小和个数都会发生变化,因此,可变分区又称为动态分区。

系统初起时,内存中除操作系统区之外,其余内存空间为一个完整的大空闲区。当有进程要求装入运行时,从该空闲区中划分一块与进程大小一样的区域分配给该进程。当系统运行一段时间后,经过一系列的分配与回收,原来的一整块大空闲区形成了若干占用区(已分为两个分区)和空闲区相间的布局。

图 5-7 是一个可变分区分配和回收的示例。图 5-7(a)是某时刻内存状态,此时,内存中装入了 A、B、C 这 3 个进程,同时又有进程 D 和进程 E 请求装入;图 5-7(b)中系统为进程 D 分配一块内存区,此时,内存中剩下了两块较小的空闲区,进程 E 的需要不能满足;图 5-7(c)表示进程 A 和 C 已完成,系统回收了它们占用的分区,在进行了适当的合并后,内存中形成了 3 块空闲区,它们的总容量虽然远大于进程 E 的需求量,但每块容量均小于进程 E 的容量,故系统仍不能为进程 E 实施分配。从图 5-7 可以看出,随着内存分配和回收的增加,分区之间出现了一些较小的空闲区,而这些空闲区将无法分配给进程使用,这种分区之间的无效的空闲区称为外碎片。解决外碎片的办法是进行碎片的"拼接",即移动已分配分区,把所有空闲区碎片合并成一个连续的大空闲区。拼接可以选择在以下时机进行:当回收某个占用区时,如果它没有邻接空闲区,但内存中有其他空闲区,则马上进行拼接;当需要为新进程分配内存空间,但找不到足够的容纳该进程的空闲区,而所有空闲区总容量却能满足需求时,再进行拼接。实际中,使用后者较多,在拼接过程中被移动了的进程需要进行重定位,这可用动态地址重定位来实现。虽然拼接技术可以解决碎片问题,但拼接工作需要大量的系统开销,在拼接时必须停止所有其他工作,对于分时系统,拼接将损害系统的响应时间。

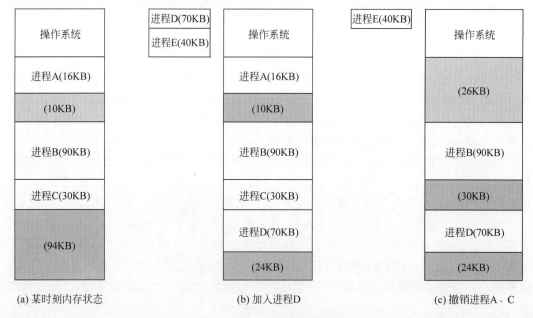

图 5-7 可变分区分配和回收的示例

2. 分区使用的数据结构

为了实现分区分配,系统中必须配置相应的数据结构,用来描述空闲分区和已分配分区的情况,为分配提供依据。常用的数据结构有以下两种形式。

(1) 分区分配表。用于记录每个已分配分区的情况。每个分区占一个表目,表目中包括分区号、起始地址及分区大小等数据项。

(2) 空闲分区链(表)。为了实现对空闲分区的分配和链接,在每个分区的起始部分设置一些用于控制分区分配的信息(如大小、起址)以及用于链接各分区所用的前后指针,在分区尾部则设置一个后向指针,通过前、后向链接指针,可将所有的空闲分区链接成一个双向链。

3. 分区分配与回收操作

1) 分配内存

当一个进程要求装入内存时,系统将利用某种分配算法从空闲分区链(表)中找到所需大小的分区,为进程分配内存空间。假设请求的分区大小为 u.size,空闲分区链中每个空闲分区的大小可表示为 m.size。若 m.size−u.size≤size(size 是事先规定的不再切割的剩余分区的大小),说明多余部分太小,可不再分割,将整个分区分配给请求者;否则(即多余部分超过 size),从该分区中按请求的大小划分出一块内存空间分配出去,余下的部分仍留在空闲分区链中。然后,将分配的分区的首址返回给调用者。图 5-8 给出了内存分配流程。

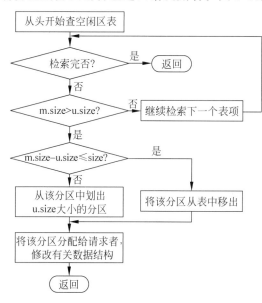

图 5-8 内存分配流程

2) 回收内存

当进程运行完毕释放内存时,系统根据回收区的首址从空闲分区链中找到相应的插入点,此时可能出现以下 4 种情况之一。

(1) 回收区与插入点的前一个空闲分区 F1 相邻接,见图 5-9(a)。此时应将回收区与插入点的前一分区 F1 合并,不必为回收区在空闲分区链中分配新表项,而只需修改其前一分区 F1 的大小。

(2) 回收区与插入点的后一空闲分区 F2 相邻接,见图 5-9(b)。此时也可将两分区合并,形成新的空闲分区,但用回收区的首址作为新空闲分区的首址,分区大小为两者之和。

(3) 回收区同时与插入点的前一空闲分区 F1 和后一空闲分区 F2 相邻接,见图 5-9(c)。

此时将 3 个分区合并,使用 F1 的表项和 F1 的首址,取消 F2 的表项,分区大小为三者之和。

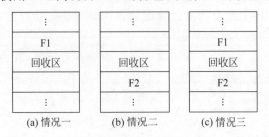

图 5-9　内存回收时的情况

(4) 回收区既不与 F1 邻接,又不与 F2 邻接。这时应为回收区单独建立一个新表项,填写回收区的首址和大小,并根据其首址插入空闲分区链中的适当位置。

4. 分区分配算法

为把一个新进程装入内存,需按照一定的分配算法,从空闲分区链中选出一个分区分配给该进程。目前常用以下 7 种分配算法。

(1) 首次适应算法。该算法要求空闲分区链以地址递增的次序链接。在分配内存时,从链首开始顺序查找,直至找到一个大小能满足要求的空闲分区为止;然后再按照进程的大小,从该分区中划出一块内存空间分配给请求者,余下的空闲分区仍留在空闲分区链中。若从链首直至链尾不能找到一个满足要求的分区,则此次内存分配失败。该算法倾向于优先利用内存中低址部分的空闲分区,从而保留了高址部分的大空闲分区。这为向以后到达的大进程分配大的内存空间创造了条件。其缺点是低址部分不断被划分,会留下许多难以利用的、很小的空闲分区,而每次查找又都是从低址部分开始的,这无疑会增加查找可用空闲分区时的开销。

(2) 循环首次适应算法。该算法是由首次适应算法演变而成的。在为进程分配内存空间时,不再是每次都从链首开始查找,而是从上次找到的空闲分区的下一个空闲分区开始查找,直至找到一个能满足要求的空闲分区,从中划出一块与请求大小相等的内存空间分配给进程。为实现该算法,应设置一个起始查找指针,用于指示下一次起始查找的空闲分区,并采用循环查找方法,即如果最后一个(链尾)空闲分区的大小仍不能满足要求,则应返回到第一个空闲分区,看其大小是否满足要求。找到后,应调整起始查找指针。该算法能使内存中的空闲分区分布得更均匀,从而减少了查找空闲分区时的开销,但这样难以保留大的空闲分区。

(3) 最坏适应算法。该算法要求空闲分区按其容量以从大到小的顺序形成一个空闲分区链。分配时,先检查空闲分区链中的第一个空闲分区,若它的大小不满足要求,则分配失败;否则从该分区中划出进程所要求大小的一块内存空间分配给进程,余下的空闲分区则重新排列后插入空闲分区链。最坏适应算法的特点是,总是挑选满足进程要求的最大分区分配给进程,这样使分给进程后剩下的空闲分区也比较大,也能装下其他的进程。但是由于最大的空闲分区总是首先被划分,当以后有大的进程到来时,其申请的存储空间往往不能得到满足。

(4) 最佳适应算法。所谓"最佳"是指每次为进程分配内存时,总是把能满足要求同时又是最小的空闲分区分配给进程,避免"大材小用"。为了加速寻找,该算法要求将所有的空闲分区按其容量以从小到大的顺序形成一个空闲分区链。这样,第一次找到的能满足要求的空闲分区必然是最佳的。孤立地看,最佳适应算法似乎是最佳的,然而在宏观上却不一定。因为每次分配后所切割下来的剩余部分总是最小的,这样,在内存中会留下许多难以利用的小空闲分区。

(5) 快速适应算法。也称为分类搜索法,为每一类具有相同容量的空闲分区设立一个空闲分区链表,每个链表的表头指针放在一个索引表中。在分配内存时,根据进程要求的内存大小从索引表中找到最小的能容纳进程的空闲分区链,从链中取下第一块空闲分区分配。该算法的优点是,分配时不会对分区进行分割,保留大的分区,不会产生碎片,查找效率高。其缺点是合并算法复杂。

(6) 伙伴系统算法。也称为 Buddy 算法,把内存中的所有空闲分区按照 2^k ($1 \leqslant k \leqslant n$) 的大小划分,划分后形成了大小不等的存储区,所有相同的空闲分区形成一个链。在某进程请求分配 m 大小的内存时,首先计算 i,使 $2^{i-1} \leqslant m \leqslant 2^i$,然后在 2^i 空闲分区链中搜索。若空闲分区链不为空,则分配一个空闲分区给请求的进程。若没有,则查询 2^{i+1} 空闲分区链,若有 2^{i+1} 大小的空闲分区,则把该空闲分区分为两个相等的分区,这两个分区称为一对伙伴。伙伴必须是从同一个大分区中分离出来的,其中一个用于分配,另一个加入 2^i 的空闲分区链中。若大小为 2^{i+1} 的空闲分区也不为空,则需找大小为 2^{i+2} 的空闲分区,在找到可利用的空闲分区后,则进行两次分割,一个用于分配,一个加入 2^{i+1} 的空闲分区链中,一个加入 2^i 的空闲分区链中,以此类推。一次分配可能要进行多次分割才能完成。在内存分区释放时,检查是否有空闲的伙伴,如果有则合并,因此一次释放也可能要进行多次合并。伙伴系统算法可以为进程分配连续的地址空间,也可以使内存空闲分区以各种尺寸再分配,最大限度地解决了内存分配引起的外碎片问题。但是不可避免地存在内碎片问题。在分割与合并分区时需要额外的系统开销。

(7) 哈希算法。构建一张以空闲分区大小为关键字的哈希表,该表的每一个表项记录了一个对应的空闲分区链表头指针。当分配内存时,以空闲分区的大小为参数,经过哈希函数计算得到的值,为相应空闲分区在哈希表中的位置,从而快速地实现内存分配。

5.2.3 地址变换与内存保护

对于分区管理,也同样存在每个用户可以自由编程的虚拟空间,因此在程序装入内存时,可采用静态重定位技术或动态重定位技术来完成程序的地址重定位。固定式分区通常采用静态方式。但对于可变式分区,如果采用拼接技术进行分区的合并,则不适合采用静态重定位技术。

分区的保护可采用界限寄存器法或保护键法。采用界限寄存器法,一般设置一对公用界限寄存器:基址寄存器(Base Register,BR)和限长寄存器(Limit Register,LR),它们分别存放现行进程的分区界限值,即分区的起始地址和大小。也可以设置多对界限寄存器,每一对界限寄存器对应一个分区。利用界限寄存器可同时实现对分区管理的地址变换和保护,如图 5-10 所示。即假设 CPU 要访问的逻辑地址为 LA。若 LA>LR,则说明地址越界,将产生保护性地址越界中断,系统转出错处理;若 LA≤LR,则 LA 与 BR 中的基址形成有效的物理地址。

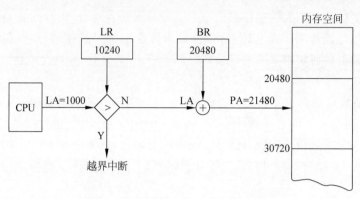

图 5-10 分区管理的地址变换和保护

5.2.4 分区式存储管理的优缺点

分区式存储管理的主要优点如下。

(1) 实现了多个作业或进程对内存的共享,有助于多道程序设计,从而提高了系统的资源利用率。

(2) 要求的硬件支持少,管理算法简单,因而实现容易。

其主要缺点如下。

(1) 内存利用率仍然不高。存在着严重的零碎空闲分区(碎片)不能利用的问题。

(2) 作业或进程的大小受分区大小控制,除非配合采用覆盖和交换技术来实现内存的扩充。

(3) 难以实现各分区间的信息共享。

5.3 页式存储管理

在分区式存储管理方案中,一个进程总占用一块连续的内存区域,因此产生了碎片问题。虽然采用拼接技术可以使零散的碎片连成一片,但要花费大量的处理机时间。为了更好地解决碎片问题,人们提出了另一种内存管理方案,即页式存储管理方案。该管理方案将使一个进程可以存放在不连续的内存区域中。

页式存储管理方案分为两种:静态页式存储管理方案和动态页式存储管理方案。

5.3.1 静态页式存储管理

1. 基本思想

系统首先把内存的存储空间划分成若干大小相等的小区域,每个小区域称为页面或内存块,页面按 0,1,2,… 依次编号。同样,每个进程的虚拟地址空间也被分成若干与页面大小相等的多个片段,称之为页,编号为 0,1,2,…。分配内存时,进程的每一个页装入内存的一个页面。同一进程的多个页可以分配在编号不连续的内存内。

静态页式存储管理又称为简单页式存储管理,它的特点是:系统如能满足一个进程所要求的全部页面数,此进程才能被装入内存,否则,不为它分配任何内存。

2. 数据结构

在分页式存储管理方案中，系统使用了页表、请求表、存储页面表3种数据结构来实现虚拟地址到物理地址的变换，完成内存的分配和回收工作。

1) 页表

一个进程往往有多个页，而这些页在内存中又可以不连续存放。那么，系统如何知道进程的每一页分别存放在内存的哪一个页面呢？分散存放在内存中的进程又是如何正确运行的呢？为解决上述问题，系统在将进程装入内存时，就为每个进程建立一个页表，用于记录一个进程在内存中的分配情况，同时还可利用页表实现逻辑地址到物理地址的变换。

最简单的页表由页号与页面号（块号）组成，如图5-11所示。页表在系统区中占有一块固定的存储区。页表的大小由进程长度决定。例如，对于一个每页长为1KB、大小为20KB的进程来说，如果一个内存单元存放一个页表项，则只要分配给该页表20个存储单元即可。

图 5-11 页表示例

2) 请求表

为了确定各进程的页表在内存中的实际对应位置以及每个进程所要求的页面数，系统建立了一张请求表，如图5-12所示。请求表中记录了每个进程的页表起始地址、页表长度和进程所要求的页面数，状态表示对应的进程是否已建立了相应的页表。在实际系统中请求表由所有进程的PCB对应的表项组成，也就是说，每个进程的PCB中记录着其相应的页表的起始地址和长度。

进程号	请求页面数	页表始址	页表长度	状态
1	20	1024	20	已分配
2	34	1044	34	已分配
3	18	1078	18	已分配
4	21	…	…	未分配
⋮	⋮	⋮	⋮	⋮

图 5-12 请求表示例

3) 存储页面表

存储页面表是整个系统一张，该表指出内存各页面是否已被分配出去以及未分配页面的总数。

存储页面表也有两种构成方法，一种是在内存中划分一块固定区域，每个存储单元的每一位代表一个页面，如果该页面已被分配，则对应的位置1，否则置0。这种方法称为位示图法。图5-13给出了位示图的示例。位示图要占据一部分内存。例如，一个划分为1024个页面的内存，如果内存单元长20位，则位示图要占据1024/20=52个存储单元。

存储页面表的另一种构成方法是采用空闲页面链。在空闲页面链中，链首页面的第一个单元和第二个单元分别放入空闲页面总数与指向第一个空闲页面的指针，其他页面的第一个单元则分别放入指向下一个空闲页面的指针。这样所有的空闲页面就链在了一起。空闲页面链的方法由于使用了空闲页面本身的单元存放指针，因此不占用额外的内存空间。

位	19	18	17	16	15	…	4	3	2	1	0
	0	1	1	1	1	…	1	1	0	1	1
	0	0	0	1	1	…	0	0	1	1	0
	0	0	1	1	1	…	0	0	0	0	1

图 5-13 位示图示例

3. 分配与回收算法

利用上述 3 种数据结构,页式存储管理的分配算法实现起来相对简单。分配程序按请求表给出进程所要求的页面数,检查存储页面表中是否有足够的空闲页面。如果没有,则本次分配无法实现;如果有,则首先建立页表,然后搜索出满足要求的空闲页面,并将对应的页面号填入页表中。图 5-14 给出了上述页面分配算法的流程图。

静态页式存储管理的页面回收方法较为简单,当进程执行完成时,撤销对应的页表,并把页表中的各页面插入存储页面表的空闲页面链中。

4. 地址结构及地址变换

静态页式存储管理的一个关键问题是地址变换,即怎样利用页表将逻辑地址转换为物理地址的问题。为此,系统中必须设置地址变换机构(硬件)来完成地址的变换。

1) 地址结构

在学习利用页表是怎样完成地址变换之前,必须了解地址结构。在页式存储管理中,分页系统的地址变换机构自动把逻辑地址解释为两部分:高位部分为页号,低位部分为页内地址。因此,逻辑地址用一个数对 (p,d) 来表示,其中 p 表示逻辑地址所在的页号,d 表示页内地址。p、d 所占的位数取决于页的大小和有效地址长度。为了简化地址变换过程和分页,

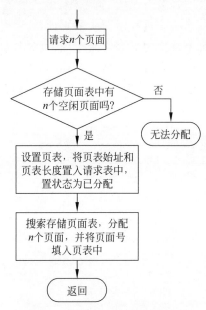

图 5-14 页面分配算法的流程图

通常页的大小为 2 的 n 次幂。如取页大小为 $1024B=2^{10}B=1KB$ 或 $4096B=2^{12}B=4KB$ 等。若页的大小为 2^n,则 d 所占的位数为 n,p 所占的位数为有效地址长度 $-n$。对于某特定的计算机,其地址结构是一定的。

例如,假设计算机 CPU 有效地址为 16 位,且页大小 $L=1KB$。在地址变换时,分页系统的地址变换机构自动把逻辑地址解释为两部分:页号 p(6位)和页内地址 d(10位),如图 5-15 所示。

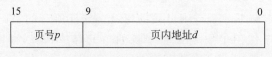

图 5-15 地址结构示例

若给定逻辑地址为 A,页面的大小为 L(单位为字节),则页号 p 和页内地址 d 可按下式求得:

$$p = \text{INT}\left(\frac{A}{L}\right)$$

$$d = A \text{ MOD } L$$

其中,INT 是取整函数,MOD 是取余函数。例如,假设页大小 $L=2\text{KB}=2048\text{B}$,$A=4200$,则按上式得:$p=2$,$d=104$。

2) 地址变换

页表的功能可以由一组专门的寄存器来实现,一个页表项用一个寄存器。由于寄存器具有较高的访问速度,因而有利于提高地址变换的速度。但由于寄存器成本较高,且大多数现代计算机系统的内存较大,使页表项的总数可达几千甚至几十万个,显然这些页表不可能都用寄存器来实现。因此,页表大都是驻留在系统区内的一个数据结构,而在系统中只设置一个页表控制寄存器,在其中存放当前运行的进程的页表始址和页表长度。当进程未执行时,页表的始址和长度存放在本进程的 PCB 中;当进程被调度执行时,才将这两个数据装入页表控制寄存器中。在单处理机环境下,虽然系统中可以运行多个进程,但只需一个页表控制寄存器(因为任何时刻只能运行一个进程)。下面通过例子来说明页式存储管理的地址变换过程。

例 5-1 假设系统的页面长度为 1KB。当前正在执行的进程对应的页表如图 5-16 所示。当前进程中有一条指令"LOAD 1,2500",如何利用页表进行地址变换才能正确地执行这条指令呢?

解:当 CPU 执行指令"LOAD 1,2500"时,CPU 将逻辑地址 2500 放入有效地址寄存器中。将逻辑地址 2500 映射为对应的物理地址的变换过程如图 5-17 所示。

页号	页面号
0	2
1	3
2	8

图 5-16 页表

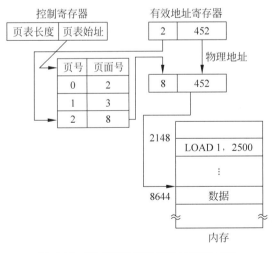

图 5-17 页式存储管理的地址变换过程

为了找出 2500 对应的物理地址,分页系统地址变换机构首先将逻辑地址 2500 转换为两部分:$p=2$,$d=452$。然后,以页号为索引检索页表。在执行检索前,先将页号与页表长度进行比较。如果页号大于或等于页表长度,则表示本次所访问的地址已超越进程的地址空间,将发生地址越界中断;否则,将页表始址(在页表控制寄存器中)与页号(2)和页表项长度的乘积相加,便得到该表项在页表中的位置,于是可从中得到进程的2号页存放在页面号为8的内存中,将找到的页面号(8)装入物理地址寄存器中。与此同时,再将有效地址寄存器中的页内地址(452)送入物理地址寄存器的块内地址字段中。由此,页面号(8)与页内相对地址(452)相连,得到逻辑地址2500对应的物理地址为$8\times1024+452=8644$。

由于静态页式存储管理要求进程在分配到其申请的全部页面后才可装入内存得到执行,这使得进程的大小受到可用页面数的限制。而事实上,在一段时间内,CPU总是集中地访问程序中的某一部分。例如,含有局部变量、常用函数、循环语句的程序段往往是经常被访问的部分,人们把这种现象称为局部性原理。这就使得系统为用户进程分配一定数量的内存页面就可使程序能正确地运行,为用户提供一个比实际内存更大的虚拟存储空间。由此,在静态页式存储管理的基础上产生了动态页式存储管理。

5.3.2 动态页式存储管理

1. 基本思想

动态页式存储管理的基本思想是,当一个进程要求运行时,不是把整个进程的程序代码和数据全部装入内存,只需将当前要运行的那部分程序代码和数据所对应的页装入内存,便可启动运行。以后在进程运行的过程中,当需要访问某些页时,由系统自动地将需要的页从外存调入内存。如果内存没有足够的空闲页面,则将暂不运行的进程页调出内存,以便装入新的进程页。

动态页式存储管理使得用户的程序空间不再受内存空间大小的限制,即系统从逻辑上可以为用户提供一个比实际内存更大的虚拟存储空间,从而实现了内存的逻辑扩充技术。为了区别内外存中的不同页,通常把一个进程经分配调入内存中的页称为实页,把外存中页称为虚页。

动态页式存储管理中的程序地址空间的分页和地址变换与静态页式存储管理完全相同。但是,由于动态页式存储管理只给运行的进程分配必要的内存空间,因此,必然会产生两个问题。

(1) 当进程要访问的某个虚页不在内存中时,怎样发现这种缺页情况,发现后又怎么办?

(2) 当需要把某一虚页调入内存时,若此时内存中没有空闲页面,应该怎么处理?

以下将介绍动态页式存储管理方案中解决这两个问题的主要技术原理。

2. 页表

为了知道哪些页已经调入内存,哪些页还没有调入内存,以及对页的换进和换出进行控制,需扩充页表。扩充后的页表字段如下:

页号	页面号	驻留位	访问位	修改位	外存地址

各字段的说明如下:

(1) 驻留位:用于指示该页是否在内存中。

(2) 访问位:用于记录该页在一段时间内被访问的次数,或记录本页最近有多长时间未被访问,供页换出时参考。

（3）修改位：表示该页在调入内存后是否被修改过。由于内存中每一页在外存中都保留了一份副本，因此，若该页在内存中存放时未被修改过，则在置换该页时就不需要将该页写回到外存上，以减少系统启动外存的次数；若已被修改过，则必须将该页写回到外存上，以保证外存中所保留的始终是最新的副本。

（4）外存地址：用于指出该页在外存中的地址，以便系统从外存中调入该页。

3. 缺页中断机构

当CPU需访问的页不在内存中时，将发生缺页中断，这一过程由专门的硬件机构实现。如图5-18所示，当发生了缺页中断后，CPU将转去执行相应的缺页中断处理过程。图5-18中的虚线下面给出了缺页中断的处理过程。当内存中没有空闲页面时，系统将按照一定的淘汰算法（有关的淘汰算法将在5.4节介绍），在内存中选择一页淘汰，将需要的虚页调入内存。

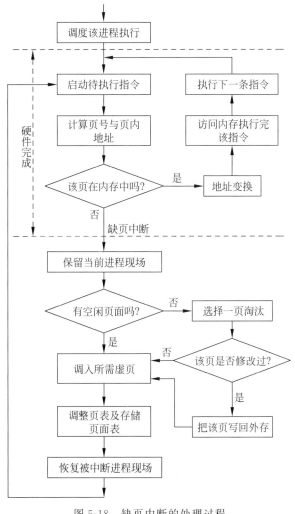

图 5-18　缺页中断的处理过程

5.3.3 指令存取速度与页面大小问题

1. 快表

在页式存储管理系统中,存取一个数据或执行一条指令要访问两次主存:一次是访问页表,另一次是访问真正的内存地址。显然,这种方法比通常执行指令的速度慢了一倍。为了加快指令的存取速度,可在地址变换机构中增设一个具有并行查找能力的特殊的公共高速缓冲寄存器,又称联想寄存器(Associative Memory)或快表。联想寄存器由一组可以与内存并行访问的寄存器(通常为16~512个)组成,用于存放当前进程经常要访问的那些页的页表项。此时的地址变换过程是:在 CPU 给出有效地址后,由地址变换机构自动将页号 p 与快表中的所有页号进行比较,若其中有与此匹配的页号,便可直接从快表中读出与该页相对应的物理块号,进行地址变换;否则访问内存中的页表,找到该页对应的物理块号,进行地址变换,同时将该页对应的表项存入快表的一个寄存器单元中。在快表中插入一个页表项时,如果寄存器已满,则要进行快表的置换,即在快表中选择一个访问位值最小的表目,将之淘汰,以便插入新的页表项。所谓访问位值最小,可认为是该页在过去一段时间内被访问的次数最少。为此,每访问一次该页,就要对该页的访问位值进行计数,即访问位值反映了该页被访问的频度;或者是让该页最先进入快表,即访问位值反映了该页进入快表的次序。

事实上,查找页表和查找快表的两项工作在硬件上是同时进行的,一旦发现该页在快表中,就立即停止查找内存页表。程序和数据的访问往往带有局部性,据统计,从快表中能找到所需页表项的概率可达 90% 以上,而由于访问快表的速度要比访问页表的速度高一个数量级,从而利用快表大大提高了页式存储管理地址变换的速度。图 5-19 描述了具有快表的地址变换过程。

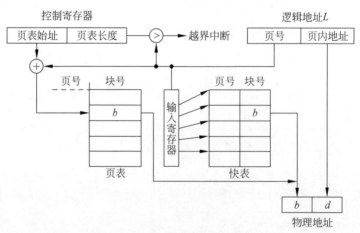

图 5-19 具有快表的地址变换过程

2. 页面大小

由于进程的地址空间被连续地划分成若干页,系统以页为单位分配内存,块与页等长。因此,除了一个进程中的最后一页可能不足一个页的大小,而产生页内碎片外,内存中不会存在不可利用的空闲页面。因此,静态页式存储管理解决了分区式存储管理的碎片问题。但是页面的大小选择也要恰当。

选择最优的页面大小需要在几个相互冲突的因素之间折中。如果页面太大,页式存储管理就退化为分区式存储管理,同时导致页内碎片过大;而如果页面太小,页表将占用内存空间太多。一个系统的页表占用内存的空间大小与虚存大小和页大小有关。而现代计算机系统都支持大的逻辑地址空间($2^{32} \sim 2^{64}$),这样页表就非常大。例如,一个进程的虚存大小为 16MB,页大小为 2KB,则该进程的页数为 $16 \times 1024/2 = 8192$ 个。若一个页表的表目占 2 个字节,那么页表占用内存的空间大小为 $8192 \times 2B = 16KB$。在动态页式存储管理中,如果页面太小,则还要增加内外存交换次数。因此,在实际使用中考虑众多因素,大部分的计算机使用的页面大小为 512B~64KB。

5.3.4 存储保护

页式存储管理的页面保护可采用界限寄存器法或保护键法。界限寄存器法通过地址变换机构中的页表寄存器中的页表长度和所要访问的逻辑地址相比较来完成,如图 5-19 所示。保护键法的实现则是在页表中增加相应的保护位即可。

5.3.5 页式存储管理的优缺点

1. 优点

(1) 由于页式存储管理不要求作业或进程的程序段和数据在内存中连续存放,从而有效地解决了内存的碎片问题,因此,可使内存得到有效的利用,有可能使更多的进程同时投入运行,可进一步提高处理机的利用率。

(2) 动态页式存储管理只要求每个进程部分装入便可运行,实现了内存的扩充技术。可为用户提供比实际内存更大的虚拟存储空间,使用户可利用的存储空间大大增加,有利于多道程序的组织,可以提高内存的利用率。

2. 缺点

(1) 要求有相应的硬件支持,如地址变换机构、缺页中断机构和页面淘汰机构等。这些增加了计算机的成本。

(2) 增加了系统开销。例如,页面中断处理,表格的建立和管理,这些都需花费处理机时间,且表格还要占用一定的存储空间。

(3) 淘汰算法选择不当有可能会严重影响系统的使用效率。

(4) 虽然消除了碎片,但同时还存在页内碎片问题。

5.4 淘汰算法与抖动现象

动态页式存储管理虽然能有效地提高主存的利用率,实现了内存的扩充技术,但同时也带来了一些新的问题。例如,为使一个进程能正确地运行应为它分配多少个内存页面,当访问的页不在内存时采用什么样的淘汰算法,等等。下面讨论这些问题。

5.4.1 淘汰算法

进程在运行过程中,若所访问的页不在内存时,必须把它们调入内存,但当内存空闲页面不足时,必须从内存中调出一页或多页,送到磁盘的交换区中,以便把需要的页调入内存。

然而应该将内存中的哪些页调出内存,需根据一定的算法来确定。通常把选择要换出页的算法称为淘汰算法。而一个好的淘汰算法应使缺页率尽可能小。

在进行页面置换时,可采用全局或局部置换。局部置换指进程发生缺页时,只能从分配给该进程的内存页面中选择一页换出。全局置换是指进程发生缺页时,选择淘汰的页可能是内存中任一进程的页。

下面介绍几种常用的淘汰算法。为简化算法,这些算法均采用局部置换。

1. 最佳淘汰算法

最佳(Optimal)淘汰算法是一种理想的淘汰算法,它选择将来不再使用或者在最远的将来才可能被使用的页淘汰。显然采用最佳淘汰算法可以保证得到最低的缺页率。但是实际上,当发生缺页时,操作系统根本没有办法知道每一个页将在什么时候被访问,所以,最佳淘汰算法是不能实现的。尽管如此,该算法仍然有意义,它可作为衡量其他算法优劣的一个标准。

为了比较各种算法的优劣,下面通过一个例子来说明。

例 5-2 假设一个进程 p 有 6 页,该进程执行过程中,访问页号的顺序是 0,2,5,3,2,4,2,0,3,2,1,3,2,3,4,3。如果给进程 p 分配 3 个内存页面,那么,采用最佳淘汰算法时,执行进程 p 将会发生多少次缺页中断?缺页率是多少?

解:采用最佳淘汰算法时,进程 p 的各页在内存中的变换如图 5-20 所示。

访页顺序	0	2	5	3	2	4	2	0	3	2	1	3	2	3	4	3
内存实页	0	0	0	0	0	0	0	0	3	3	3	3	3	3	3	3
		2	2	2	2	2	2	2	2	2	2	2	2	2	2	2
			5	3	3	4	4	4	4	4	1	1	1	1	4	4
缺页中断	√	√	√	√		√			√		√				√	

图 5-20 最佳淘汰算法的置换图

从图 5-20 中可以看出,进程 p 在执行过程中发生了 5 次缺页,缺页率是 5/16=31.25%。

2. 先进先出淘汰算法

先进先出(FIFO)淘汰算法认为最先调入内存的页不再被访问的可能性要比其他页大,因而选择最先调入内存的页换出。实现 FIFO 淘汰算法比较简单,只需把各个已分配的页按分配时间顺序链接起来,组成 FIFO 队列,并设置一个指针,称为置换指针,使它指向 FIFO 队列队首页面。在选择一页淘汰时,总是淘汰置换指针指向的页,而把换进的页链接入 FIFO 队尾。

例 5-3 对于例 5-2,如果采用 FIFO 淘汰算法,执行进程 p 将会发生多少次缺页中断?缺页率是多少?

解:采用 FIFO 淘汰算法时,进程 p 的各页在内存中的变换如图 5-21 所示。

从图 5-21 中可以看出,进程 p 在执行过程中发生了 9 次缺页,比最佳算法多了 4 次,缺页率是 9/16=56.25%。

FIFO 淘汰算法容易实现,但是它所依据的假设与普遍的进程运行规律不符。它只适用于 CPU 按线性顺序访问地址空间的进程。而实际上,由局部性原理知,大部分时候,

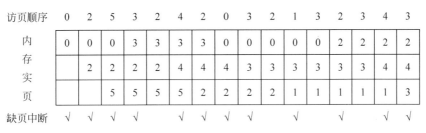

图 5-21　先进先出淘汰算法的置换图(1)

CPU 不是按线性顺序访问地址空间的。例如，含有局部变量、常用函数、循环语句的页，虽然在内存中驻留了很久，但是它们往往是经常被访问的页。而 FIFO 淘汰算法可能使这些页刚刚被淘汰出去而又要立即被调回内存，从而使缺页率变大。

FIFO 淘汰算法的另一个缺点是它有一种陷阱现象。一般来说，对于任一作业或进程，如果给它分配的内存页面数越接近它所要求的页面数，则发生缺页的次数会越少。在极限情况下，这个推论是成立的。因为如果给一个进程分配了它所要求的全部页面，则不会发生缺页现象。但是，使用 FIFO 淘汰算法时，在未给进程或作业分配足它所要求的页面数时，有时会出现分配的页面数增多时，缺页的次数并不会减少陷阱现象。这种现象被称为 Belady 现象。

下面通过例子来说明 Belady 现象。

例 5-4　假设一个进程 p_1 有 5 页，该进程执行过程中访问页号的顺序是 1，2，3，4，1，2，5，1，2，3，4，5。如果给进程 p_1 分配 3 个内存页面，采用 FIFO 淘汰算法时，进程 p_1 在内存中的各页变换如图 5-22 所示。

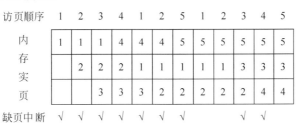

图 5-22　先进先出淘汰算法的置换图(2)

由图 5-22 中可以看出，进程 p_1 在执行过程中发生了 6 次缺页。

但是，如果为进程 p_1 分配 4 个内存页面，则进程 p_1 在内存中的各页变换如图 5-23 所示。

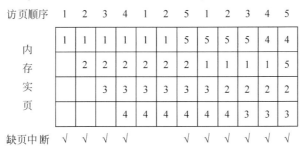

图 5-23　先进先出淘汰算法的置换图(3)

由图 5-23 中可以看出，进程 p_1 在执行过程中发生了 6 次缺页，比分配 3 个页面时并没有减少缺页次数。

FIFO 淘汰算法产生 Belady 现象的原因在于它根本没有考虑进程执行的动态特征。

3. 最近最少使用淘汰算法

由于无法预知各个页面将来的访问情况，只能利用"最近的过去"作为"最远的将来"的近似。最近最少使用（Least Recently Used，LRU）淘汰算法的出发点是，如果某页很长时间未被访问，则它在最近一段时间内也不会被访问。因此，LRU 淘汰算法每次选择最近最久未被访问的页淘汰。

例 5-5 对于例 5-2 中给出的进程，采用 LRU 淘汰算法时，各页在内存中的变换如图 5-24 所示。

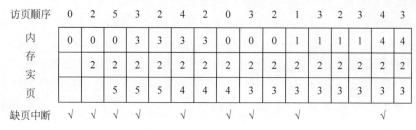

图 5-24 LRU 淘汰算法的置换图

由图 5-24 中可以看出，进程 p 在执行过程中，发生了 6 次缺页，比最佳淘汰算法多 1 次，比 FIFO 淘汰算法少 3 次，缺页率为 6/16＝37.5％。

LRU 虽然是一种较好的淘汰算法，但是完全实现 LRU 淘汰算法的代价比较大。为了实现 LRU 淘汰算法，需要一个存放内存中所有页的链表，最近使用的页在表头，最久未使用的页在表尾。或给每一个页一个计数器 t，用来记录一个页上次被访问以来所经历的时间。当需淘汰一页时，选择 t 值最大的淘汰。由于存储器有较高的访问速度，在 1ms 内可能对某页连续访问成千上万次，因而，这一计数器需要足够大，并且有较快的访问速度。由此可见，为了实现 LRU 淘汰算法，需要一些特殊的硬件支持。下面是 3 种可行的方法。

1）计数器法

这种方法要求系统中有一个 64 位的硬件计数器 C，它在每次执行完指令后自动加 1。而进程的每个页表项必须有一个足以容纳这个计数器的值的域。在每次访问内存后，当前的 C 值存放到被访问的页的页表项中。当发生缺页时，操作系统检查页表中所有计数器的值，其中 C 值最小的对应页就是最近最少使用的页。显然这种方法除了硬件技术的支持，处理机还要花费时间去读写计数器的值，而且额外增加了页表的长度，将占用更多的内存空间。

2）栈法

这种方法可利用一个特殊的栈来保存当前使用的各个页号。每当进程访问某页时，便将该页的页号从栈中移出，将它压入栈顶。因此，栈顶始终是最近新被访问的页号，而栈底则是最近最久未使用的页。对于例 5-2 中的引用序列，其访问过程如图 5-25 所示。

3）寄存器法

为了记录某进程在内存中各页的访问情况，需为每个内存页面配置一个 n 位的移位寄存器，可表示为 $R=R_{n-1}R_{n-2}\cdots R_2 R_1 R_0$。当某一内存页面被访问时，将其对应的寄存器

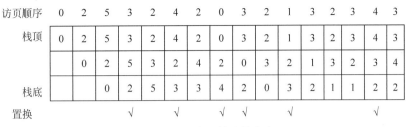

图 5-25 LRU 淘汰算法的栈实现

的最高位 R_{n-1} 置为 1,每隔一定时间将寄存器 R 中的值右移一位。这样,当需要淘汰一页时,R 中值最小的一页就是最近最久未访问的页。例如,在图 5-26 中,某进程在内存中占用了 6 个内存页面,每一页对应的寄存器 R 的 $R_7 \sim R_0$ 位的值表示一段时间间隔内该页被访问的情况。这里,第 6 页的值最小,因此,第 6 页是最近最久未被访问的页,当发生缺页时,首先将它换出。

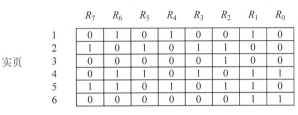

图 5-26 LRU 淘汰算法的寄存器实现

4. LRU 的近似算法

因为,LRU 淘汰算法的实现需要的硬件太多,因此,在实际系统中,往往使用 LRU 的近似算法,比较常用的近似算法有以下两种。

（1）时钟算法。

① 简单的时钟算法。系统将内存中的所有页按先进先出的顺序链接成一个类似钟面的环形链表,用一个表针指向最老的页。再为每页设置一个访问位 R,初始值为 0,表示该页没有被访问过。当某个页被访问时访问位置 $R=1$。当发生缺页中断时,算法首先检查表针指向的页。如果它的 R 位是 0,则淘汰这个页,并把新的页插入这个位置,然后把表针前移一个位置;如果 R 位是 1,则设置 R 为 0,并把表针前移一个位置。重复这个过程直到找到一个 R 位为 0 的页为止。这个算法,类似一个时钟的走动,因此称之为时钟算法。该算法每次都是淘汰最近一段时间内未被访问的页,因此该算法又被称为最近未使用算法(Not Recently Used,NUR)。

② 改进的时钟算法。如果一个页在访问的过程中被修改过,则需要将被修改过的页写入外存;如果没有被修改过,则不需要将该页写入外存。因此,淘汰被修改过的页比淘汰没有被修改过的页所需的代价要大。在淘汰时,应尽可能地选择没有被访问过并且没有被修改过的页淘汰,这就是改进的时钟算法。该算法需要在页表中增设两个状态位:访问位 R 和修改位 M。R 表示对应的页在最近一段时间内是否被访问过,M 表示对应的页是否被修改过。当一个进程启动时,所有的页对应的 M 与 R 都由系统设置为 0。当某一页被访问时,它的访问位被设置为 1,如果这个页被修改过,则将修改位 M 设置为 1。这样,内存中可能有四种类型的页面。

第 1 类：$R=0,M=0$，表示该页最近没有被访问过，没有也未被修改过，是最佳的淘汰页。

第 2 类：$R=0,M=1$，表示该页最近没有被访问过，被修改过。

第 3 类：$R=1,M=0$，表示该页最近被访问过，没有被修改过。

第 4 类：$R=1,M=1$，表示该页被访问过，也被修改过。

当发生缺页时执行过程分为三步。

第一步：从指针指向的位置开始，循环扫描队列，寻找 $R=0$、$M=0$ 的第一类页，找到后立即置换。注意，第一次扫描期间不改变访问位 R。

第二步：如果第一步失败，则开始第二轮扫描，寻找 $R=0$ 且 $M=1$ 的第二类页，找到后立即置换，在第二轮扫描中，将所有扫描过的 R 都设置为 0。

第三步：如果第二步也失败，则返回指针开始位置，然后重复第一步，必要时再重复第二步，此时必然能找到淘汰页。

该算法的优点是，易于实现和具有高效性。虽然它的性能不是最好的，但在实际中常常是够用的。

（2）最不经常使用（Not Frequently Used，NFU）算法。该算法选择到当前时间为止被访问次数最少的那一页淘汰。这只需在页表中给每一页增设一个访问计数器即可实现。每当该页被访问时，访问计数器加 1。而发生缺页时，则淘汰计数器值最小的那一页，并将所有的计数器清零。

NFU 算法的问题是，如果有两个页的计数器都是 0，只能随机选择一页淘汰，而在实际中，有可能一个页上次被访问是在 9 个周期以前，另一个页在 1000 个周期以前，而在 NFU 算法中却不能反映这个差别，结果是淘汰出去的可能是有用的页而不是不再使用的页。

5.4.2 抖动现象与工作集

在动态页式存储管理中，有可能出现这样的现象：对于刚刚被淘汰出去的页，进程可能马上又要访问它，故又需将它调入内存，因无空闲内存页面而又要淘汰另一页，而后者很可能是即将被访问的页。于是造成系统需要花费大量的时间忙于进行这种频繁的页面调换，从而无法完成用户所要求的工作，这称为抖动现象。那么，抖动现象的发生与什么有关？如何才能防止抖动现象的发生呢？

实验表明，抖动与内存中并发的进程数以及系统分配给每个进程的实页数有关。

考察单 CPU 的多道程序系统，CPU 的利用率与内存中并发进程数的关系图如图 5-27 所示。

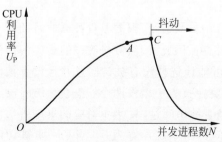

图 5-27 CPU 的利用率与内存中并发进程数的关系图

由图 5-27 可知，开始时，CPU 的利用率 U_P 随着并发进程数的增加而增加。但是，当 N 达到一定的值时，U_P 将达到峰值域（图中 A~C）；如果 N 继续增加，将引起系统发生抖动而使 U_P 急剧下降，即系统内的并发进程数有一个临界值，一旦超过这个临界值就会发生抖动。造成这种异常现象的主要原因是过度地使用了内存以及内存分配不合理。因为每个进程都需要占用一定的内存空间,随着进程数的增加,各个进程所分得的实页数就会减少,缺页现象随之增多,从而导致频繁的页面交换,进程经常因需要调页而等待,CPU 的大量时间都消耗在进程调度和决定页面淘汰上,故 CPU 的有效利用率很低。当然,如果内存中并发进程数过少,CPU 利用率也不高。显然,最理想的情况是使 $A \leqslant U_P(N) \leqslant C$,那么,并发进程数 N 如何确定呢?

并发进程数 N 的取值与系统为进程分配内存空间的大小有关。在动态页式管理系统中,从原则上说,为进程分配的实页数越多,进程的缺页率就越小,但并发进程数也就越少,从而 CPU 利用率下降;而为进程分配的实页数过少,进程的缺页率就会增大,可能导致系统发生抖动。图 5-28 给出了进程的缺页率 R_P 与进程占用实页数的关系。从图 5-28 可见,如果一个进程占有的实页数能满足 $M_j \leqslant M \leqslant M_k$,那么该进程就获得了有效运行所需的足够内存空间,缺页率将保持在合理的范围内。如果每个进程的实页数都能满足 $M_j \leqslant M \leqslant M_k$,则内存中的并发进程数就是合理的。

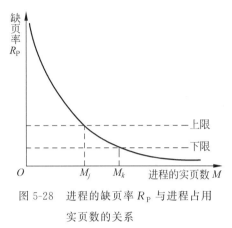

图 5-28　进程的缺页率 R_P 与进程占用实页数的关系

总之,为防止系统抖动现象的发生,根本的办法是要控制系统中的并发进程数以及为各个进程分配合理的实页数,既要使每个进程都有足够的内存空间,又要使系统中的并发进程数接近最佳值。

防止抖动现象的发生通常有两种方法。

一种是选择好的淘汰算法,以减少缺页次数。好的淘汰算法应当在置换页面时尽可能选择暂时不用或永久不用的页,使内存中存放的是一个进程一段时间内所需的页。

另一种是扩大工作集。所谓工作集,是指进程在某个时间段里要访问的页的集合。如果能够预知进程在某段时间的工作集,并在此之前把该集合调入内存,至该段时间终了时,再将其在下一时间段不需要访问的那些页换出内存,就可以减少页的交换。但是一个进程在某段时间内的工作集是很难确定的。事实上,由于各进程所包含的程序段多少以及选用的淘汰算法等不一样,工作集的选择也不一样。通常采用的方法是,当进行页置换时,把缺页的进程锁住,不让其换出,而调入的页占据那些暂时得不到执行的进程所占据的内存区域,从而扩大缺页进程的工作集,为它分配更多的内存实页。

5.5　段式存储管理

在前面介绍的几种存储管理技术中,用户的逻辑地址空间被连成一个一维(线性)空间,这难于满足将程序按其逻辑结构划分的需求,从而不便于用户的程序和数据的共享;另外,在实际应用中,一些程序段和数据段在使用过程中会不断增长,前述的几种存储管理技术都不适用于这种动态的增长。于是人们提出按程序的逻辑单位段来分配内存的段式存储管理方案,它同样有静态分配和动态分配两种方式。

5.5.1 静态段式存储管理

1. 基本思想

为了方便程序的设计,用户按程序的内容或过程(函数)关系把自己的程序分段,每段都有自己的名字。当一个进程建立时,以段为单位分配内存,一个段占用一个连续的内存区域。一个进程的各个段可以存放在不连续的区域内。只有一个进程所有的段都可得到足够的内存空间时,才可为其分配内存空间,否则拒绝分配。

2. 分段地址空间和地址结构

在段式存储管理中,一个用户作业或程序的地址空间被划分成若干段,每个段定义了一组逻辑信息,每段的长度由相应的逻辑信息组成的大小决定,且可动态增长。例如,一个程序可有主程序段、子程序段、数据段与栈段等。由于一个程序被分成多个段,因此,整个程序的地址空间是二维的。例如,一个程序可以有主程序段、X 段、A 段、B 段,如图 5-29 所示。

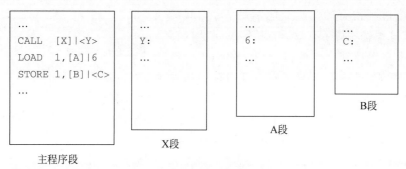

图 5-29 分段的地址空间

一个程序中每段都有自己的名字,用户可通过段名和段内符号地址访问其他的段。例如:

```
CALL    [X]|<Y>         ;转向段名为 X 的子程序的入口点 Y
LOAD    1,[A]|6         ;将段名为 A 的数组中第 6 个元素的值读到寄存器 1 中
STORE   1,[B]|<C>       ;将寄存器 1 的内容存入段名为 B、段内地址为 C 的单元中
```

程序经过编译和装配后,每段的段名被译成唯一的段号,每个段是一个首地址为零的连续的一维地址空间,CPU 访问内存单元的指令中的段名和段内符号地址经编译后分别变成段号和段内相对地址。例如,"CALL [X]|< Y >"可编译成"CALL 3,120",其中 3 是段号,120 是段内相对地址。因此,段式管理系统中,程序的逻辑地址由两部分组成:段号和段内相对地址。图 5-30 给出了一个段式管理中的逻辑地址结构示例,其中计算机 CPU 的有效地址为 24 位,段号(s)占用了 8 位,段内相对地址(w)占用了 16 位。

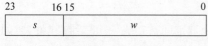

图 5-30 段式管理中的逻辑地址结构示例

一旦段号和段内相对地址的长度确定后,一个进程允许的最多段数和段的最大长度也就限定了。上述结构表明,一个程序允许有 256 个段,一个段的最大长度为 64KB。

3. 数据结构

在静态段式存储管理中,为了实现内存的分配和回收以及逻辑地址到物理地址的转换,需要建立以下几种数据结构。

(1) 段表。和页式存储管理类似,为了记录每个段在内存中的存放位置,系统为每个进程建立一张段表。每个段在表中占有一个表项,其中包括该段的段号、段的起始地址和段的长度等,如图 5-31 所示。

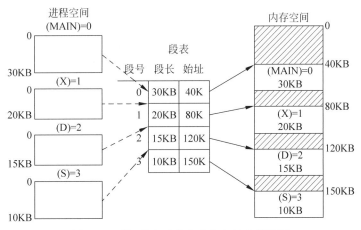

图 5-31　段、段表及段在内存空间占用情况

(2) 内存空闲区表(或链)。因为段式存储管理以段为单位,一段占有一个连续的区域,因此,与分区式存储管理类似,系统中有一张空闲区表,用于记录当前空闲区的情况。每一个连续的空闲区在其中占有一个表项,包括空闲区的大小和起始位置。

(3) 请求表。用于记录系统中每个进程的段表始址和段表长度。请求表通常由每个进程的对应的 PCB 表项组成。

4. 地址变换

为了实现地址变换的功能,系统中设置了一个段表控制寄存器,当一个进程被选中执行时,其对应的段表起始地址和段表的长度被装入段表控制寄存器。图 5-32 给出了段式存储管理的地址变换过程。每当 CPU 访问逻辑地址 (s,w) 时,由地址变换机构实现地址的变换过程。首先由段表寄存器中的段表始址得到该段的段表始址,然后以段号为索引,查找段

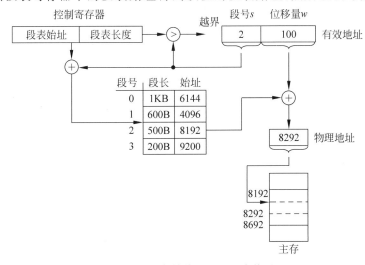

图 5-32　段式存储管理的地址变换过程

表,找到对应表中的段内存始址 SD,则逻辑地址 (s,w) 对应的物理地址为 SD+w。由此实现了段式逻辑二维地址到一维的物理地址的转换。

与页式存储管理相同,段式存储管理的地址变换过程也使得访问一条指令需经过二次内存的访问。即首先需访问段表,得到对应的段在内存的始址,然后才是对物理地址的访问。为了提高访问速度,解决的方法与分页系统类似,在系统中增设一个快表,用于保存最近常用的段的表项。由于一般情况下段比页大,因而段表的表项数目比页表的表项数目少,其所需的联想寄存器也比较少,可以显著地减少存取数据的时间。

5. 内存分配和释放

在分段分配方案中,每段分配一个连续的内存区域,如图 5-31 所示。由于各段长度不等,因而各段所占的存储区的大小不等,同一进程的各段之间不要求连续。因而,段式存储管理的内存分配和释放算法与可变式分区的管理方法类似,系统由相应的数据结构来管理内存空闲区,分配算法可采用首次适应算法、最佳适应算法或最坏适应算法等,分区的回收需要进行分区合并。不同的是,可变分区以进程为单位,而静态段式存储管理是在内存中有可用空间能满足进程总容量的前提下,以段为单位来分配分区的。碎片问题同样是不可避免的,需要在适当时进行碎片拼接。

静态段式存储管理中,进程的大小受内存空闲区总容量的限制。因此,同样不能实现内存的扩充。

5.5.2 动态段式存储管理

1. 基本思想

在动态段式存储管理中,段的内存分配与释放是在进程运行过程中动态进行的。当一个进程准备执行时,段式存储管理程序只调入一个进程的若干段,便可启动进程运行。进程在运行中根据需要随时申请调入新段和释放老段。空闲区的分配和释放算法与静态段式存储管理类似,所不同的是,当访问的段不在内存中时,由段式中断机构将所需的段调入内存。当内存不足时,需要从内存中选择暂时不需要的段淘汰,以便调入新的段。

与动态页式存储管理类似,为实现从逻辑上为用户提供一个比实际更大的虚拟存储空间,同样需要一定的硬件和相应的软件支持,如扩充的段表、缺段中断机构、地址变换机构等。

2. 段表

在动态段式存储管理中,系统为了知道所访问的段是否在内存以及访问的段的状态等,以静态段式存储管理为基础,对段表进行了扩充,如下所示。

段号	内存始址	段长	驻留位	访问位	修改位	外存地址	存取方式	增补位

其中各字段的说明如下。

(1) 驻留位:用于指示该段是否在内存。

(2) 访问位:用于记录本段在一段时间内被访问的次数,或记录本段最近有多长时间未被访问,供段淘汰时参考。

(3) 修改位:用于表示该段在调入内存后是否被修改过。

(4) 外存地址:用于指出该段在外存中的地址,以便系统从外存中调入该段。

(5) 存取方式：用于表示本段的存取权限，以限制未经允许的用户访问本段。
(6) 增补位：用于表示本段在执行的过程中是否增长过。

3. 缺段中断处理

在动态分段系统中，当 CPU 所要访问的指令或数据不在内存中，将由缺段中断机构产生缺段中断信号，CPU 接收到这个信号时进入缺段中断处理过程。图 5-33 给出了缺段中断处理的过程。

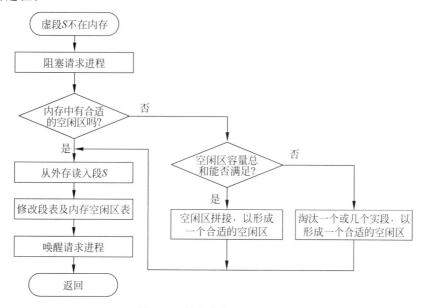

图 5-33 缺段中断处理的过程

在新段调入时，分为以下三种情况。

(1) 如果内存中有一个足够大的连续的空闲区可以容纳新调入的段，修改相应的数据结构，如段表、空闲区表等，完成新段的调入。

(2) 如果内存中没有一个大于或等于新段的连续的空闲区，则查找空闲区表，如果内存中一部分或全部空闲区总和足够容纳新段，则进行空闲区的合并以形成一个长度不小于新段的空闲区，修改相应的数据结构，调入新段。

(3) 当内存中所有的空闲区的总和不足以容纳新段时，则需选择一个或几个暂时不需要访问的段淘汰。

在段的淘汰过程中，如果调入的是一个小段，则使用 FIFO 或 LRU 淘汰算法决定一个能满足需要的实段淘汰；如果调入一个大段，可能没有一个实段能满足需求，这就需要淘汰几个段。如果完全按照 FIFO 或 LRU 淘汰算法的原则选择淘汰段，可能由于所选择的段不是连续的，需要进行空闲区的拼接；如果从空间因素的需求来选择淘汰段，则选择能满足需求的最小数目的相邻的几个段淘汰，但是这种策略可能存在一种危险，那就是刚刚被淘汰的段有可能立即再次被访问。可见，动态段式存储管理的段淘汰策略比动态页式存储管理更复杂，它要考虑空间的需求、最近将来被访问的可能性以及内存拼接等诸多因素。通常，对一种具体的系统淘汰策略主要侧重于考虑上述某个因素。

5.5.3 分段和分页的主要区别

由前所述,分页和分段有许多的相似之处,例如,都采用离散式的分配方式,都可实现虚拟内存的扩充技术,地址变换也很相似。但是二者在管理和用户的角度上有很大的差别,主要表现在以下4方面。

(1) 段是面向用户的,页是面向系统的。段是信息的逻辑单位,分段是出于用户的需求,对用户是可见的;页是信息的物理单位,分页是用户不可见的,只是为了便于内存的管理,是系统的需求。

(2) 页的大小是固定的,由系统决定;段的大小不固定,由用户决定。

(3) 从用户的角度看,分页系统的用户程序空间是一维连续的空间;段的地址空间是二维的,由段名和段内相对地址组成。

(4) 从管理的角度看,分页系统的二维地址是在地址变换过程中由系统的硬件机构实现的,对用户是透明的;分段系统的二维地址是在地址变换过程中由用户提供的。因而,页内没有地址越界问题,而段内的相对地址则存在地址越界问题。

5.5.4 段的信息共享

在多道程序环境下,有许多的系统程序,如编译程序、编辑程序、标准的库程序等,经常被若干进程同时访问,如果系统给每个进程的地址空间中都保留同一程序的一份副本,则对内存存在大量的浪费。而段式存储管理较好地解决了这个问题。

在页式存储管理和段式存储管理中,都可实现多个进程共享同一内存块里的程序和数据。对于段式存储管理来说,被共享的部分可以是一个独立的段,物理上是一段,逻辑上也是一段,因此更易于实现,只需将每个进程的段表中对应的共享段始址指向相同的始址即可,如图5-34(a)所示。对页式存储管理来说,必须保证被共享的程序或数据占用整数据块,以便与非共享部分分开。如果被共享的部分占用若干块,那么在各共享者的页表中就有若干表项,它们所指向的页面号相同,如图5-34(b)所示。在实际应用中,很难保证被共享的程序和数据占用整数据块,导致部分非共享的代码或数据被放入共享页,如图5-34(b)中的阴影部分所示。

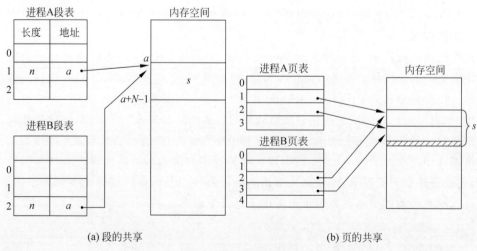

图 5-34 内存信息的共享

为了保证各个进程访问的共享段代码相同,共享段必须是纯过程。但事实上,大多数代码在执行时都有可能对其处理的数据进行改变。为此,各共享进程都必须在自己的存储区域分别有一套数据。这样,进程在执行时只对自己的数据区中的内容进行修改,并不改变共享代码。为了保证共享代码不被修改,每个共享段的存取控制都设置为不可写。

为了协调分段的共享,系统中可设置一张共享段表,每一个共享段在该表中占有一个表项。每一个表项指出该段是否在内存、调用此段的进程名、进程号等情况,如图5-35所示。

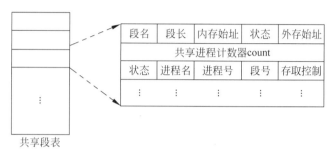

图5-35 共享段表项

当一个共享段首次被系统中一个进程调用时,由系统为该段分配一块内存区域,同时将该区的始址填入请求进程的段表的相应项中,还在共享段表中增设一组表目,填写有关的数据。例如,共享进程计数器 count = 1,该段的段名、段长、内存始址,调用进程的进程名、进程号、该段在调用进程中使用的段号以及存取控制等。此后,当又有进程调用该共享段时,系统查找共享段表,看该段是否已在内存中,如果在,那么需在调用进程的段表中填写该段的起地址;在共享段表该共享段对应的表项中执行 count = count + 1,填写调用进程的名称、进程号、存取控制等。当某一进程不再需要某一共享段时,执行 count = count − 1 操作。若 count = 0,表明此时已没有进程在使用该段,则由系统收回该段的内存区域,取消该段在共享段中所对应的表项。

在动态段式存储管理中,当某一个共享段被调出内存后,必须在共享该段的每个进程相应的段表目中设置其状态为"不在内存"。相反,当一个共享段由于某个进程的调入重新装入内存后,共享该段的所有的进程对应的段表目需要重新调整。为了简化调整,将共享段的内存始址保存在共享段表中,而共享该段的所有进程的段表相应的表目总是指向这个共享段的表目。这样,当一个共享段被装入内存或移出内存时,只需修改共享段表的对应表目。

5.5.5 段的静态链接与动态链接

通常来说,一个作业或一个进程由若干程序模块组成,而这些模块必须经过编译或汇编,得到一组目标模块,再由链接程序将这些目标模块链接起来,装入内存执行。根据链接时间的不同,又可将链接分为两种:静态链接和动态链接。

1. 静态链接

静态链接是指程序在执行之前,由链接装配程序将该程序的所有目标模块进行链接和相对地址重定位,使之成为一个可运行的目标程序。

这种链接既可以在程序装入之前完成,又可以在程序装入的时候进行。对于分区和页式存储管理方案,程序装入模块必须是一个一维的地址空间,因而链接时需对目标模块中所有的相对地址进行修改,如图 5-36(a)中所示,一个程序经过编译有 3 个目标模块,链接后如图 5-36(b)所示。对于静态段式存储管理,因为一个程序有多少个段是固定的,所以链接时由装配模块给每一段一个段号,据此将目标模块中的所有段名修改为相应的段号,如图 5-36(c)所示。

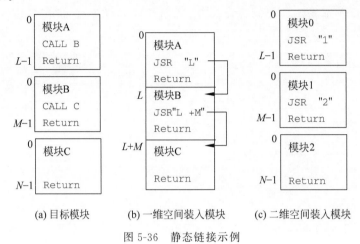

图 5-36　静态链接示例

静态链接比较简单,但是也存在一些缺点。例如,在链接时需对目标模块中的一些相对的地址进行修改,因而链接时间长,有时链接过程中所花费的时间有可能比程序的执行时间还长;链接好的程序段在运行时可能根本不会用到(例如,程序错误处理子程序,在程序正确的情况下是不用的),但程序事先无法确定哪些模块会用到,只能将所有的模块装入内存,因而造成了时间和空间上的浪费。

2. 动态链接

动态链接是指程序在执行过程中需要某一段时,再将该段从外存调入内存,把它与有关的段链接在一起。这样,凡是在程序执行过程中不会用到的段都不会调入内存,也不会链接到装入模块上,因而,不仅能加快程序的装入过程,也可节省大量的内存空间。

对于动态段式存储管理方案,每个段是独立的程序模块,又有各自的段名,且可以动态分配内存空间,因而易于实现动态链接。下面通过一个例子给出 MULTICS 系统实现动态链接的一种方法。

为了实现动态链接,在 MULTIC 系统中需要有进行链接中断的硬件机构及间接寻址功能。在程序汇编或编译时,当遇到访问外段的指令时,将其编译成一条间接寻址指令,即,将访问的地址指向一个间接地址,这个间接地址被称为间接字。间接字的形式如图 5-37 所示。

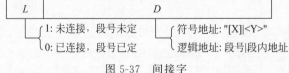

图 5-37　间接字

当 $L=1$ 时,表示要访问的段还没有链接好,此时,D 为符号地址。由于符号地址可能很长,D 中存放不下,所以 D 中实际上存放了指向该符号串的首地址。当 $L=0$ 时,表示此段已被链接,此时,D 中存放的是要访问的逻辑地址,由段号和段内地址组成。初始时 $L=1$。

例 5-6 如图 5-38(a)所示,在 M 段中遇到访问外段指令"LOAD 1,[X]|<Y>"时,将其编译成"LOAD* 1,1|200",如图 5-38(b)所示。在此,假设 M 段已链接好并分得段号为 1,X 段未链接好($L=1$),保存在文件系统中,指令"LOAD 1,[X]|<Y>"的间接字的直接地址为 200。* 表示间接寻址,7 表示字符串"[X]|<Y>"的长度。

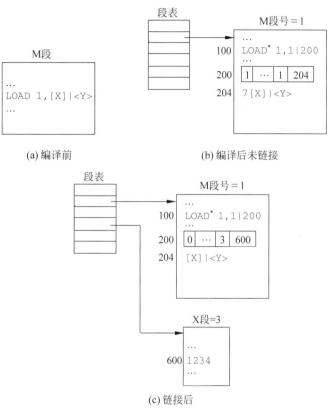

图 5-38 动态链接示例

当程序段 M 执行到"LOAD* 1,1|200"时,由于 200 单元处的间接字中的链接标志 $L=1$,于是发生链接中断,转入链接中断处理程序。它首先根据间接字中存放的符号地址(此处为 204),找到符号[X]|<Y>,从外存中将 X 段调入内存,并且分配一个段号(此处为 3);然后再根据 Y 找到段内地址(这里是 600);最后,修改间接字中的值,置 $L=0,D=(3|600)$,至此链接完成,如图 5-38(c)所示。链接完成后,继续执行原 1 号段中被中断的指令"LOAD* 1,1|200"。此后,在 1 号段中再次调用该指令时不再发生链接中断。

由于动态链接过程修改了链接的间接字,与共享段必须是纯代码相矛盾。因此,在动态链接中,为了保证段的共享及纯代码,一种解决的办法是将代码段分为纯段和杂段两部分,即将链接的间接字等修改的内容放在杂段中,而将其他在执行过程中不会改变的内容放在纯段中。纯段可共享,杂段不共享。

5.5.6 段式存储管理的内存保护

段式存储管理的内存保护方法主要有以下两种。

(1)地址越界保护法。可在每个进程的段表项中设置每一段的段长。当进行地址变换时,地址变换机构首先依据段表寄存器中的段表长度,判断段号是否大于段表的长度。如果超出段的长度,则发生越界中断;如果没有超出段的长度,则找到对应的段表项,将段内相对地址与其对应的段的长度比较。这样,每个进程被限制在自己的地址空间中运行,因而不会破坏另一个进程的地址空间。

这里要说明的是,在允许段动态增长的系统中,段内相对地址可以大于段的长度。一个段是否允许动态增长,由段表的增补位来说明。

(2) 存取控制保护法。在段表的表目中,除了指明本段的段长外,还增加了存取方式控制项。这种段的保护方式,对非共享段来说,主要用来指示程序设计的错误。例如,对一个过程段应只能执行,如果企图读取一个过程段,则发生中断保护。而对共享段来说,这种保护则更为重要。例如,被共享的纯段应禁止任何进程对它进行修改。这样既可保证信息的安全,又可满足运行的需要。

5.5.7 段式存储管理的优缺点

1. 优点

段式存储管理有以下优点。

(1) 便于信息的共享和保护。由于在分段管理中,每个程序按信息的逻辑结构构成各自独立的分段,因而便于对完整独立的信息的共享和保护。

(2) 实现了内存的扩充。动态段式存储管理与页式存储管理一样,可使进程的大小不受内存大小的限制,从而实现了内外存统一管理的虚存。

(3) 便于信息的变化处理。在实际应用中,有些数据段需要不断吸取和增加新的数据,因而需要对段进行动态的增长。而在段式存储管理中,以段为单位来分配内存空间,因而在一个分段的后面增加新信息,不会影响其他部分。

(4) 便于实现动态链接。由于分段管理的地址空间是二维的,且每一个分段是一个具有独立功能的程序段,因而在进程运行过程中,可以在调用一个程序段或一个数据段时再去进行动态链接。

2. 缺点

段式存储管理有以下缺点。

(1) 增加了计算机成本。地址变换需硬件支持;缺段中断需花费处理机时间;表格的建立和管理需花费处理机时间,且占用一定的空间。

(2) 存在碎片问题。类似于分区管理,内存中存在分区间的碎片。为了满足段的动态增长和减少碎片,需采用拼接技术。

(3) 段的长度受内存可用空间大小的限制。

(4) 与页式存储管理类似,淘汰算法选择不当时可能产生抖动现象。

5.6 段页式存储管理

前面介绍的几种存储管理方案各有所长。段式存储管理大大方便了用户,也便于信息共享和信息的动态增加,但存在内存的碎片问题。页式存储管理则大大提高了主存的利用率,但不便于信息的共享。因此,结合二者的优点的一种新的存储管理方案被提了出来,这就是段页式存储管理。

5.6.1 实现原理

1. 基本思想

段页式存储管理对用户来说与段式存储管理相同,一个进程仍由用户按照程序的逻辑信息划分成不同的段。经编译和链接后的程序,每个段有唯一的段号。因而,用户地址空间仍是一个二维的逻辑虚地址空间。而对于系统来说,段页式存储管理则与页式存储管理相同,内存空间被划分成若干大小相同的内存块,与此对应,每个进程的每个段被划分成若干与内存块大小相同的页,以页为单位来分配内存空间,一个页占用一个内存块。这样,一个进程中的一个段的信息可以存放在块号不连续的内存块中,分段的大小不受内存大小的限制。

2. 数据结构

在段页式存储管理系统中,为了实现内存分配与释放、缺页处理、地址变换等,系统为每一个进程建立一张段表,每个段建立一张页表。页表表项与页式存储管理的页表表项相同,有指向页对应的存储块号以及缺页处理和页面保护等表项。段表表项与段式存储管理的段表表项类似,不同的是,原来在段式存储管理的段表中的内存地址现在变为指向与段对应的页表的起始地址。段页式存储管理中段表、页表以及内存的关系如图 5-39 所示。

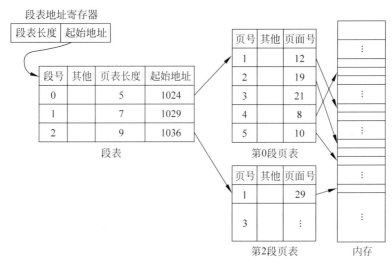

图 5-39 段页式存储管理中段表、页表以及内存的关系

与段式存储管理类似,每个进程有对应的 PCB 表项用于记录该进程对应的段表始址和段表长度,系统中有用于记录内存空闲块的空闲区链表。

3. 地址结构与地址变换

在段页式存储管理中,程序的分段由程序员决定,因此,对用户来说,用户的地址空间仍然由段号和段内相对地址(s,w)组成。而对于系统来说,以页为单位来分配内存空间,地址变换机构将根据页的大小把段内相对地址解释为页号和页内地址。因此,段页式存储管理系统中,进程的地址空间由段号、页号、页内地址(s,p,d)这三部分组成,如图 5-40 所示。

为了实现地址的变换,在段页式系统中设置了段表寄存器,用于存放当前运行的进程的段表起始地址和段表长度。当 CPU 访问一个逻辑地址 (s,w) 时,系统首先自动将地址分成 3 部分 (s,p,d),然后将段号 s 与段表寄存器中的

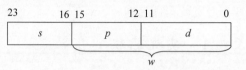

图 5-40 段页式管理地址结构示例

段表长度进行比较。若段号大于段表长度,则越界,否则,根据段号找到对应的段的页表始址,再利用 p 找到对应的页的内存块号(页面号),最后,将页内地址与找到的块号合并,形成与逻辑地址对应的物理地址。

显然,在段页式存储管理中,访问内存的指令或数据需要访问内存 3 次,因此,为了提高访内的速度,在系统中设置联想寄存器比段式和页式存储管理更为重要。在联想寄存器中存放当前最常用的段号、页号和与其对应的内存页面号。图 5-41 说明了采用这种方案的地址变换过程。

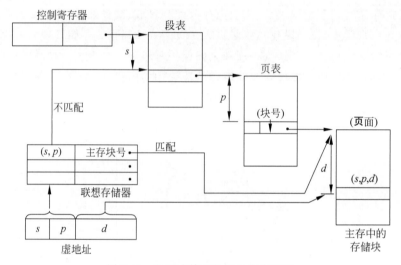

图 5-41 段页式管理的地址变换过程

5.6.2 段页式存储管理的其他问题

有关段页式存储管理中的内存分配与释放、存储保护、缺页与缺段处理等,对在段式存储管理和页式存储管理中提到的方法稍作修改便可适用,在此不再赘述。

因为段页式存储管理是页式和段式存储管理的结合,具有二者的优点。但是由于它增加了软件管理,系统的管理开销也随之增加了。所需的硬件支持和内存占用也增加了。而碎片问题与页式存储管理一样存在,且更为严重。另外,如果不采用联想寄存器的方式提高 CPU 的访问速度,将会大大降低系统的执行速度。

5.7 Linux 存储管理

Linux 系统采用了虚拟的内存管理机制,即交换和请求分页存储管理技术。这样,当进程运行时,不必把整个进程的映像都放在内存中,而只需在内存中保留当前用到的那一部分

页面。当进程访问到某些尚未装入内存的页时,就由核心把这些页装入内存。这种策略使进程的虚拟地址空间映射到内存的物理空间时具有更大的灵活性,通常允许进程的大小可大于可用内存的总量,并允许更多进程同时在内存中执行。

5.7.1 进程虚拟内存空间的管理

1. 地址空间

Linux 系统中,进程的地址空间是由虚拟内存(Virtual Memory,VM)组成的,对当前进程而言,只有属于它的虚拟内存是可见的。Linux 把进程的虚拟内存分成两部分:内核区和用户区。操作系统内核的代码和数据等被映射到内核区,进程的可执行映像(代码和数据)被映射到虚拟内存的用户区。由体系结构决定,每一个进程都有一个独立的 32 位或 64 位的连续的地址空间。进程虚拟内存的用户区分成代码段、数据段、堆栈以及进程运行的环境变量、参数传递区域等。进程在运行中还必须得到操作系统的支持,进程的虚拟内存中还包含操作系统内核。每个虚存区域具有对相关进程的相关权限,进程只能访问具有相关权限的区域。

内核使用 mm_struct 结构体来表示进程的地址空间,该结构体包含了进程地址空间有关的全部信息。

mm_struct 结构体首地址在任务结构体 task_struct 成员项 mm 中。

```
struct mm_struct   * mm;
struct mm_struct {
    int count;                              //引用该区域的进程个数
    pgd_t * pgd;                            //为指向进程页表的指针
    unsigned long context;                  //进程上下文的地址
    …                                       //代码段、数据段、堆栈的首尾地址等
    struct vm_area_struct * mmap;           //内存区域链表
    struct vm_area_struct * mmap_avl;       //VM 形成的红黑树
    struct semaphore mmap_sem;              //虚存区的信号量
};
```

2. 进程的虚存区域

一个虚存区域是虚拟内存空间中一个连续的区域,在这个区域中的信息具有相同的操作和访问特性。每个虚存区域用一个 vm_area_struct 结构体进行描述。

```
struct vm_area_struct
{
    struct mm_struct * vm_mm;               //指向进程的 mm_struct 结构体
    unsigned long vm_start;                 //虚存区域的开始地址
    unsigned long vm_end;                   //虚存区域的终止地址
    pgprot_t vm_page_prot;                  //虚存区域的页面的保护特性
    unsigned short vm_flags;                //虚存区域的操作特性
    …                                       //AVL 结构
    struct vm_operations_struct * vm_ops;   //相关操作表
    unsigned long vm_offset;                //文件起始位置的偏移量
    struct inode * vm_inode;                //被映射的文件
};
```

进程虚存空间的结构如图 5-42 所示。

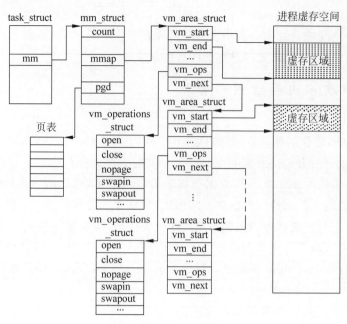

图 5-42 进程虚存空间的结构

3. 虚存空间的映射和虚存区域的建立

在虚拟存储技术中,用户的代码和数据(可执行映像)等并不是完整地装入物理内存,而是全部映射到虚拟内存空间。在进程需要访问内存时,在虚拟内存中"找到"要访问的程序代码和数据等,系统再把虚拟空间的地址转换成物理内存的物理地址。

Linux 使用 do_mmap() 函数完成可执行映像向虚存区域的映射,由它建立有关的虚存区域。

```
unsigned long do_mmap(struct file * file, unsigned long addr,
                unsigned long len, unsigned long prot,
                unsigned long flags, unsigned long off)
```

其中,addr 是虚存区域在虚拟内存空间的开始地址;len 是这个虚存区域的长度;file 是指向该文件结构体的指针;off 是相对于文件起始位置的偏移量;若 file 为 NULL,称为匿名映射(anonymous mapping);prot 指定了虚存区域的访问特性;flag 指定了虚存区域的属性。

5.7.2 Linux 的分页式存储管理

1. 物理内存的页面管理

Linux 对物理内存空间按照分页方式进行管理,把物理内存划分成大小相同的物理页面。大多数的 32 位体系支持 4KB 的页面,64 位体系结构支持 8KB 的页面。

Linux 内核用 page 结构体表示每个物理页面的使用状况。

```
typedef struct page {
    struct page * next;           //把 page 结构体链接成一个双向循环链表
    struct page * prev;
    struct inode * inode;         //有关文件的 i 节点
    unsigned long offset;         //在文件中的偏移量
```

```
        struct page * next_hash;               //page 结构体连成一个哈希表
        atomic_t count;                        //页面的引用次数
        unsigned flags;                        //页面的状态
        unsigned dirty:16,age:8;               //表示该页面是否被修改过
        struct wait_queue * wait;              //等待该页面的进程队列
        …
        unsigned long map_nr;                  //物理页号
    } mem_map_t;
```

2. Linux 的三级分页结构

三级分页结构是 Linux 提供的与硬件无关的分页管理方式。当 Linux 运行在某种计算机上时,需要利用该种计算机硬件的存储管理机制来实现分页存储。

如图 5-43 所示,三级分页管理把虚拟地址分成 4 个位段:页目录、页中间目录、页表、页内偏址。其中,页目录(Page Directory,PGD)用于存放页中间目录的地址,页中间目录(Page Middle Directory,PMD)用于存放页表地址,页表(Page Table,PTE)用于存放每页对应的存储块号。

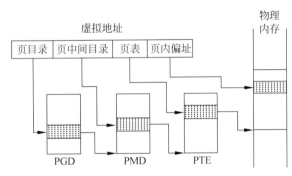

图 5-43　Linux 的三级分页管理

3. 内存的分配与释放

Linux 中用于内存分配和释放的函数主要是 kmalloc() 和 kfree(),它们用于分配和释放连续的内存空间。

在使用 kmalloc() 函数分配空闲块时以 Buddy 算法为基础。对 kmalloc() 函数分配的内存页面块中加上一个信息头,它处于该页面块的前部。页面块中信息头后的空间是可以分配的内存空间。

```
        void * kmalloc(size_t size, int priority)
```

其中,参数 size 是申请分配的内存的大小,priority 是申请优先级。

kfree() 函数用于释放由 kmalloc() 函数分配的内存空间。

```
        void kfree(void * __ptr)
```

其中,ptr 是 kmalloc() 函数分配的内存空间的首地址。

4. 虚拟内存的申请和释放

在申请和释放较小且连续的内存空间时,使用 kmalloc() 和 kfree() 函数在物理内存中进行分配。申请较大的内存空间时,使用 vmalloc() 函数。由 vmalloc() 函数申请的内存空间在虚拟内存中是连续的,它们映射到物理内存时,可以使用不连续的物理页面,而且仅把当前访问的部分放在物理页面中。

```
void  *  vmalloc(unsigned long size)
void vfree(void  *  addr)
```

其中,可以看到 vmalloc()函数的参数 size 指出申请的内存的大小。分配成功后返回值为在虚存空间分配的虚存块首地址,失败后返回值为 0。vfree()函数用来释放由 vmalloc()函数分配的虚存块,参数 addr 是要释放的虚存块首址。

习　题

1. 存储管理的主要内容有哪些?
2. 什么是静态地址重定位?什么是动态地址重定位?二者各有什么优缺点?
3. 内存信息保护常用的方法有哪几种?它们各自有什么特点?
4. 分区式内存管理有哪两类?它们各自的特点是什么?
5. 常用的分区内存分配算法有哪些?比较它们的优缺点。
6. 分区式存储管理有哪些优缺点?
7. 简述页式存储管理的基本思想及优缺点。
8. 动态页式存储管理中的页表内容主要有哪些?它们各自有什么作用?
9. 什么叫快表?为什么要引入快表?
10. 动态页式存储管理有哪些常用的淘汰算法?比较它们的优缺点。
11. 什么是 Belady 现象?试举一个 Belady 现象的例子。
12. 什么是抖动现象?如何防止抖动现象的产生?
13. 什么是段式存储管理?段式存储管理与页式存储管理的区别是什么?
14. 段式存储管理的优缺点是什么?
15. 段页式存储管理的基本思想是什么?
16. 为什么说段页式存储管理中的地址是三维的?
17. 什么是内碎片?什么是外碎片?
18. 某操作系统采用可变分区分配存储空间的管理方法,用户区为 512KB 且始址为 0,用空闲分区表管理空闲区,且初始时用户区的 512KB 是空闲的,对下述申请序列:申请 300KB,申请 100KB,释放 300KB,申请 150KB,申请 30KB,申请 40KB,申请 60KB,释放 30KB,回答下列问题。

(1) 采用首次适应算法,给出空闲分区表内容(给出始址、大小)。
(2) 采用最佳适应算法,给出空闲分区表内容(给出始址、大小)。
(3) 如果再申请 100KB,针对(1)和(2)各有什么结果?

19. 在一个页式存储管理系统中,某进程的页表如表 5-1 所示。已知页面大小为 1024B,试将逻辑地址 1011、2148、3000、4000、5012 转化为相应的物理地址。

表 5-1　某进程的页表

页号	块号	页号	块号
0	2	2	1
1	3	3	6

20. 在一个段式存储管理系统中,某进程的段表如表 5-2 所示。

表 5-2　某进程的段表

段号	基地址	段长/B
0	219	600
1	2300	14
2	90	100
3	1327	580
4	1952	96

试给出下列各逻辑地址对应的物理地址:
(0,430),(1,10),(2,88),(3,444),(4,112)。

21. 一个进程的访问内存地址序列如下:
10,11,104,170,73,309,185,245,246,434,458,364

(1) 若页大小为 100B,给出访页顺序。

(2) 若分配该进程的内存空间为 200B,采用 FIFO 淘汰算法时,它的缺页次数是多少?

(3) 若采用 LRU 淘汰算法,给出缺页次数。

22. 某计算机内存按字节编址,逻辑地址和物理地址都是 32 位,若采用一级页表分页式存储管理方案,逻辑地址结构中,页号占 20 位,页表项占 4B,回答下列问题。

(1) 该计算机的页大小为多少 KB? 一个页表最大占多少字节?

(2) 假设某一进程代码段的逻辑地址 1002 的指令被存放在内存的 2 号页块中,则该逻辑地址对应的物理地址是多少?

(3) 假设该进程的长度为 9KB,采用静态页式分配内存,则为该进程分配多少个页面块? 是否存在页内碎片?

23. 假设有系统为某一进程分配了 4 个页面,某一时刻进程需调入 5 号页,这时进程的每个页面的使用情况如表 5-3 所示,问采用 FIFO、LRU 和改进的 CLOCK 淘汰算法,将会淘汰哪一页?

表 5-3　进程页的使用情况表

页号	装入相对时间	上次引用的相对时间	R	M
0	120	280	0	0
1	200	260	1	0
2	100	268	1	1
3	160	290	1	1

24. Linux 内存采用哪种存储管理机制?

25. Linux 的地址结构组成部分有哪些?

第6章　设备管理

如果说输入输出设备是计算机系统的五官与四肢,则处理器和存储器是计算机系统的大脑。输入输出设备是用户与系统交互的工具,它们把外部的信息输送给操作系统,再把经过加工的信息发送给用户。有效地管理和利用这些设备是操作系统的主要任务之一。

每一个计算机系统都配置了各种各样的输入输出设备,简称 I/O 设备,也称为计算机外部设备。每一种 I/O 设备具有各自的特点、不同的传输方式和控制方式,用户不可能也不需要详细了解这些 I/O 设备的控制技术,它们都是由操作系统来管理的。设备管理的主要任务是完成用户提出的 I/O 请求,提高 I/O 速率及改善 I/O 设备的利用率。

本章主要讲述操作系统对输入输出操作的控制及操作系统对设备的管理。

6.1　设备管理概述

操作系统中的设备除了指进行实际操作的物理设备以外,也包括控制这些设备进行 I/O 操作的支持设备,如设备控制器、中断控制器、DMA 控制器、通道等。操作系统中负责管理输入输出设备(即控制所有设备以完成期望的数据传送)的部分称为 I/O 系统,它完成设备管理功能。

6.1.1　设备的分类

计算机系统中的输入输出设备从键盘、鼠标、显示器、打印机、磁盘驱动器到网络设备,种类繁多,特性各异,操作方式也有很大差别,从而使操作系统对设备的管理变得十分复杂。不同的设备对应不同的管理程序,而同类设备可利用相同的管理程序或做少量的修改即可,因此,为了简化设备管理程序,要对设备进行分类。从操作系统的观点看,设备的性能指标主要有数据的传输速率、信息交换的单位、设备的共享属性等。以下将按照这 3 个性能指标对设备进行分类。

1. 按数据的传输速率分类

按传输速率的高低,可将 I/O 设备分为 3 类。第一类是低速设备,这是指其传输速率仅为每秒几字节至数百字节的设备,主要有键盘、鼠标、语音输入输出设备等。第二类是中速设备,这是指其传输速率在每秒数千字节至数万字节的设备,典型的中速设备有行式打印机、激光打印机等。第三类是高速设备,这是指其传输速率在每秒数兆字节至数十兆字节的设备,典型的高速设备有磁带机、磁盘机、光盘机等。

2. 按信息交换的单位分类

按信息交换的单位可将 I/O 设备分成两类。一类是块设备,这类设备用于存储信息。由于信息的存取总是以数据块为单位,所以可以共享分配。这类设备又称为直接存取设备,它属于有结构设备。典型的块设备是磁盘,每个盘块的大小为512B~4KB。磁盘设备的基本特征是其传输速率较高,通常每秒几兆字节;另一特征是可寻址,即对它可随机地读写任一块。此外,磁盘设备的 I/O 传输常采用 DMA 方式。另一类是字符设备(character device),用于字符的输入和输出。因其基本单位是字符,故称为字符设备。它属于无结构设备。字符设备的种类繁多,如交互式终端、打印机等。字符设备的基本特征是其传输速率较低,通常为每秒几字节至数千字节;另一特征是不可寻址,即输入输出时不能指定数据的输入源地址及输出的目标地址;此外,字符设备在输入输出时,常采用中断驱动方式。

3. 按设备的共享属性分类

按设备的共享属性可将 I/O 设备分为如下 3 类。

(1) 独占设备。这是指在一段时间内只允许一个用户(进程)访问的设备,即临界资源。因而,对多个并发进程而言,应互斥地访问这类设备。系统一旦把这类设备分配给某进程,便由该进程独占,直至用完释放。应当注意,独占设备的分配有可能引起进程死锁。

(2) 共享设备。这是指在一段时间内允许多个进程同时访问的设备。当然,从宏观上看起来好像多个进程在同时使用,对于每一时刻而言,该类设备仍然只允许一个进程访问。显然,共享设备必须是可寻址和可随机访问的设备。典型的共享设备是磁盘。共享设备不仅可获得良好的设备利用率,而且也是实现文件系统和数据库系统的物质基础。

(3) 虚拟设备。这是指通过某种虚拟技术将一台独占设备变换为若干台虚拟的同类设备,供若干用户(进程)同时使用。例如,采用假脱机技术,将磁盘的一部分作为公共缓冲区以代替打印机,用户对打印机的操作实际上是对磁盘的存储操作,使慢速的独占打印机变成了可共享的快速的打印机。

6.1.2 设备管理的目标

设备管理的主要目标是屏蔽 I/O 设备的硬件特性,向用户提供使用 I/O 设备的方便接口,充分提高设备的利用率。因此,设备管理应完成下述任务。

(1) 设备配置和资源分配。由于系统要配置各种 I/O 设备和部件,它们都要使用和占用一定的系统资源,包括 I/O 通道、I/O 端口、中断请求号、DMA 等,可能在硬件和软件上会产生冲突,必须由系统对 I/O 设备进行正确的配置和分配,使各种 I/O 设备协调地、不冲突地工作。而即插即用技术(简称 PnP 技术)是解决计算机系统 I/O 设备与部件配置问题的主要应用技术。

(2) 设备分配与释放。响应进程的 I/O 请求,为其合理、有效地分配进程所要求的设备和相应的设备控制器、通道等辅助部件。在进程使用完设备后,及时回收进程所占用的设备。

(3) 控制设备和 CPU 的数据交换,进行数据传输。针对不同的设备请求,通过设备处理程序或设备驱动程序完成对设备的直接控制。

(4) 隐蔽设备特性。提供独立于设备的统一接口,使用户和设备分开,用户在编制程序时不涉及具体设备,系统按用户的要求控制设备工作。另外,这个接口还为新增加的用户设备提供一个和系统核心相连接的入口,以便用户开发新的设备管理程序。

(5) 提高设备利用率。缓解 CPU 和外设之间速度不匹配的矛盾,尽可能提高设备和设备之间、CPU 和设备之间以及进程之间的并发程度,充分利用设备资源。

6.1.3 设备控制器

为了实现更加模块化和更通用的设计,通常设备和 CPU 通过设备控制器通信。微型机和小型机中的设备控制器通常是主板上的芯片,或者是插入扩展槽中的印刷电路卡,可将它插入计算机,因而也常称为接口卡或适配器。

设备控制器的主要职责是控制一个或多个 I/O 设备,以实现 I/O 设备和 CPU 之间的数据交换。它是 CPU 与 I/O 设备之间的接口,如图 6-1 所示,由若干专用寄存器和相应的逻辑电路构成。每一个寄存器都有一个端口地址,CPU 通过寄存器与设备进行通信。通过写入这些寄存器,操作系统可以命令设备发送数据、接收数据、开启、关闭,或者执行其他操作。通过读取这些寄存器,操作系统可以了解设备的状态、是否准备好接收一个新的命令等。

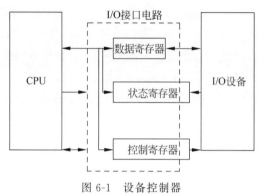

图 6-1 设备控制器

设备控制器的主要功能如下。

1. 接收和识别命令

CPU 可以向控制器发送多种不同的命令,设备控制器应能接收并识别这些命令,为此,在设备控制器中应有相应的控制寄存器,用来存放接收的命令和参数,并对所接收的命令进行译码。例如,磁盘控制器可以接收 CPU 发来的 Read、Write、Format 等 15 条不同的命令,有些命令还带有参数;相应地,在磁盘控制器中有多个寄存器和命令译码器等。

2. 数据交换

在输出时,通过数据总线,由 CPU 并行地把数据写入设备控制器的数据寄存器中,然后才以 I/O 设备所具有的速率将寄存器中的数据传送给 I/O 设备;在输入时,从 I/O 设备送来的数据首先放在设备控制器的数据寄存器中,再由 CPU 在适当时将其送到指定的存储单元中。

3. 标识和报告设备的状态

设备控制器应记下设备的状态供 CPU 了解。例如,仅当一个设备处于发送就绪状态时,CPU 才能启动设备控制器从该设备中读出数据。为此,在设备控制器中应设置一个状态寄存器,用其中的某一位来反映设备的某一种状态。当 CPU 读入该寄存器的内容后,便可了解该设备的状态。

4. 地址识别

就像内存中的每一个单元都有一个地址一样,系统中的每一个设备也都有一个地址,而设备控制器又必须能够识别它所控制的每个设备的地址。此外,为使CPU能向(或从)寄存器中写入(或读出)数据,这些寄存器都应具有唯一的地址。例如,在IBM-PC中规定,硬盘控制器中各寄存器的地址为320H~32FH之一。设备控制器应能正确识别这些地址,为此,在设备控制器中应配置地址译码器。

5. 差错控制

设备控制器还兼管对由I/O设备传送来的数据进行差错检测。若发现传送中出现了错误,通常是将差错检测码置位,并向CPU报告,于是CPU将本次传送来的数据作废,并重新进行一次传送。这样便可保证数据输入的正确性。

6.1.4 I/O系统的层次结构

计算机系统通过硬件控制驱动技术和软件驱动来完成整个I/O操作。前者是I/O设备厂商设计的与设备密切相关的技术,这些技术对设备依赖性很大。后者涉及系统所有的I/O处理软件。为了使这两者都对用户透明,方便用户使用,由操作系统本身来自动处理I/O设备的请求、操作和驱动。因此,I/O系统(设备管理软件)将独立于设备,操作系统内核中只保留与设备无关的那部分软件,而将与设备有关的驱动软件作为一种可装卸的程序,可以按照系统配置的需求进行配置。在实际应用中,一些操作系统中只要安装了相应的设备驱动程序,就可以方便地使用新的I/O设备。

操作系统中的I/O系统软件一般分为几个层次,如中断处理程序、设备驱动程序、独立于设备的系统软件和用户级软件。低层软件用来屏蔽硬件的具体细节,高层软件主要为用户提供一个简洁、规范的界面。图6-2给出了I/O系统的层次结构及各层之间的通信关系(用箭头表示)。

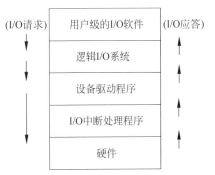

图6-2 I/O系统的层次结构及各层之间的通信关系

1. 用户级的I/O软件

I/O系统向用户程序提供一组访问设备的系统调用命令,它们是用户程序和I/O系统之间的接口,这种接口是与设备无关的,无论访问什么设备,使用的都是相同的系统调用命令。通常的系统调用是由库函数实现的。例如,一个用C语言编写的程序可能包含如下的系统调用:read(dev,addr,size),其中,dev是逻辑设备名,addr是所传输的信息在内存的地址,size是要传输的字节数。标准的I/O库函数包含了许多涉及I/O的过程,它们都是作为用户程序的一部分运行的。通常这些库函数所做的主要工作是把系统调用所需的参数传送给独立于设备的I/O系统软件,由其他的I/O过程实现真正的操作。

2. 逻辑I/O系统

这层软件通常也称为与硬件无关的逻辑I/O系统。它屏蔽了硬件的特性,向用户提供独立于设备的统一接口,完成所有设备都应实现的功能。它的主要功能如下。

(1) 接收用户使用系统调用发来的I/O请求,构造I/O包,把它传送给设备驱动程序,启动设备驱动程序完成I/O任务。

(2) 实现逻辑设备到物理设备驱动程序的映射。为了保证设备的独立性,在操作系统的 I/O 软件中,对输入输出设备统一命名,由逻辑 I/O 系统负责把设备的符号名映射到相应的设备驱动程序上。

(3) 负责设备的分配和释放。对设备的使用请求进行检查,并根据申请设备的使用状况决定是接收该请求还是拒绝该请求。

(4) 管理 I/O 缓冲。负责缓冲区的申请与释放,控制 I/O 缓冲与内存之间的数据传输。

(5) 接收设备驱动程序的应答,并向用户发送 I/O 完成的情况。

(6) 负责必要的出错处理。一般来说,出错处理是由设备驱动程序完成的。大多数错误是与设备密切相关的,因此,只有设备驱动程序知道应如何处理(如重试、忽略或取消)。但还有一些错误是与设备无关的,如设备驱动程序重试失败,则通知逻辑 I/O 系统,至于如何处理这个错误则与设备无关了。

3. 设备驱动程序

所有涉及物理操作特性的 I/O 处理都由 I/O 系统中较低层的软件完成,主要包括设备驱动程序和 I/O 中断处理程序,对设备的使用转变为对设备驱动程序的调用。

设备驱动程序由设备服务子程序和中断处理程序组成。设备驱动程序处理一种设备或者一类密切相关的设备,程序代码依赖于设备操作。它的主要工作是:接收上层发来的 I/O 请求,对它进行从抽象到物理的转换,构造出相应的操作命令(例如,对于磁盘,将请求的盘块号映射成物理地址);检查设备的状态是否正常,然后决定需要设备控制器执行哪些操作,将 I/O 操作送入设备控制器,启动设备控制器;收集设备完成后的结果状态,传送到上层软件。

4. I/O 中断处理程序

I/O 中断处理程序位于最底层,它响应 I/O 的中断请求,完成相应的中断处理。I/O 中断处理程序的基本工作包括:保留现场;唤醒因等待该 I/O 操作完成而被阻塞的某个进程(如设备驱动进程或请求 I/O 的进程),通知该进程 I/O 已完成;最终转入进程调度程序重新进行调度。

下面通过一个例子来说明 I/O 的控制过程。一个用户进程在运行过程中通过系统调用 write(dev,addr,size)向一个磁盘文件写入一组数据时,系统调用将向逻辑 I/O 系统发送一个 I/O 请求,用户进程将进入阻塞状态,等待数据传输的完成。逻辑 I/O 系统接收该请求,检查相应的设备是否已准备好,为数据传输分配必要的缓冲,调用相应的磁盘驱动程序,完成数据传输。然后,由硬件产生一个中断,转入中断处理程序。中断处理程序检查中断的原因,知道是磁盘读取操作已完成,于是将完成信息传送给磁盘驱动程序,由磁盘驱动程序将数据传送完成的情况传送给逻辑 I/O 系统。逻辑 I/O 系统唤醒用户进程,结束此次 I/O 请求。

在随后的各节中将由低到高依次讨论这几个层次的一些关键技术。

6.2 数据传送控制方式

操作系统不是直接与设备打交道,而是与设备控制器(即硬件接口)打交道。接口的结构及功能不同,传送方式不同,从而使 CPU 对外设的控制方式也不同。常用的数据传送控制方式主要有以下几种。

6.2.1 程序直接控制方式

程序直接控制方式就是由用户进程来直接控制内存或 CPU 和外设之间的信息传送，即当用户进程需要传输数据时，通过 CPU 向设备发出启动设备的命令，然后用户进程进入等待测试状态。输入数据时，CPU 向设备控制器发出一条 I/O 指令启动输入设备输入数据，同时把设备控制器的状态寄存器中的忙/闲标志 Busy 置为 1，用户进程进入等待测试状态。在等待时间内，CPU 不断地循环测试 Busy，当 Busy=1 时，表示输入设备尚未输入完一个字符，处理机应继续对该标记进行测试，直到 Busy=0。当输入设备的数据准备好后，发出一个选通信号，该信号把数据送入数据寄存器，也把 Busy 置为 0，表明输入设备已将数据送入控制器的数据寄存器中，于是处理机将数据从数据寄存器中取出，送入指定单元中，这样便完成了一个字符的输入。接着再次启动，读下一个数据，直到完成本次传送的数据。反之，当用户进程需要输出数据时，同样发出启动命令启动设备进入等待测试状态，直到设备准备好后才能输出数据。图 6-3 给出了程序直接控制方式的外设和 CPU 的处理流程。

程序直接控制方式控制简单，也不需要太多的硬件支持，但是存在下列缺点。

(1) CPU 利用率低。CPU 和外设之间只能串行工作，而 CPU 的速度又大大高于外设的工作速度，所以 CPU 的大量时间处于空闲状态。

(2) 不能充分发挥设备的使用效率。CPU 在一段时间内只能与一个设备进行数据交换，所以设备与设备之间不能并行工作。

(3) 不能处理外设发生的错误。程序直接控制方式依靠测试设备控制器的状态寄存器的标志来控制数据的传送，因此无法发现和处理设备或其他硬件所产生的错误。

程序直接控制方式只适用于那些执行速度较慢、外设较少的系统。

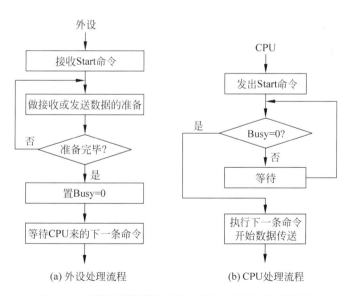

图 6-3 程序直接控制方式的外设和 CPU 的处理流程

6.2.2 中断控制方式

随着中断技术的出现和多道程序技术的引入,外设与 CPU 之间数据传送控制引入了中断方式。这种方式要求外设接口电路有相应的中断线,同时在设备控制器的状态寄存器中有相应的中断请求允许位。图 6-4 给出了中断控制方式的处理流程。

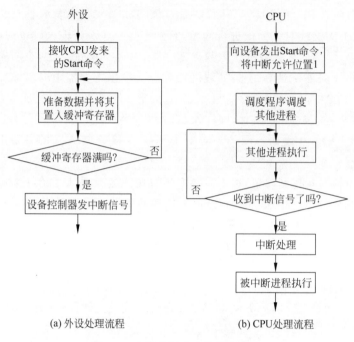

图 6-4 中断控制方式的处理流程

当进程执行要求从一个指定的设备输入数据时,由 CPU 向设备发出一条 I/O 命令启动输入设备输入数据,同时将设备控制器的状态寄存器的中断请求允许位打开,以便在需要时中断程序可以被调用。而当前进程将转入阻塞状态,等待数据传输的完成,由调度程序调度其他进程执行。设备控制器按照命令要求去控制指定的输入设备,完成数据的输入操作。此时,设备和 CPU 并行工作。输入设备将数据送入数据寄存器,同时,由中断线发出一个中断信号。CPU 每执行完一条命令后,便去检测中断线,询问是否有中断请求。CPU 检测到中断信号后,调用相应的中断处理程序,将数据从数据寄存器中取出,送到指定的内存单元中。

如果要将一组数据送到指定的设备输出,则 CPU 会向设备发出一条 I/O 命令启动输出设备输出数据,同时将输出数据送入数据寄存器,设备控制器控制设备将数据从数据寄存器输出。同样,当前进程阻塞,CPU 可转去执行其他操作。在设备输出数据完成后,向 CPU 发一个中断信号,CPU 检测到中断信号后,调用相应的中断处理程序完成数据的处理工作。

中断控制方式使 CPU 发出启动设备的命令后,没有像程序直接控制方式那样去循环测试外设的工作状态,而是调度其他进程开始执行。显然,在 CPU 执行其他进程时,也可以启动不同的设备工作。因此,与程序直接控制方式相比,中断处理方式可以使外设与外设、CPU 与外设并行工作，从而大大提高了系统的使用效率。但该方式依然存在下列缺点。

（1）处理中断花费大量的处理机时间。由于 I/O 设备控制器中的数据寄存器通常较小，而中断处理方式是每当数据寄存器满时便发生一次中断，因此，在一次传送数据过程中，如果传送的数据较多，发生中断的次数也较多，这将使 CPU 花费大量的时间去处理中断。

（2）传送数据容易丢失。当系统配置的外设较多，采用中断处理方式并行工作的设备较多时，中断次数会急剧增加，从而造成 CPU 无法响应中断，出现数据丢失现象。另外，在中断控制方式中，通常都是假设外设的速度比较慢，而 CPU 处理速度足够快。也就是说，当设备把数据放入数据寄存器并发出中断信号之后，CPU 有足够的时间在下一组数据进入数据寄存器之前取走这些数据。但是如果外设的速度比较快，则可能造成数据寄存器中的数据还没有被 CPU 取走，下一组数据就由设备送入数据寄存器，从而使前一组数据丢失。

6.2.3 DMA 控制方式

DMA 即直接内存存取（Direct Memory Access），传送的数据单位是数据块。其所传送的数据从设备直接送入内存或者相反。DMA 仅在传送一个或多个数据块的开始和结束时，才需 CPU 干预。DMA 控制器中除了状态寄存器和数据寄存器外，还需要内存地址寄存器、字节计数器等。图 6-5 给出了 DMA 控制方式的处理流程。

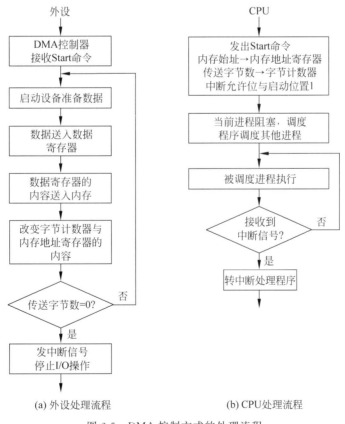

图 6-5　DMA 控制方式的处理流程

当进程要求从一个指定的设备输入数据时，由 CPU 向相应设备的 DMA 控制器发送一条读命令，同时将本次将要读入的内存起始地址送入 DMA 控制器的内存地址寄存器，要读取的数据字节数送入 DMA 控制器的字节计数器。另外,还将控制状态寄存器中的中断允许位和启动位置 1。然后启动 DMA 控制器进行数据的传送。而当前进程将转入阻塞状态,等待数据传输的完成,由调度程序调度其他进程执行。当输入设备将数据送入 DMA 控制器的数据寄存器后,由设备向 DMA 控制器发送一个请求信号,DMA 控制器接收到这个信号后,将挪用一个总线控制周期,将数据从 DMA 控制器的数据寄存器中送入指定的内存单元中,同时,字节计数器中的数减 1,如此反复,直到字节计数器的值为 0,表示本次传送数据完毕。同时,DMA 控制器通过中断线发出中断请求,CPU 检测到中断信号后,调用相应的中断处理程序完成善后的处理工作。

相反,当进程要求向一个指定的设备输出数据时,由 CPU 向相应设备的 DMA 控制器发送一条写命令,同时将本次将要输出数据的内存起始地址送入 DMA 控制器的内存地址寄存器,要写出的数据字节数送入 DMA 控制器的字节计数器。然后由 DMA 控制器控制数据的传送,直到数据传送完成,最后由 CPU 执行调用相应的中断处理程序完成必要的处理工作。

与中断控制方式相比,DMA 控制方式虽然也调用了中断处理程序来完成数据传输的善后工作,但是其数据的传输过程与中断控制方式有两个主要的区别。

(1) 传送同样的数据,中断处理次数不同。中断控制方式是在数据缓冲器满后发出中断请求,而 DMA 控制方式则是在所要求传送的数据全部完成时才发出中断请求,这样就大大减少了 CPU 进行中断处理的次数。

(2) 中断控制方式受 CPU 控制,而 DMA 控制方式直接完成与内存的数据交换,不受 CPU 控制。中断控制方式的数据传送是在中断处理时由 CPU 将数据传送到指定的存储单元中,每次传送完成时,内存地址的修改以及数据是否传送完成等信息等都必须由 CPU 去控制。而 DMA 控制方式在传送数据之前必须由 CPU 对 DMA 控制器编程,以确定传送模式、内存地址、传送字节等参数。数据传送过程不经过 CPU 的控制,由 DMA 控制器控制完成外设和内存之间的直接数据传送。传送完毕后,需 CPU 读取 DMA 控制器的状态,作必要的结束处理。这样,排除了因并行操作设备过多时 CPU 来不及处理或因速度不匹配造成的数据丢失现象。

但是,DMA 控制方式仍然存在下列缺点。

(1) 对于大量的数据传送,仍需要 CPU 控制。DMA 控制方式中,CPU 每发出一条 I/O 指令,只能读一个连续的数据块,而当需要一次读多个不连续的数据块时就需要多次中断。

(2) 多个 DMA 控制器同时使用会引起内存地址的冲突,使得控制过程变得复杂。

(3) 需要 DMA 控制器硬件支持。现代计算机系统所配置的外设越来越多,同时配置多个 DMA 控制器会增加计算机的成本。

6.2.4 通道控制方式

为了进一步提高系统对 I/O 的处理速度,减少 CPU 对数据传输的干预,在大型的计算机系统中引入了一种特殊的硬件设施——通道。

1. 通道

通道是一种独立于处理机,专门用于输入输出操作控制的特殊处理机,也称为 I/O 处理机。它具有执行 I/O 指令的能力,并通过执行通道程序来完成内存和外设之间的数据传送。与一般的处理机相比,它具有如下的特征。

(1) 有自己专门的通道命令,用于与控制器连接的设备通信,控制设备与内存之间的数据传输。通道命令一般包含要传输的数据在内存中的地址、传送方向、数据块长度以及被控制的 I/O 设备的地址信息、特征信息等。

(2) 命令类型单一,其所能执行的命令主要局限于与 I/O 操作有关的命令。通道没有自己的内存,通道命令构成相应的通道程序放在主机的内存中。通道程序在进程要求数据传输时由系统自动生成。

2. 控制过程

当进程要求进行数据传输时,首先在内存中生成相应的通道程序,然后执行启动命令,指明 I/O 操作、设备号和对应的通道。若此时对应的通道可用,则启动通道成功。这时当前进程进入等待状态,CPU 可转去执行其他进程。当通道接收到启动命令后,独立执行存放在内存中的通道程序,根据通道程序命令启动对应的控制器,控制完成内存与外设之间的数据交换。当 I/O 完成后,控制器通过中断请求线发出中断请求,CPU 进行结束处理。图 6-6 给出了通道控制方式的处理流程。

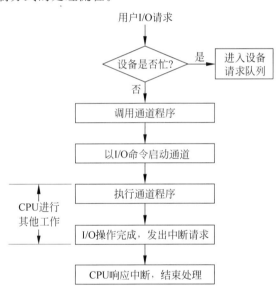

图 6-6 通道控制方式的处理流程

3. 通道的类型

按照信息交换方式的不同,通道有 3 种类型。图 6-7 给出了由这 3 种通道组成的数据传送控制结构。

(1) 字节多路通道。它适用于连接打印机、终端等低速的 I/O 设备。这种通道连接多个子通道,每一个子通道连接一台设备,并控制该设备的 I/O 操作。这些子通道按时间片分时方式共享主通道。当第一个子通道控制其 I/O 设备完成 1 字节的交换后,便立即让出主通道,让第二个子通道完成数据交换,以此类推。

(2) 选择通道。它适用于连接高速的 I/O 设备,如磁盘、磁带等,每次传送一批数据,传送速率很高。选择通道只有一个分配型子通道(即这个通道可以连接多个设备,但每次只能

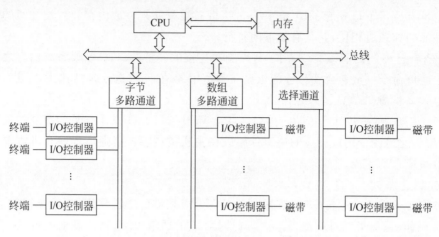

图 6-7　3 种通道组成的数据传送控制结构

把子通道分配给一台设备使用),在一段时间内只执行一道通道程序,控制一台设备进行数据传输。一旦分配给某台设备,子通道被它独占,即使出现空闲,也不允许其他设备使用该子通道,直到该设备传送完毕,释放该通道。这种传送方式通道利用率低,传输速率高。

(3) 数组多路通道。这种通道综合了字节多路通道分时工作和选择通道传输速率高的特点。它具有多个非分配型子通道,每个子通道连接一台中高速的 I/O 设备,因而通道所连接的设备可以并行工作,每台设备的数据传输方式是成组的。

4. 通道控制方式与 DMA 控制方式的区别

通道控制方式与 DMA 控制方式有以下几个区别。

(1) 通道连接了通道设备控制器,控制器中没有字节计数器、内存地址寄存器,有命令执行机构。

(2) 通道传送数据完全由通道命令来控制,一次可以连续传送多个数据块。

(3) DMA 控制方式只和一个设备相连,一个通道可连接并控制多台设备。

通道技术通常在大中型计算机系统普遍采用,由于大部分数据传输由通道完成,I/O 控制器的作用相对较小。对无通道结构的小型与微型机来说,多采用由系统处理机直接控制设备接口和设备控制器的方式,或者在 I/O 控制器上使用专用的 I/O 处理器来控制设备。随着计算机硬件系统和部件的发展,带有自己的处理部件的设备控制器或者接口卡已大量出现,这些内嵌了处理器并且含有固化控制程序的部件被称为智能控制部件或接口。虽然这些 I/O 处理器的类型各不相同,但整个部件起到了通道的作用。它们只需要接收系统处理器的委托和激发,通过这些部件中的固化程序完成 I/O 操作,与系统处理器并行工作。

6.3　中断处理与设备驱动程序

从前面几节可知,当用户进程通过系统调用请求 I/O 操作后,将由操作系统的逻辑 I/O 系统调用对应设备的设备驱动程序完成设备的驱动。除了程序直接控制外,无论是中断控制方式、DMA 控制方式还是通道控制方式,都是在 I/O 设备完成 I/O 操作后,设备控制器便向 CPU 发送中断请求,CPU 响应后便转向中断处理程序。在中断处理完成后,再由设备驱动程序将 I/O 操作完成情况反馈给上层调用者。

本节从设备管理的角度讨论中断处理与设备驱动处理的主要策略。

6.3.1 中断处理过程

一旦 CPU 响应中断,系统就转入中断处理程序。中断处理程序的处理过程主要有以下 4 个步骤。

1. 保护被中断进程的 CPU 环境

为了在中断处理结束后能使进程正确地返回到中断点,系统必须保存当前处理机状态字和程序计数器等的值。通常由硬件自动将处理机状态字和程序计数器中的内容保存在中断保留区(栈)中,然后把被中断进程的 CPU 现场信息(即包括所有的 CPU 寄存器,如通用寄存器、段寄存器等内容)都压入栈中。

2. 转入相应的设备处理程序

由处理机对各个中断源进行测试,以确定引起本次中断的 I/O 设备,然后将相应的设备中断处理程序的入口地址装入程序计数器中,使处理机转向中断处理程序。

3. 中断处理

不同的设备有不同的中断处理程序。该程序首先从设备控制器中读出设备状态,以判别本次中断是正常完成中断还是异常结束中断。若是前者,则中断处理程序便做结束处理,若还有命令,则可再向设备控制器发送新的命令,进行新一轮的数据传送;若是后者,则根据发生异常的原因做相应的处理。

4. 恢复被中断进程的现场

当中断处理完成以后,将等待该中断请求的进程唤醒,同时将保存在中断栈中的被中断进程的现场信息取出,并装入相应的寄存器中,其中包括该程序下一次要执行的指令的地址、处理机状态字以及各通用寄存器和段寄存器的内容。这样,当处理机继续执行本程序时,能正确地返回到被中断时程序的状态。

除了上述的第 3 步外,其他各步骤对所有 I/O 设备都是相同的,因而某种操作系统如 UNIX 系统,往往把这些共同的部分集中起来,形成中断总控程序。每当要进行中断处理时,都要首先进入中断总控程序。而对于第 3 步,则对不同设备须采用不同的设备中断处理程序继续执行。图 6-8 给出了中断处理流程。

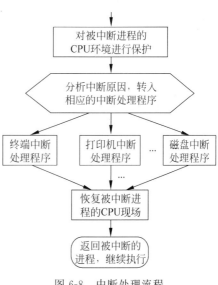

图 6-8 中断处理流程

6.3.2 设备驱动程序

设备驱动程序主要是指在请求 I/O 的进程与设备控制器之间的一个通信和转换程序。它对进程的 I/O 请求进行转换后,发送一条启动命令,传送给控制器;又把控制器中所有记录的设备状态和 I/O 操作完成情况及时地反馈给请求 I/O 的进程。

1. 设备驱动程序的特点

设备驱动程序也称为 I/O 处理程序,是一种低级的系统例程,它向上与高级 I/O 操作原语相对应,向下与 I/O 硬件设备相对应,完成两者间的相互通信。它与一般的应用程序及系统程序之间有以下差异。

(1) 设备驱动程序不能被用户进程直接执行,只能通过 I/O 请求和调用方式,经过间接转换和映射,由系统执行。

(2) 设备驱动程序与设备控制器和 I/O 设备的硬件特性紧密相关,因而对不同类型的设备应配置不同的设备驱动程序。系统往往对略有差异的一类设备提供一个通用的设备驱动程序。例如,在 Microsoft Windows 操作系统中,为 CD-ROM 提供了一个通用的设备驱动程序。但有时即使是同一类型的设备,由于其生产厂家不同,它们也可能并不完全兼容,此时也需为它们配置不同的设备驱动程序。

(3) 设备驱动程序与 I/O 设备所采用的 I/O 控制方式紧密相关。常用的 I/O 控制方式是中断控制和 DMA 控制,这两种方式的设备驱动程序明显不同,因为后者应按数组方式启动设备及进行中断处理。

(4) 由于设备驱动程序与硬件紧密相关,因而其中的一部分必须用汇编语言书写,针对具体的 I/O 设备控制器进行控制编码或微程序操作。目前很多设备驱动程序的基本部分已经固化在 ROM 中。

(5) 不同的操作系统对设备驱动程序的结构要求不同。一般来说,在操作系统中的相关文档中,都有对设备驱动程序结构要求的描述。每个设备生产厂商和软件开发商都必须按照设备驱动程序的标准结构编写独立的设备驱动程序,当系统需要时,再将它安装配置到系统中。

2. 设备驱动程序的处理过程

设备驱动程序的结构因系统不同而异,一般情况下它应包含两部分:能够驱动 I/O 设备工作的设备驱动程序和处理 I/O 完成后的工作的设备中断处理程序。

设备驱动程序的处理过程主要有以下步骤。

(1) 将抽象要求转换为具体要求。通常在每个设备控制器中都含有若干寄存器,它们分别用于暂存命令、数据和参数等。用户及上层软件对设备控制器的具体情况毫无了解,因而只能向它发出抽象的要求(命令),但这些命令无法传送给设备控制器。因此,就需要将这些抽象要求转换为具体要求。例如,将抽象要求中的盘块号转换为磁盘的盘面、磁道号及扇区。这一转换工作只能由设备驱动程序来完成,因为在操作系统中只有设备驱动程序才同时了解抽象要求和设备控制器中的寄存器情况;也只有它才知道命令、数据和参数应分别送往哪个寄存器。

(2) 检查 I/O 请求的合法性。任何设备都只能完成一组特定的功能,若该设备不支持这次的 I/O 请求,则认为这次 I/O 请求非法。例如,用户试图请求从打印机输入数据,显然系统应予以拒绝。此外,还有些设备,如磁盘和终端,虽然都是既可读又可写的,但若在打开这些设备时规定的是读,则用户的写请求必然被拒绝。

(3) 读出和检查设备的状态。在启动某个设备进行 I/O 操作时,其前提条件应是该设备正处于空闲状态。因此在启动设备之前,要从设备控制器的状态寄存器中读出设备的状态。例如,为了向某设备写入数据,应先检查该设备是否处于接收就绪状态。仅当它处于接收就绪状态时,才能启动其设备控制器,否则只能等待。

(4) 传送必要的参数。有许多设备,特别是块设备,除必须向其控制器发出启动命令外,还要传送必要的参数。例如,在启动磁盘进行读/写之前,应先将本次要传送的字节数和数据应到达的主存始址送入设备控制器的相应寄存器中。

(5) 工作方式的设置。有些设备具有多种工作方式,典型情况是利用 RS-232 接口进行异步通信。在启动该接口之前,应先按通信规程设定下述参数:波特率、奇偶校验方式、停止位数目及数据字节长度等。

(6) 启动 I/O 设备。在完成上述各项准备工作后,设备驱动程序可以向设备控制器中的命令寄存器传送相应的控制命令。

(7) 信息返回。设备驱动程序发出 I/O 命令后,其本次的 I/O 操作是在设备控制器的控制下进行的。I/O 操作完成后,设备驱动程序必须检查本次 I/O 操作中是否发生了错误,并向上层软件报告,最终向调用者报告本次 I/O 的执行情况,并把因等待此操作完成而阻塞的进程唤醒。

通常,I/O 操作要完成的工作较多,需要一定的时间,如读/写一个盘块中的数据,此时设备驱动(程序)进程把自己阻塞起来,直到中断到来时才被唤醒。但在特殊情况下,操作可以毫不拖延地完成,所以设备驱动程序无须阻塞。例如,滚动某些终端的屏幕只需几字节写入设备控制器寄存器即可,整个操作可以在几微秒中完成。在操作完成后,不管哪种做法都必须检查错误。只不过对于阻塞情况,将在中断处理中检查;对于不阻塞的情况,在此处马上检查。

设备驱动程序在完成上述工作后,如果还有其他的 I/O 请求,则启动下一个 I/O 请求;如果没有新的 I/O 请求,则该设备驱动程序阻塞,等待下一个请求的到来。

6.4 缓 冲 技 术

缓冲区管理是逻辑 I/O 系统的重要功能之一。它主要为进行数据传输的 I/O 设备负责缓冲区的申请与释放,控制 I/O 缓冲与内存之间的数据传输。

6.4.1 引入缓冲技术的原因

由于处理机和外设速度不匹配以及系统各部分的负荷也常常不均衡,致使处理机和外设的并行程度以及外设与外设之间的并行程度受到影响。

先用一个简单例子说明处理机和外设的工作情况。假设在一段时间内,系统中只有一个用户进程正在使用行式打印机。其工作过程如下。

(1) 计算并产生一行需打印的信息,它们存放在字符型数组 line[LENGTH]中。这段时间用 T_c 表示。

(2) 要求系统将 line 数组中的信息送到行式打印机打印。打印所需时间表示为 T_{lpt}。

步骤(1)、(2)可以反复多次。如图 6-9(a)所示,各次循环中,T_c 可能不同,分别表示为 $T_{c1}, T_{c2}, \cdots$。打印机打印一行的时间大致相等,都用 T_{lpt} 表示。图中实线部分表示进程正在处理机上运行或打印机正在进行打印操作;虚线部分表示该进程主动放弃处理机,处于阻塞状态,或者打印机处于空闲状态。从图 6-9(a)中可以看出,进程每次将要打印的数据送入数组后,必须转入等待状态,等待打印机打印完成。同时打印机每打印完一行信息,需要发生一次中断,导致处理机调度操作比较频繁,因此也就增加了系统开销。打印机的忙闲程度也很不均匀,不能充分实施并行操作。另外,当行式打印机工作时,line 数组所在的数据段也驻留在内存中,降低了内存的使用效率。

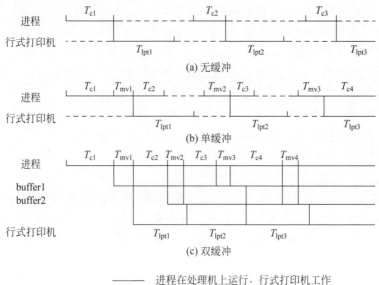

图 6-9 缓冲引入示例

解决上述问题的一种常用技术是设置一定数量的缓冲存储区。例如,在系统中为行式打印机设置一个缓冲存储区 buffer[LENGTH]。于是,进程使用行式打印机的过程变成。

(1) 计算并产生一行需打印的信息,它们存放在 line[LENGTH]中。

(2) 系统将 line 数组中的信息先传送到 buffer 中,这一工作所需时间记为 T_{mv}。

(3) 命令行式打印机将 buffer 中的内容打印出来,时间为 T_{lpt}。

在这种情况下,进程和行式打印机的工作情况如图 6-9(b)所示。从图中可以看出,如果 T_c 大于或等于 T_{lpt},那么进程就可以连续运行,不必主动放弃处理机。另外,在需要放弃处理机时,由于打印数据已缓存在 buffer 中,所以进程有关段不必保存在内存中。但是如果 T_c 远小于 T_{lpt},那么额外的进程调度还是不可避免的,系统性能的进一步提高会受到限制。

为了进一步提高行式打印机的利用率并减少进程调度及中断次数,可以继续增加缓冲存储区数。图 6-9(c)是系统为行式打印机设置了两个缓冲存储区时的工作情况。从中可以看出,只要进程在一段时间内连续产生的需要打印的信息少于缓存容量与打印机在这段时间内能够输出的信息量之和,那么进程就不必主动放弃处理机,打印机也能以正常速度连续工作。

系统的实际工作情况比上面的例子要复杂得多。系统中通常有多个进程并发运行,它们或共享或各独占一个或几个外部设备,即使使用 DMA 控制方式或通道控制方式控制数据传送时,如果不用专用的缓冲区来存放数据,也会因为要求数据的进程所拥有的内存区不够或存放数据的内存始址计算困难等原因而造成某个进程长期占用通道或 DMA 控制器及设备,从而产生所谓的瓶颈问题。

因此,为了解决中央处理机和外部设备的速度不匹配和负荷不均衡问题,减少处理调度及中断次数,解决 DMA 控制方式或通道控制方式的瓶颈问题,提高各种设备的工作效率,增加系统中各部分的并行工作速度,在设备管理中引入了缓冲技术。

需要指出的是,缓冲技术是以空间换取时间,而且它只能在设备使用不均衡时起到平滑作用。如果在相当长的一段时间内,进程提出的输入输出要求超出了相应设备不间断工作所能完成的总量,那么当缓冲已全部存放了 I/O 信息后,多缓冲的作用也就基本消失了。

6.4.2 缓冲的种类

根据 I/O 控制方式,缓冲的设置有两种方式。

(1) 硬缓冲。采用专用的硬件缓冲器,如 I/O 控制器中的数据缓冲寄存器。

(2) 软缓冲。在内存中划出一个专用的区域,专门用来存放输入输出数据。在此,根据系统设置的缓冲器的个数,可把缓冲区分为以下 3 种。

① 单缓冲。系统在设备和处理机之间设置一个缓冲区,图 6-10 为其工作示意图。设备和处理机交换数据时,先把被交换数据写入缓冲区,然后,由设备或处理机从缓冲区取走数据。因为单缓冲区只能被串行访问,所以进程和设备之间可能会出现等待。假定从磁盘把一块数据输入缓冲的时间为 T,操作系统将缓冲区中的数据传送到用户区的时间为 M,而 CPU 对这一数据处理的时间为 C。由于 T 和 C 是可以并行的,当 $T>C$ 时,对每一块数据处理的时间为 $T+M$;反之则为 $C+M$。因此,单缓冲区并不能明显地提高设备与处理机之间的并行度。

图 6-10 单缓冲工作示意图

② 双缓冲。系统在设备和处理机之间设置两个缓冲区,其工作过程如图 6-11 所示。当设备输入时,可将数据送入第一个缓冲区,可不必等待处理机将数据取走,便可接着将第二批数据送入第二个缓冲区。双缓冲时,系统处理一块数据的时间可以粗略地认为是 MAX(C,T)。显然,$C<T$ 时,双缓冲可使设备连续工作;$C>T$ 时,可以让 CPU 不必等待设备的输入。但是,当输入设备的工作速度与 CPU 工作速度相差较远时,双缓冲并不能很好地解决问题。

图 6-11 双缓冲工作示意图

③ 缓冲池。内存中多个大小相等的缓冲区连接起来,就组成了一个公用缓冲池。缓冲池由系统统一管理。设备和处理机交换数据时,系统将为之分配多个缓冲区,当数据传输完

成,这些缓冲区将被回收。

6.4.3 缓冲池的管理

1. 缓冲区结构

为了便于管理,通常一个缓冲区由两部分组成:一部分是用来标识该缓冲区和用于管理的缓冲区首部,另一部分是用于存放数据的缓冲体。对缓冲池的管理是通过对每一缓冲区的缓冲首部进行操作实现的。

缓冲区的首部如图 6-12 所示,它包括缓冲区号、逻辑设备号、块设备上的数据块号、缓冲区状态、传输字节数、互斥标志位及缓冲队列的链接指针。

| 缓冲区号 |
| 逻辑设备号 |
| 数据块号 |
| 缓冲区状态 |
| 传输字节数 |
| 互斥标志位 |
| 链接指针 |

图 6-12 缓冲区的首部

2. 缓冲队列

缓冲池中的所有缓冲区通过首部链接在一起,系统把各缓冲区按其使用的状况构成 3 种缓冲队列。

(1) 空缓冲队列 emq。系统初启时,缓冲池中所有的缓冲区都处于空闲队列。

(2) 输入缓冲队列 inq,即所有装满输入数据的缓冲区组成的队列。

(3) 输出缓冲队列 outq,即所有装满输出数据的缓冲区组成的队列。

3. 4 种工作缓冲区

除了上述的 3 种缓冲区队列,系统中还有 4 种工作缓冲区。进程从 3 种队列申请或取出缓冲区,并用得到的缓冲区进行存数、取数操作,在存取数操作结束后,再将缓冲区插入相应的队列中,这些缓冲区被称为工作缓冲区。图 6-13 给出了分别称为收容输入缓冲区 hin、提取输入缓冲区 sin、收容输出缓冲区 hout、提取输出缓冲区 sout 的 4 种工作缓冲区,它们分别对应缓冲区的 4 种工作方式,即收容输入、提取输入、收容输出和提取输出。

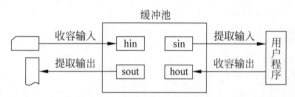

图 6-13 缓冲区的 4 种工作方式

4. 缓冲区的工作过程

缓冲区的操作由以下 4 个过程组成。

(1) 从 3 种缓冲区队列中按一定的选取规则取出一个缓冲区的过程 take_buf(type, number)。

(2) 把缓冲区按一定的选取规则插入相应的缓冲区队列的过程 add_buf(type, number)。

(3) 供进程申请缓冲区的过程 get_buf(type, number)。

(4) 供进程将缓冲区放入相应的缓冲区队列的过程 put_buf(type, number)。

其中,参数 type 表示缓冲区队列类型,number 为缓冲区号。过程 take_buf(type, number) 和过程 add_buf(type, number) 的操作与数据结构中学习过的队列操作过程类似,在此不再赘述。

下面给出 get_buf(type,number)和 put_buf(type,number)的过程描述。

设互斥信号量 S(type)用于缓冲队列的互斥操作,同步信号量 RS(type)表示每类缓冲区队列的数量。

```
get_buf(type,number)
{
    P(RS(type));
    P(S(type));
    Pointer of buffer(number) = take_buf(type,number);
    V(S(type));
}
put_buf(type,number)
{
    P(S(type));
    add_buf(type,number);
    V(S(type));
    V(RS(type));
}
```

使用过程 get_buf(type,number)和 put_buf(type,number),缓冲池的工作过程如下。

(1) 收容输入过程。当进程需要从输入设备输入数据时,输入进程调用 get_buf(emq, number)从空缓冲队列 emq 中取出一个缓冲区号为 number 的空白缓冲区,将其作为收容输入缓冲区 hin,当 hin 中装满了由输入设备输入的数据之后,系统调用 put_buf(inq,hin),将该缓冲区插入输入缓冲队列 inq 中。

(2) 提取输入过程。当用户进程需要从输入缓冲区队列 inq 中提取数据时,则调用过程 get_buf(inq,number)从输入缓冲队列中取出一个装满输入数据的缓冲区 number 作为提取输入缓冲区 sin,当 CPU 从中提取完所需数据之后,系统调用 put_buf(emq,sin),将该缓冲区释放并插入空缓冲队列 emq 中。

(3) 收容输出过程。当进程需要输出数据时,输出进程经过缓冲管理程序调用 get_buf (emq,number),从空缓冲区队列中取出一个空缓冲区 number 作为收容输出缓冲区 hout,待 hout 中装满输出数据之后,系统再调用 put_buf(outq,hout)将该缓冲区插入输出缓冲队列 outq。

(4) 提取输出过程。当需要从输出缓冲队列 outq 中提取数据时,则调用 get_buf(outq, number)从输出缓冲队列中取出装满输出数据的缓冲区 number,将其作为提取输出缓冲区 sout。当 sout 中的数据输出完毕时,系统调用 put_buf(emq,sout)将该缓冲区插入空缓冲队列。

6.5 设备分配

在计算机系统中,设备控制器和通道等资源是有限的,并不是每个进程随时都可以得到这些资源,它首先要向设备管理程序提出申请,然后由设备管理程序按照一定的分配算法给进程分配必要的资源。如果进程的申请没有成功,就要在资源的等待队列中排队等待,直到获得所需的资源为止。

下面就来讨论与设备分配相关的数据结构，以及设备分配的一些原则与策略。

6.5.1 设备分配中的数据结构

任何算法的实现都离不开数据结构的支持，在设备分配算法中也不例外。为了记录系统内所有设备的情况，以便对它们进行有效的管理，引入了一些表，如为每个设备（通道、控制器）配置的设备（通道、控制器）控制表等。由于系统的管理、分配方式不同，实际采用的表结构也不相同。例如，通道控制表就只有在采用通道控制方式的系统中才会出现。

在设备分配算法的实现中，常采用的数据结构主要包含 4 张表，即系统设备表（System Device Table，SDT）、设备控制表（Device Control Table，DCT）、控制器控制表（Controler Control Table，COCT）和通道控制表（Channel Control Table，CHCT），如图 6-14 所示。这 4 张表在分配算法中形成了一个有机整体，有效地记录了外设资源在系统中的情况。设备的每一次分配调用都与这 4 张表有关。

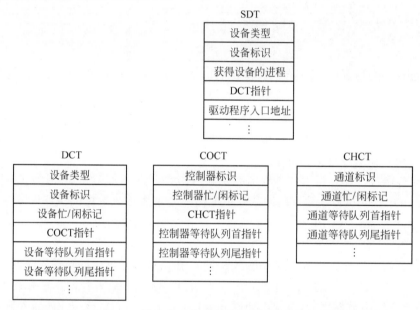

图 6-14 设备分配算法中的 4 张表的表项内容

1. 系统设备表（SDT）

在 SDT 中，每个接入系统中的外围设备都占有一个表项，记录该设备的名称、类型、标识、获得设备的进程、DCT 指针（设备控制表的入口地址）及设备驱动程序入口地址等相关的信息。SDT 在整个系统中只有一张，全面反映了系统中的外设资源的类型、数量、占用情况等。

通过 SDT 可以反映出系统中设备的使用状态，即系统中有多少设备是空闲的，有多少设备已被分配给哪些进程。

2. 设备控制表（DCT）

系统中的每台设备都有一张设备控制表，用于记录设备情况，在 DCT 中充分体现出了该设备各方面的特征，设备控制表中有设备类型、设备标识、设备忙/闲标记、与该设备相连的 COCT 指针以及等待本设备进程队列的首尾指针。

3. 控制器控制表（COCT）

每个设备控制器都有一张控制器控制表，用于记录该控制器的使用情况及与该控制器相连的通道的情况，具体包括该设备控制器标识、忙/闲标记、CHCT 指针、等待该设备控制器的进程队列首尾指针等。

4. 通道控制表（CHCT）

该表只在使用通道控制方式的系统中存在。CHCT 反映了通道的使用情况，系统中的每个通道都有一张 CHCT。CHCT 包括通道标识、通道忙/闲标记以及等待获得该通道的进程等待队列的首尾指针。

设备（通道、控制器）等待队列也是与设备分配有关的数据结构，由等待分配资源的进程控制块组成，其组织方式由分配策略决定，如先来先服务的顺序，也可以按照优先级顺序。

在操作系统引导过程中，结合系统资源的配置情况，将各个 I/O 设备对应的参数填入表中的每一个表项，如果是空闲表项，可以设置空闲标志。这些表的初始化一般在操作系统的初始化过程中完成。随着设备的分配和释放，这些值也会发生变化。

6.5.2 设备分配的原则

设备分配的总原则是，既要充分发挥设备的使用效率，又要避免不合理的分配方式造成的死锁、系统工作紊乱等现象，使用户在逻辑层面上能够合理、方便地使用设备。设备分配时，主要应考虑下面几个因素。

1. 设备的特性

设备的特性是设备本身固有的属性，一般分为独占设备、共享设备和虚拟设备等，对不同属性设备的分配方式是不同的。

1) 独占设备的分配

独占设备每次只能分配给一个进程使用，这种使用特性隐含着死锁的必要条件，所以在考虑独占设备的分配时，一定要结合有关防止和避免死锁的安全算法。

2) 共享设备的分配

共享设备是可由若干进程同时使用的设备，多数是后援存储设备，如磁盘，用户甲读自己的文件，用户乙写自己的文件，用户丙访问数据库文件，等等。这些文件都存放在一个磁盘上，所以各用户的进程共享一个磁盘设备。对于共享设备的分配要考虑两方面：其一是后援存储设备空间的分配，其二是对该空间访问权的分配。后援存储设备与文件系统有密切关系，其空间分配由文件系统负责，在此不再赘述。访问权分配涉及谁（哪个进程或用户）具有对该共享设备的读写控制权。这时，将整个设备作为一个整体或独享设备看待，按独享设备进行分配，其分配算法有自身的特点，不能与独享设备完全等同。例如，磁盘空间由若干盘区组成，每个盘区独立编址，逻辑上可以看成一组独享设备，每个进程可以独享其中的一个或几个盘区，这就是空间分配。而具体对磁盘操作时，整个磁盘是一个独享设备，因为一次只能允许一个进程进行读写，这是访问权分配。在设备管理中，关心的是后者。

3) 虚拟设备分配

一台物理设备在采用虚拟技术后可变成多台逻辑上的虚拟设备，因而，可以将它同时分配给多个进程使用。

2. 安全性

从安全性方面考虑,设备分配有安全分配方式和不安全分配方式两种。在安全分配方式中,每当进程发出 I/O 请求后就进入阻塞状态,直到其 I/O 操作全部完成时才被唤醒。采用这种分配方式时,进程一旦获得某种设备后便阻塞,使该进程不可能再请求任何资源。因此,这种方式排除了死锁的"请求和保持"的必要条件,因而是安全的,但是进程进展缓慢,效率比较低。而在不安全分配方式中,进程发出 I/O 请求后继续运行,如果需要,还可以发出其他的 I/O 请求,申请到的设备一旦使用完就立即释放,仅当请求的设备已经被其他进程占用的时候才进入阻塞状态。这种方式提高了运行效率,但是存在死锁的可能,因此设备分配程序中应该增加预测死锁的安全性设计,在一定程度上增加了程序的复杂性。

3. 设备分配策略

与进程的调度相似,设备的分配也需要一定的策略,通常采用先来先服务(FCFS)和高优先级优先等策略。先来先服务就是当多个进程同时对一个设备提出 I/O 请求时,系统按照进程提出请求的先后次序把它们排成一个设备请求队列,并且总是把设备首先分配给排在队首的进程使用。高优先级优先就是给每个进程提出的 I/O 请求分配一个优先级,在设备请求队列中把优先级高的请求排在前面,如果优先级相同则按照 FCFS 的顺序排列。这里的优先级与进程调度中的优先级往往是一致的,这样有助于高优先级的进程优先执行,优先完成。

4. 设备独立性

为了让用户无须了解设备的工作细节以及处理的方式就可完成操作,设备管理要提供用户操作与物理设备的无关性。即做到把用户程序和具体的物理设备隔离开来,用户程序面对的是逻辑设备,而分配程序在系统中把逻辑设备转换成物理设备之后,再根据要求的物理设备号进行分配。

逻辑设备是实际物理设备属性的抽象,它并不限于某个具体的设备,而是对应一批设备。系统中为某一类设备规定一个符号名,称之为逻辑设备名。在应用程序中,用户使用逻辑设备名来请求使用某类设备。例如,使用 PRN 代表所有具有打印机属性的设备。而具体执行时,对应的物理设备则可由系统根据设备的忙碌情况来确定。这非常类似于存储管理中的逻辑地址与物理地址的概念,在应用程序中使用的是逻辑地址,而系统在分配和使用内存时使用的是物理地址。

为了实现逻辑设备名到物理设备名的映射,系统为每一进程设置一张联系逻辑设备名和物理设备名的映像表 LUT(Logical Unit Table,逻辑设备表),并将该表放入进程的 PCB 中。当进程用逻辑设备名请求分配设备时,系统为它分配相应的设备,并在 LUT 中填写逻辑设备名和系统设备表对应的设备表指针,当进程进行 I/O 操作时,就可找到对应的物理设备和驱动程序,如图 6-15 所示。

逻辑设备名	系统设备表指针
/dev/tty	3
/dev/printer	5
⋮	⋮

图 6-15 LUT

6.5.3 设备分配程序

根据设备分配策略与原则,使用系统提供的 SDT、DCT、COCT 及 CHCT 等数据结构,当某个进程提出 I/O 请求后,系统将调用设备分配程序进行设备分配,其主要步骤如下。

(1) 分配设备。当进程提出 I/O 请求时,系统根据请求的逻辑设备名,首先从 SDT 中找出第一个该类设备的 DCT,若该设备忙,又查找第二个该类设备的 DCT,仅当所有该类设备都忙时,才把进程插入该类设备的等待队列中;若找到空闲的该类设备,便按照一定的算法计算本次设备分配的安全性。如果不会导致系统进入不安全状态,便将设备分配给请求的进程;否则,将其 PCB 插入设备等待队列中。

(2) 分配控制器。在系统把设备分配给请求的进程后,再到 DCT 中找出与该设备连接的控制器的 COCT,从 COCT 的状态字段中可知该控制器是否忙碌。若忙,便将该进程的 PCB 插入该控制器的等待队列中;否则,便将控制器分配给请求的进程。

(3) 分配通道。假如还有通道,则查找与该控制器连接的通道的 CHCT。若该通道忙,便将该进程的 PCB 插入该通道的等待队列中;否则,便将该通道分配给请求的进程。

由此可知,在进行 I/O 传输时,只有在设备、控制器和通道三者都分配成功时,这次分配才算成功,然后便可启动该 I/O 设备进行数据传送。

6.5.4 SPOOLing 技术

1. 什么是 SPOOLing 技术

一方面,系统中的独占设备是有限的,往往不能满足诸多进程的要求,因而会造成大量进程由于等待某些独占设备而阻塞,成为系统中的瓶颈。另一方面,申请到独占设备的进程在其整个运行期间虽然占有设备,但利用率却常常很低,设备还是经常处于空闲状态。为了解决这种矛盾,最常用的方法就是用共享设备来模拟独占设备的操作,从而提高系统效率和设备利用率。这种技术就称为虚拟设备技术,该技术是对脱机输入输出系统的模拟,利用一道程序来模拟脱机输入输出时的外围控制机的功能,把低速的 I/O 设备上的数据传送到高速的磁盘上。这样,便可在主机的直接控制下,实现脱机输入输出功能。此时的外围操作与 CPU 对数据的处理同时进行,这种在联机情况下实现的同时外围操作称为 SPOOLing (Simultaneous Peripheral Operation OnLine)技术。通过 SPOOLing 技术便可将一台独占的物理 I/O 设备虚拟为多台共享的逻辑 I/O 设备。

2. 系统的工作原理

SPOOLing 系统工作原理如图 6-16 所示。在采用 SPOOLing 技术的系统中,多台外围设备通过通道或 DMA 器件与外存连接起来,在外存中开辟两大存储空间,分别称为输入井和输出井,用来模拟脱机输入输出时的磁盘,暂存输入输出的数据。而数据的传输由主机中的输出管理模块和输入管理模块来控制。利用这两个模块来模拟脱机 I/O 时的外围控制机。其中,输入管理模块模拟输入时的外围控制机,将用户要求的数据从输入设备输入后再送至输入缓冲区,然后再把数据从输入缓冲区送入输入井,当 CPU 需要输入数据时,直接从输入井读入内存;输出管理模块模拟输出时的外围控制机,将用户要求的数据从内存送到输出井中,待设备空闲时,再将输出井中的数据经输出缓冲区送到输出设备上。

下面就以常见的共享打印机为例,说明输出 SPOOLing 技术的基本原理。打印机是一种典型的独占设备,引入 SPOOLing 技术后,当用户进程请求打印输出时,打印请求将传递给 SPOOLing 系统,而并不是真正把打印机分配给该进程。SPOOLing 系统的输出进程在磁盘上申请一个空闲区,把需要打印的数据传送到空闲区中,再把用户的打印请求插入打印队列。如果打印机空闲,就会从打印队列中取出一个请求,再从磁盘上的指定区域取出数

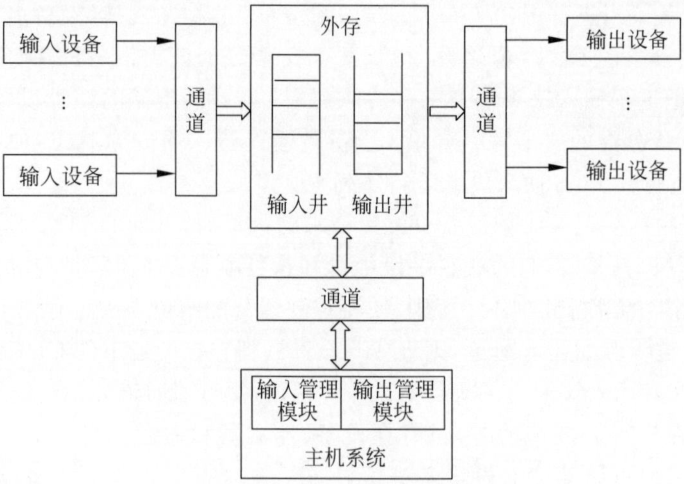

图 6-16 SPOOLing 系统工作原理

据,执行打印操作。由于磁盘是共享的,因此 SPOOLing 系统可以随时响应打印请求并把数据缓存起来,这样就把独占设备改造成了共享设备,从而提高了设备的利用率和系统效率。

3. 引入 SPOOLing 技术的优点

引入 SPOOLing 技术可以带来以下优点。

(1) 提高了 I/O 的速度。在 SPOOLing 系统中,将对低速的 I/O 设备进行的 I/O 操作转变为对输入井或输出井中的数据的存取,如同脱机输入输出一样,提高了 I/O 速度,缓和了 CPU 与低速 I/O 设备之间速度不匹配的矛盾。

(2) 将独占设备改造为共享设备。在 SPOOLing 系统中,实际上并没有为任何进程分配设备,而只是在输入井或输出井中为进程分配一个存储区。这样就把独占设备改造为共享设备。

(3) 实现了虚拟设备功能。宏观上,虽然是多个进程在同时使用一台独占设备,但是对于每一个进程而言,它们都会认为自己独占了一个设备。当然,该设备是逻辑上的设备。因此,SPOOLing 系统实现了将独占设备改造成若干台对应的虚拟设备的功能。

6.6 逻辑 I/O 系统

前面各节在描述了 I/O 数据传送控制方式的基础上讨论了中断、驱动程序、缓冲技术以及设备分配策略与算法。那么,系统在何时分配设备,在何时申请缓冲,由哪个进程进行中断响应呢?另外,尽管 CPU 发出了启动设备的命令,设备的启动以及 I/O 控制器中有关寄存器的值由谁来设置呢?这些都由逻辑 I/O 系统中对应的 I/O 控制进程来完成。因此,I/O 请求处理模块、设备分配模块、缓冲区管理模块和中断原因分析模块等都是逻辑 I/O 系统的组成部分。图 6-17 是 I/O 控制进程的功能示意图。

I/O 控制进程首先分析调用 I/O 控制进程的原因:是外设来的中断请求还是进程来的 I/O 请求,然后,根据不同的请求,调用不同的程序模块进行相应的处理。

I/O 请求处理是用户进程和设备管理程序接口的一部分,它把用户进程的 I/O 请求变

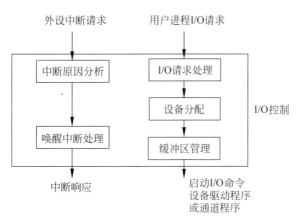

图 6-17 I/O 控制进程的功能示意图

为设备管理程序所能接受的信息。一般来说,用户的 I/O 请求包括:申请进行的 I/O 操作的逻辑设备名、要求的操作、传送数据的长度和起始地址等。I/O 请求处理模块对用户的 I/O 请求进行处理,它首先将 I/O 请求中的逻辑设备名转换为对应的物理设备名;然后,检查 I/O 请求命令中是否有参数错误;若请求命令参数正确,它把该命令插入指向相应 DCT 的 I/O 请求队列,然后启动设备分配程序。在有通道的系统中,I/O 请求处理模块还将按 I/O 请求命令的要求编制通道程序。在设备分配程序为 I/O 请求分配了相应的设备、控制器和通道之后,I/O 控制进程还将启动缓冲区管理模块为此次 I/O 传送申请必要的缓冲区,然后把 I/O 请求命令写到缓冲区中并将该缓冲区插入设备的 I/O 请求队列。

在数据传送结束后,外设发出中断请求,I/O 控制进程将做出中断响应,调用中断处理程序。对于不同的中断,其善后的处理不同。例如,处理结束中断时,释放相应的设备、控制器和通道,并唤醒正在等待该操作完成的进程。另外,还要检查是否还有等待该设备的 I/O 请求命令,如果有,则进行下一个 I/O 传送。

6.7 Linux 的设备管理

Linux 的设备管理的主要任务是控制设备完成输入输出操作,所以又称为输入输出 (I/O)子系统。它的任务是把各种设备硬件的复杂物理特性的细节屏蔽起来,对各种不同设备提供一个使用统一方式进行操作的接口。Linux 把设备看作特殊的文件,系统通过处理文件的接口——虚拟文件系统(VFS)来管理和控制各种设备。

6.7.1 逻辑 I/O 管理

逻辑 I/O 层是用户程序与驱动程序的接口,实现逻辑设备与物理设备的映射,为设备分配缓冲区,将设备分配给请求进程。Linux 设备管理的基本特点是把物理设备看作文件,称为设备文件。管理控制设备采用处理文件的接口和系统调用来进行。

1. Linux 设备的分类

在 Linux 中,设备被分为 3 类:字符设备、块设备和网络设备。

(1) 字符设备通常缩写为 cdev,它是不可寻址的,是以字符为单位输入输出数据的设备。常用的字符设备有键盘、鼠标、打印机。字符设备是通过直接访问称为字符设备节点的特殊设备文件来访问的。

（2）块设备通常缩写为 blkdev，它是可寻址的，扇区是物理上的最小寻址单元，而逻辑上的最小寻址单元是块。块是文件系统的一种抽象，是以一定大小的数据块为单位输入输出数据的。由于在块设备中物理寻址单元为扇区，所以，块不能比扇区小，只能是扇区的整数倍大小。在块设备与内存之间传送数据需要使用缓冲区。常用的块设备有硬盘、光盘、闪存(flash)设备。块设备通过称为块设备节点的特殊文件来访问，并且通常被挂载为文件系统。

（3）网络设备是通过通信网络传输数据的设备，一般指与通信网络连接的网络适配器（网卡）等。网络设备打破了"所有设备都是文件"的设计原则，它不是通过设备节点来访问，而是通过套接字、API 这样的特殊接口来访问。

2. 设备映射

Linux 系统提供了统一命名文件和设备的方法，即以文件系统的路径名来命名设备，而用户不必知道哪个名字对应哪个设备，逻辑 I/O 层负责把设备的符号名映射到对应的设备驱动程序上。

Linux 使用设备类型、主设备号、次设备号来识别设备。首先看设备类型是字符设备还是块设备。按照设备使用的驱动程序不同而赋予设备不同的主设备号，主设备号是与驱动程序一一对应的，使用次设备号来区分一种设备中的各个具体设备。也就是说，次设备号用来区分使用同一个驱动程序的个体设备。例如，系统中的块设备 IDE 硬盘的主设备号是 3，而多个 IDE 硬盘及其各个分区分别赋予次设备号 1，2，3，…。

Linux 使用虚拟文件系统作为统一的操作接口来处理文件和设备。与普通的目录和文件一样，每个设备也使用一个 VFS inode 来描述，其中包含设备类型（块设备或字符设备）的主、次设备号。对设备的操作也是通过对文件操作的 file_operations 结构体来调用驱动程序的设备服务子程序。例如，当进程要求从某个设备上输入数据时，由该设备的 file_operations 结构体得到服务子程序的操作函数入口，然后调用其中的 read() 函数完成数据输入操作。同样，使用 file_operations 中的 open()、close()、write() 函数分别完成设备的启动、停止设备运行、向设备输出数据的操作。

3. 缓冲区

在进程 I/O 传输时，系统为数据传输提供缓冲区。当一个块被调入内存，读入或等待写入时，它首先要存储在一个缓冲区中。每个缓冲区与一个块对应，它相当于磁盘块在内存中的表示。块包含一个或多个扇区，但不能超过一个页面，所以一个页面可以容纳一个或多个内存中的块。为了对缓冲区进行管理，每个缓冲区都有一个称为区头的对应的描述符，该描述符用 buffer_head 结构体表示，它包含了内核操作缓冲区所需的信息。缓冲区头描述了磁盘块与内存页面之间的映射关系，它也是所有块 I/O 操作的容器。

用缓冲区头来管理内核的 I/O 操作主要存在两个弊端。首先，对内核而言，操作内存页面是最为简便和高效的。而通过一个巨大的缓冲区头表示每一个缓冲区（可能比页面小），对数据的操作效率低下。其次，每个缓冲区头只能表示一个块，所以内核在处理大数据时会分解为对一个个小块的操作，会造成不必要的负担和空间浪费。所以在从 Linux 2.6 开始的内核中，缓冲区头的作用大大降低了。bio 结构体的出现就是为了改善缓冲区头的这两个弊端。

目前内核块 I/O 操作的基本容器由 bio 结构来表示。它表示了正在现场的(活动的)以片段链表形式组织的块 I/O 操作。一个片段是内存中一小块连续的内存区域。每一个块 I/O 请求都通过一个 bio 结构体表示。每个请求包含一个或多个块，这些块存储在 bio_vec 结构体数组中，每个 bio_vec 结构体描述了一个片段在物理页中的实际位置。每个 bio_vec 都对应一个页面，这些页面可以不连续存放。整个 bio_vec 结构体数组构成一个完整的缓冲区，从而保证内核能够方便、高效地完成 I/O 操作。

bio 相当于在缓冲区上又封装了一层，使得内核在 I/O 操作时只要针对一个或多个内存页面即可，不用再去管理磁盘块的部分。

6.7.2 用户与设备驱动程序

Linux 内核是模块化的，内核中的模块可以按需加载，从而保证内核启动时不用加载所有的模块，既减少了内核的大小，也提高了效率。所以，设备驱动程序可以以模块形式提供，可以动态地加载和卸载。

系统对设备的控制和操作是由设备驱动程序完成的。设备驱动程序由设备服务子程序和中断处理程序组成。设备服务子程序包括了对设备进行各种操作的代码，中断处理子程序处理设备中断。

如果逻辑 I/O 层要访问某设备，则必须找到该设备的驱动程序，然后再执行相应的驱动程序函数。为此，在 Linux 中，内核定义了两个数据结构数组，分别称为块设备转换表和字符设备转换表。每个驱动程序在其相应的数组中占一个表项。

用户空间访问设备时，通过 open() 函数调用返回的文件描述符找到代表该设备的 struct file 结构指针，从而找到设备的 i 节点，从 i 节点中检查其类型是块设备还是字符设备，从 i 节点中提取设备号，通过设备号从块设备或者字符设备转换表中找到相应的设备驱动程序，由 file_operations 定义设备驱动程序提供给 VFS 的接口函数。

6.7.3 设备模型

Linux 2.6 内核最初为了满足电源管理的需要，提出了一个设备模型来管理所有的设备。在物理上，外设之间是有层次关系的，如果操作系统要进入休眠状态，首先要逐层通知所有的外设进入休眠模式，然后整个系统才可以休眠。因此，需要有一个树状的结构把所有的外设组织起来。这就是最初建立 Linux 设备模型的目的。

设备模型提供了一个独立的机制来表示设备，并描述设备在系统中的树状结构，使代码重复最小化；用户就可以通过这棵树去遍历所有的设备，建立设备和驱动程序之间的联系，也可以对设备进行归类；引入统一的编程机制，让开发者可以开发出安全、高效的驱动程序。

设备模型的核心结构是 kobject，类似面向对象语言中的基类，它嵌入更大的对象中，用来描述设备模型的组件，用它提供的字段可以创建对象的层次结构。为了方便调试，设备模型开发者决定将设备结构导出为一个文件系统，由此产生了一个新的文件系统——sysfs。sysfs 文件系统与 kobject 结构紧密关联，每个在内核中注册的 kobject 对象都对应 sysfs 文件系统中的一个目录。

sysfs 文件系统是虚拟的文件系统，它可以产生一个包含所有系统硬件的层次视图，并向用户程序提供详细的内核数据结构信息，帮助用户以一种简单的文件系统方式来观察系统中各种设备的树状结构，给用户提供了一个从用户空间访问内核设备的方法，它在 Linux 里的路径是/sys。这个目录并不是存储在硬盘上的真实的文件系统，只有在系统启动之后，它才会建起来。

习 题

1. 设备管理的主要任务是什么？
2. 操作系统中的 I/O 系统软件一般分为几个层次？
3. 简述逻辑 I/O 系统的主要功能。
4. 常用的数据传送控制方式有哪些？试比较它们的优缺点。
5. 试画出采用 DMA 控制方式时 CPU 和设备的工作流程图。
6. 什么叫通道？它有什么特点？
7. 按照信息交换方式的不同，通道可以分为哪几种类型？
8. 试述中断处理过程的主要步骤。
9. 设备驱动程序的特点是什么？简述设备驱动程序处理的主要步骤。
10. 引入缓冲技术的主要原因有哪些？
11. 什么是缓冲池？试设计一个数据结构来管理缓冲池。
12. 用于设备管理的数据结构有哪些？它们之间的关系是什么？
13. 简述设备分配的工作流程。
14. 什么是 SPOOLing 系统？它有什么特点？
15. 基于本章介绍的 I/O 系统结构及数据结构，举例说明从用户进程请求某 I/O 操作开始到该 I/O 操作完成的工作过程。
16. Linux 设备管理类型有哪些？
17. sysfs 文件系统有哪些特点？

第7章 文件管理

计算机中大量的文件与数据存放在不同的存储介质中,用户和系统在使用时需要频繁地对它们进行访问。如果由用户直接管理外存上的文件,不仅要求用户熟悉外存特性,了解各种文件的属性以及它们在外存上的位置,而且在多用户环境下,还必须能保持数据的安全性和一致性。显然,这是用户所不能胜任,也不愿意承担的工作。而在实际应用中,用户所关心的并不是这些资源存放在哪里,而是能否安全、可靠、方便、准确地存取和访问这些资源。为此,在操作系统中引入并建立了文件管理系统,以完成外存上的大量文件信息的管理。

本章主要讲述文件、文件系统、文件的组织和存取以及文件的保护。

7.1 文件和文件系统

7.1.1 文件的概念

在操作系统中使用文件系统来组织和管理在计算机中存储的大量程序和数据;或者说,文件系统的管理功能是通过把它所管理的程序和数据组织成一系列文件的方法来实现的。下面先介绍有关文件的几个概念。

1. 域

域(field)是最基本的数据单元。一个域包含一个值,如学生姓名、出生日期等。域可以通过它的域名、长度和类型来描述。域名、长度和类型可以自己定义,长度可以固定也可以可变(例如,域名为学生姓名,长度为8位,类型为字符型)。

2. 记录

记录(record)是一组相关的域,用于描述一个对象在某方面的属性。例如,一个雇员记录可以包括如下域:姓名、年龄、工作类型、雇用日期等。一个记录包含哪些域,通常是根据实际情况来定的。例如,对于一个学生,如果把他作为一个学生,就需要包括学号、姓名、年龄、所在班级等;但如果这个学生生了病,作为一个病人时,他的记录包括的域就应该是病历号、姓名、性别、身高、体重、血压和病史了。

为了能唯一地标识一个记录,必须在一个记录的各个域中确定一个或几个域,把它(或它们)的集合作为关键字(key)。关键字是唯一能标识一个记录的域。通常只需用一个域来作为关键字,如学号或病历号,但有时也需要把几个域组合起来作为关键字。

3. 文件

文件由一组相似的记录组成,它被用户和应用程序看作一个实体,并可以通过名字访问。事实上用户和应用程序正是通过访问文件来对数据和程序进行操作的。文件有一个唯一的文件名,文件名的长度因系统的规定而异。文件可以被创建,也可以被删除。文件可分为有结构文件和无结构文件两种。在有结构文件中,文件由若干相关记录组成;而无结构文件则被看成由一个个字符流组成。文件也有自己的属性,包括文件类型、文件长度、文件的物理位置和文件的建立时间等。

4. 数据库

数据库是一组相关的数据,它的本质特征就是这组数据之间存在着明确的关系,并且可以供许多不同的应用程序使用。数据库可能包含与一个组织或者项目(如一家商场或一项科学研究)相关的所有信息。数据库自身是由一种或多种类型的文件组成的。通常有一个单独的数据库管理系统,会使用操作系统的某些文件管理程序来管理这些文件。

7.1.2 文件的分类

通常按照用途和性质可以把文件分为 3 类。

(1) 系统文件。只允许用户通过系统调用来执行它们,而不允许对其进行读写和修改。这些文件主要由操作系统核心、各种系统应用程序和数据组成。

(2) 库文件。该类文件允许用户对其进行读取和执行,但不允许对其进行修改。库文件主要由各种标准子程序库组成(如 C 语言中的各种库函数)。

(3) 用户文件。该类文件是用户委托文件系统保存的文件。这类文件只有文件所有者或所有者授权的用户才能使用。用户文件主要由源程序、目标程序、用户数据库组成。

按文件组织形式可以把文件分为 3 类。

(1) 普通文件。普通文件既包括系统文件,也包括用户文件、库函数和实用程序文件。普通文件主要指组织格式为系统中所规定的最一般的格式的文件。

(2) 目录文件。是由文件的目录信息构成的特殊文件。即该类文件不是由各种程序或应用数据组成的,而是由用来检索普通文件的目录信息组成的。

(3) 特殊文件。在 UNIX 文件系统中,所有的输入输出设备都被看作特殊文件。这些特殊文件在使用形式上与普通文件相同,如查找目录、存取操作等。但是,特殊文件的使用是和设备处理程序紧密相连的。系统必须把对特殊文件的操作转换为对不同设备的操作。

另外,还可以按文件中的信息流向或文件的保护级别等分类。按信息流向可以把文件分为输入文件、输出文件以及输入输出文件等。按文件的保护级别又可分为只读文件、读写文件、可执行文件和不保护文件等。文件分类主要是为了便于系统对不同文件进行不同的管理,从而提高处理速度和起到保护与共享的作用。

7.1.3 文件管理系统

为了方便用户使用软件资源,现代计算机系统提供了管理文件的软件机构。操作系统中与管理文件有关的软件和数据称为文件管理系统。一般来说,文件管理系统是用户或应用程序访问文件的唯一方式,它使得用户或程序员不需要为每个应用程序开发专用管理软件,并且给系统提供了控制资源的方法。

从系统的角度讲,文件管理系统负责对文件存储器的存储空间进行组织、分配,存储文件,并对存入的文件进行保护、检索。具体来说,它负责为用户建立、读取、修改、转储文件,控制对文件的存取,删除文件。

1. 文件系统功能

从用户的角度讲,文件管理系统应该实现按名存取。因此,文件系统必须提供以下的功能。

(1) 文件存储空间的管理。分配和回收存储空间,提高存储空间的利用率。

(2) 实现文件名到物理地址的映射。这一映射功能对用户是透明的,用户不必了解文件的存放位置和查找方法,只需给出文件名即可。

(3) 实施对文件的操作,包括建立、删除、读写和目录操作等。

(4) 实现文件的共享和提供文件保护功能。

(5) 提供操作文件的接口,包括命令、程序、菜单等操作文件的方式。

2. 文件系统软件结构

为了说明文件管理的范围,文件系统的软件结构,如图 7-1 所示。当然不同的系统有不同的结构。

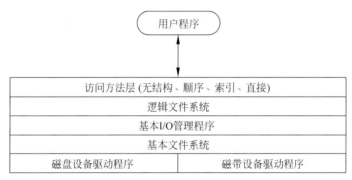

图 7-1　文件系统的软件结构

在最底层是设备驱动程序,它直接与外围设备通信。设备驱动程序负责启动该设备上的 I/O 操作,并处理各方面的 I/O 请求。文件操作所控制的典型设备有磁盘和磁带设备,设备驱动程序通常看作是操作系统的一部分。

接下来的一层称为基本文件系统或物理 I/O 层。这是与计算机系统外部环境的基本接口,负责处理与磁盘或磁带系统交换的数据块,因此,它关注的是这些块在外存设备和内存缓冲区的位置,而并不知道该文件所涉及的数据或结构的内容。

基本 I/O 管理程序负责所有文件 I/O 的开始和终止。它根据所选择的文件来选择执行 I/O 操作的设备,它还参与调度对磁盘和磁带的访问。除此之外,它还负责 I/O 缓冲区的指定和外存的分配。

逻辑文件系统使用户和应用程序能够访问到记录。基本文件系统处理的是数据块,而逻辑文件系统处理的是文件记录。逻辑文件系统可以维护文件的基本数据。

文件系统中与用户最近的是访问方法层。访问方法层位于逻辑文件系统层之上。不同的文件逻辑结构对应着不同的访问方法。访问方法层为应用程序和文件系统以及保存数据的设备之间提供了一个标准的接口。

3. 文件的操作

为方便用户使用,文件系统以接口的形式提供了一组对文件和记录进行操作的方法和手段。常用的文件操作系统调用主要有以下 8 种。

(1) Create。创建一个新的文件,并设置文件的一些基本属性。

(2) Delete。删除指定的文件,释放文件占用的空间。

(3) Open。使用指定文件之前,都需要打开文件。系统按用户要求将文件属性和地址装入内存,以便后续调用。

(4) Close。对文件不再操作时,需关闭指定文件。系统将文件的属性从内存删除,释放内存空间。

(5) Read。根据文件指针读取指定大小的文件数据。

(6) Write。将指定的数据写入文件。

(7) Seek。把文件读取指针从当前位置移到指定的位置。

(8) Get attributes。获取文件的一些属性,如修改时间、文件类型等。

4. 文件的存取方法

常用的文件存取方法主要有两种。

(1) 顺序存取。用户可以从头按顺序读取文件的全部内容,不能跳过某些内容,只能按文件的顺序读取。

(2) 随机存取。又称为直接存取,用户按照某个关键字值直接访问到指定的元素。

文件的存取方法与文件逻辑结构、物理结构及存储介质相关。文本文件、源程序等文件适合顺序存取,记录文件既可顺序存取也可随机存取。存放在磁带上的文件适合顺序存取,存放在磁盘上的文件既可顺序存取也可随机存取。

7.2　文件的逻辑结构

文件中记录的组织方式被称为文件的逻辑结构(file logical structure),它和文件在外存上的存储方式不同,后者被称为文件的物理结构。文件的逻辑结构是从用户观点出发所看到的文件组织形式,是用户可见的并可以直接处理的数据及其结构,也被称为文件组织(file organization)。

在设计文件系统时,选择何种逻辑结构才能更有利于用户对文件信息的操作呢？一般情况下应该遵循下述原则。

(1) 快速访问。

(2) 易于修改。

(3) 节约存储空间。

(4) 维护简单。

(5) 可靠性强。

这些原则的优先级别取决于要使用这些文件的应用程序。例如,对于用批处理方式处理的文件,很少进行快速检索某一个记录的操作,就不用考虑快速访问这一原则。而对于存储在 CD-ROM 上的文件轻易不会被修改,就不用考虑易于修改这一点。

有时这些原则也会相互矛盾。例如,一方面,为了节约存储空间,数据冗余应该很小;但在另一方面,提高冗余度又会提高数据访问速度。这个问题可以用后面提到的索引方式解决。

常用的文件逻辑结构有 4 种基本的类型,实际系统中使用的结构一般都属于这几种类型之一,或者是这几种类型的组合。

7.2.1 无结构文件

无结构文件是一种最简单的文件组织形式[图 7-2(a)]。无结构文件就像是把数据堆起来那样,数据按它们到达的顺序被采集,每个记录由一串数据组成。与其他结构的文件相比,无结构文件管理简单,并能节省空间。但是在查找包括某个特定域的某个记录时,必须要检查堆中的每一个记录,也就是说要通过穷举搜索的方式,对于比较大的文件来讲,搜索效率不高。所以对基本信息操作不多的文件,如源程序、可执行文件、库函数等,采用的就是无结构文件的形式。

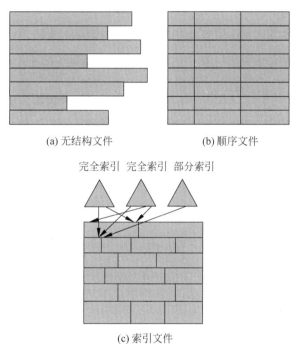

图 7-2 无结构文件、顺序文件和索引文件的组织形式

7.2.2 顺序文件

顺序文件是最常用的文件组织形式[图 7-2(b)]。在这类文件中,每个记录都使用一种固定的格式,所有记录都具有相同的长度,并且由相同数目、长度固定的域按特定的顺序组成。记录的顺序安排有两种方式:一种是按照存入时间的先后排列,最先存入的记录作为第一个记录,以此类推;另一种是按照关键字排列,可以按照关键字的字母顺序、数字顺序、长短等进行排列。

顺序文件的最佳应用场合是对所有记录进行处理时(如记账或工资单)。这时顺序文件的存取效率是所有逻辑文件中最高的。对顺序文件还可以采用一些查找算法,如折半查找法、差值查找法等,以提高查找效率。

在查询或者更新记录的交互式应用中,顺序文件的性能就比较差了。尤其是当文件比较大时,情况就更为严重。例如,对一个含有 10^4 个记录的顺序文件,对它采用顺序查找法去查找一个指定的记录,则平均需要查找 $5×10^3$ 个记录。想增加或者删除一个记录也比较困难。为了解决这个问题,可以为顺序文件配置一个运行记录文件(log file)或称为事务文件(transaction file),把试图增加、删除或修改的信息记录在其中,规定每隔一段时间,将运行记录文件与原来的主文件加以合并,产生一个按关键字排序的新文件。

7.2.3 索引文件

顺序文件很难对变长记录实现直接存取。为了解决这个问题,需要采用一种索引的结构,每种可能成为搜索条件的域都建立一个索引,这便是索引文件[图 7-2(c)]。索引文件一般都摒弃了顺序性和关键字的概念,只能通过索引来访问记录。索引文件对记录的放置位置没有限制,只要至少有一个索引的指针指向这个记录即可。

在索引文件中可以使用完全索引和部分索引。为了便于搜索,索引自身被组织成一个顺序文件。完全索引中包含主文件中每条记录的索引项,部分索引只包含具有特定域值的记录的索引项。在对索引文件进行检索时,首先根据用户(程序)提供的关键字检索索引表,从中找出相应的表项;再利用该表项中给出的指向记录的指针值去访问所需的记录。而每当要向文件中增加一个新记录时,便需对索引表进行修改。

由于索引文件的检索速度比较快,索引文件大多用于对信息的及时性要求比较严格并且很少会对所有数据进行处理的应用程序中,如航空公司订票系统和商品库存控制系统。使用索引文件的缺点是对每一个记录都要建立一个索引项,从而占用了较多的存储空间。

7.2.4 直接文件

采用前面几种文件结构对文件进行存取时,都需要根据指定的记录键值,先对线性表或链表进行检索,以找到指定记录的物理地址。对于直接文件,则可以根据给定的记录键值直接获得指定记录的物理地址。也就是说,在直接文件中,记录键值本身就决定了记录的物理地址。这种由记录键值到记录物理地址的转换被称为键址转换(key to address transformation)。组织直接文件的关键问题在于用什么方法进行从记录键值到物理地址的转换。应用较为广泛的一种直接文件是 Hash(哈希)文件,它利用 Hash 函数(或称散列函数)将记录键值转换为相应记录的地址。在 Hash 文件中,为了便于存储空间的动态分配,通过 Hash 函数求得的不是相应记录的地址,而是指向一个目录表相应表目的指针,该表目的内容指向相应记录所在的物理块。如图 7-3 所示,令 K 为记录键值,用 X 作为通过 Hash 函数的转换所形成的该记录在目录表中对应表目的位置,则有关系 $X=H(K)$。通常,Hash 函数都作为标准函数存于系统中,供存取文件时调用。

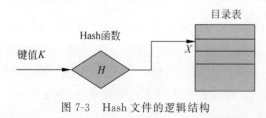

图 7-3 Hash 文件的逻辑结构

7.3 文件的物理结构

7.2 节介绍了文件的逻辑结构,即文件中记录的组织方式。无论哪一种文件组织方式,都是先搜索到记录或信息的逻辑地址,再映射到对应的物理地址,最后对物理地址的有关信息进行操作的。那么逻辑地址怎样映射到物理地址呢？这是和文件的物理结构密切相关的。不同的外存分配方式形成不同的物理结构。例如，采用连续分配方式时的文件物理结构将是连续的文件结构，采用链接分配方式将形成链接式文件结构，而采用索引分配方式将形成索引文件结构。

7.3.1 连续文件

在文件系统中，存储设备通常划分为若干大小相等的物理块，每块长为 512B 或 1024B。与此相对应，为了有效地利用存储设备和便于系统管理，一般把文件信息也划分为与物理存储设备的物理块大小相等的逻辑块，并以块作为分配和传送信息的基本单位。在连续文件中，为每一个文件分配一组相邻的物理块，并把逻辑文件中的记录顺序地存储到相邻的各物理块中，这样形成的文件结构称为连续文件结构。

使用这种分配方式时，为了便于系统找到文件存放的地址，应在文件目录项的文件物理地址字段中记录该文件第一个记录所在的物理块号和文件长度（占用的物理块数）。图 7-4 表示了连续文件的存储空间分配情况。文件 A 从块 1 始，文件长度为 3，因此占用了块 1、块 2 和块 3 的空间。

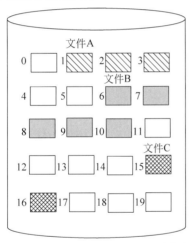

图 7-4　连续文件的存储空间分配情况

连续文件便于系统进行顺序访问。一旦知道了文件在文件存储设备上的起始地址和文件长度，就能很快对文件进行存取。这是因为文件的逻辑块号到物理块号的变换非常简单。可以说对连续文件的访问速度是几种存储空间分配方式中最高的一种。

但是在连续分配方式下，由于文件建立时空间的分配和删除时空间的回收会产生大量的碎片，会使得再次分配时很难找到大小合适的存储块，因此经常需要执行紧缩算法来释放磁盘中的额外空间。执行紧缩算法也需要耗费大量的机器时间。图 7-5 表示出了连续文件紧缩后的存储空间分配情况。

连续分配方式的第二个问题就是在建立文件时必须事先知道文件的长度，这样对于建立以后需要动态增长的文件，由于无法预知其最终大小，只能进行估计，就会造成增长过程中存储空间不够用或者存储空间浪费的问题。因此，连续文件结构不适合用来存放用户文件、数据库文件等经常被修改的文件。

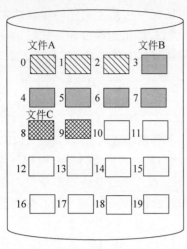

图 7-5 连续文件紧缩后的存储空间分配情况

7.3.2 链接式文件

连续文件的问题就在于必须为一个文件分配连续的物理空间。为一个逻辑文件分配物理空间时,不必给一个文件分配连续的物理空间,而是可以将文件装到分散的物理块中,便可以消除连续文件的缺点,为此引入了链接分配方式。采用链接分配方式时,通过每个物理块上的链接指针,将属于同一个文件的物理块链接成一个链表,这样形成的物理文件就称为链接式文件。

链接式文件又可分为显式链接和隐式链接。在隐式链接方式中,把文件的起始块和结束块放在文件目录的目录项中,而在每个物理块中包含指向下一个块的指针(图 7-6)。

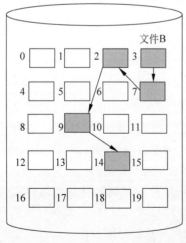

图 7-6 隐式链接文件分配

例 7-1 一个文件系统使用大小为 256B 的物理块。每个文件都有一个目录项给出了文件名、第一个块的位置、文件的长度和最后一块的位置。假设目录项和最后读取的物理块已经在主存中。在下面的情况中,请指出在一个使用链接分配的系统中,为了访问指定的块,需要读多少个物理块(包括读取指定的块)?

(1) 最后读的逻辑块号 500；将要读的逻辑块号 200。

(2) 最后读的逻辑块号 20；将要读的逻辑块号 21。

解：(1) 为了找到块 200，从块 1 开始的块链都要读，所以一共需要读 200 块。

(2) 因为块 20 中包含了一个指向块 21 的指针，所以只需读 1 个块。

隐式链接方式只适合逻辑上连续的文件，并且只能按照顺序进行存取。采用直接存取方式时，不管要存取文件的哪一个物理块，都需要先对此物理块之前的所有物理块进行存取，导致效率极低。

显式链接方式把用于链接文件的每个物理块的指针都存放在内存的一张链接表中。该表在整个磁盘中仅设置一张，表的序号是物理块号，从 0 开始至 $N-1$，N 为磁盘物理块总数。在每个表项中存放链接指针，即文件的下一个盘块号。每一个文件的链首指针作为文件地址被填在该文件的文件目录项的物理地址字段中。在这种方式下，对文件记录的查找是在内存中进行的，从而可以提高查找速度并减少访问磁盘的次数。由于此链接表存放了所有分配给文件的盘块号，又把该表称为文件分配表(File Allocation Table，FAT)。如图 7-7 所示，文件 A 占用了 3 个物理块，其块号依次为 4、6、11；文件 B 占用了 3 个物理块，其块号依次为 9、10、5。

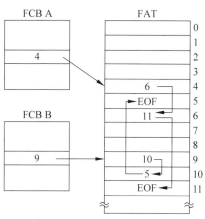

图 7-7 显式链接文件分配

链接式文件消除了外碎片，提高了外存利用率，并且可以为动态增长的文件动态分配存储空间，文件也可以方便地增加、修改和删除。但是，链接分配方式不能支持高效的直接存取，并且文件分配表也需要占用较大的内存空间。

7.3.3 索引文件

为了解决链接式文件无法高效直接存取的问题，文件管理中又引入了索引分配方式为文件分配外存空间。采用索引分配方式的文件称为索引文件。索引分配方式为每个文件分配一个索引块，把分配给该文件的所有物理块号都记录在该索引块中，该索引块就成为一个含有多个物理块号的数组。在建立文件时，只需要在为此文件建立的目录项中填上指向该索引块的指针即可，如图 7-8 所示。

当文件的容量比较大时，如果所分配的物理块号已经装满了一个索引块，操作系统便为文件分配另一个索引块，用来记录以后继续为之分配的物理块，再通过链指针将所有的索引块链接起来。如果文件太大，其索引块太多时，这种办法的效率就比较低了。这时可以为这些索引块再建立一级索引，即系统再分配一个索引块，作为第一级索引的索引块，依次将各索引块的物理块号填入此索引表中，这样就形成了两级索引分配方式，如图 7-9 所示。如果文件非常大，还可采用三级索引方式甚至多级索引方式。

目前常用的索引分配方式为混合索引分配，即把单级索引方式和多级索引方式结合起来，以满足不同文件的需要。这种分配方式下的索引块的头几项设计成直接寻址方式，也就是这几项所指的物理块中放的是文件信息；而索引表的后几项设计成多重索引，也就是间

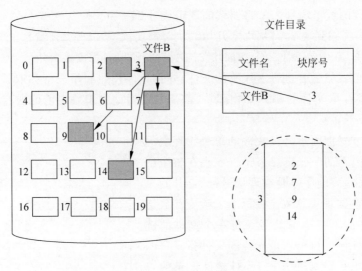

图 7-8 单级索引分配方式

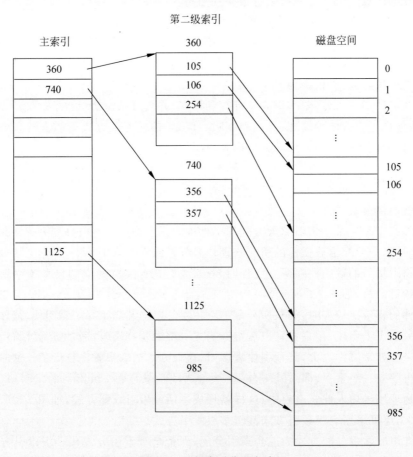

图 7-9 两级索引分配方式

接寻址方式。在文件比较短时,可以利用直接寻址方式找到物理块号而节省存取时间。

索引文件既适合顺序存取,也适合随机存取。索引结构的缺点是可能要花费较多的外存空间。每当建立一个文件时,便须为之分配一个索引块,将分配给该文件的所有物理块号记录其中。但在一般情况下,总是中小型文件居多,甚至有不少文件只需一两个物理块,这时如果采用链接分配方式,只需设置一两个指针。如果采用索引分配方式,则同样仍需为之分配一个索引块。存放物理块号的索引块一般采用一个专门的物理块,其中可存放成百上千个物理块号。因此对于小文件,采用索引分配方式时,其索引块的利用率将是极低的。

另外,采用索引分配方式,在存取文件的时候至少要访问存储器两次以上。其中,一次是访问索引表,另一次是根据索引表提供的物理块号访问文件信息。由于文件在外存设备的访问速度较慢,如果把索引表放在外存设备上,文件的存取速度就会大大降低。常用的办法就是在对某个文件进行操作之前,系统预先把索引表放入内存。这样,在进行文件的存取时,就可直接在内存中通过索引表确定物理块号,只需要访问一次磁盘,从而提高访问速度。

7.4 文件存储空间的管理

前面讨论了文件的存储方式,也就是用什么方式来存储一个创建好的文件。那么,在文件新创建时,如何为它分配外存空间呢?没有分配给任何文件的空间通过什么方式进行管理呢?分配外存和分配内存有许多相似之处,也可以采用连续分配方式和离散分配方式。无论采用哪种分配方式,首先都需要知道磁盘中的哪些块是可用的,这些可用块需要一定的数据结构记录下来;其次,系统还应该提供对存储空间进行分配和回收的方法。下面介绍 3 种常用的技术。

7.4.1 位示图法

位示图法通过二进制的一个位来表示磁盘中一个物理块的使用情况,0 表示此盘块空闲,1 表示此盘块已经分配。在位示图中,磁盘的每个物理块都有一个二进制位与之对应,如图 7-10 所示。

	1	2	3	4	5	6	7	8	9	10	11	12	13	14	15	16
1	1	1	0	0	0	1	1	1	0	0	1	0	0	1	1	0
2	0	0	0	1	1	1	1	1	1	1	0	0	0	0	1	1
3	1	1	1	0	0	0	1	1	1	1	1	1	0	0	0	0
⋮																
16																

图 7-10 位示图

采用位示图法进行物理块的分配时,首先顺序扫描位示图,从中找出一个或一组其值为 0 的二进制位;然后将找到的一组二进制位转换成与之相对应的物理块号 $b(b=n(i-1)+j$,

假定找到的值为 0 的二进制位位于位示图的第 i 行第 j 列，n 代表每行的位数）；最后修改位示图，把刚才被分配出去的物理块号对应的第 i 行第 j 列的值由 0 变为 1。回收时首先将物理块号转换成位示图中的行号和列号（$i=(b-1)\text{ DIV }n+1, j=(b-1)\text{ MOD }n+1$），再把把相应的二进制位由 1 改为 0 即可。

位示图法的优点是可以比较容易地找到一个或一组邻接的空闲块。另外，由于位示图比较小，因此可以把它保存在内存中。在每次分配时，都无须先把位示图读入内存，从而节省了时间。因此，位示图经常用于微型机和小型机中。

7.4.2 空闲表法

空闲表法是最简单的一种空闲块管理方法，属于连续分配方式。空闲表法就是把磁盘中的空闲块的块号统一放在一个称为空闲表的物理块中。空闲表的每个表项对应一个由多个空闲块构成的空闲区，它包括表项序号、第一个空闲块号和该区的空闲块数等信息，如图 7-11 所示。

序号	第一个空闲块号	空闲块数
1	2	4
2	9	3
3	15	5

图 7-11 空闲表

在系统为某个文件分配空闲块时，首先扫描空闲表，如找到合适的空闲区项，则将该区分配给申请者，并修改空闲表，如果该区的空闲块数恰好等于文件需要的块数，则把该项从空闲表中去掉。当一个文件被删除，释放存储物理块时，系统则把释放的第一个空闲块的块号和块数填入空闲表的新表项中。在内存管理中讨论的有关空闲连续区的分配和释放算法同样适用于磁盘空闲区的分配。空闲表法可以用于内存管理中介绍的对换方式中的对换空间的管理。

7.4.3 空闲链表法

空闲链表法是一种较常用的空闲块管理方法。空闲链表法将所有空闲块链接在一起，当用户因创建文件而请求分配存储空间时，分配程序从链首开始摘取所需要的空闲块分配给用户，然后调整链首指针。当用户因删除文件而释放存储空间时，则把释放的空闲块逐个插入链尾。

空闲块的链接方法因系统而异，常见的有按空闲区大小顺序链接的方法、按释放先后顺序链接的方法以及成组链接的方法。成组链接法是为大型文件系统设计的，是为了避免空闲表或空闲链表过长。在 UNIX 系统中采用的是成组链接法。

成组链接法首先将磁盘上的所有空闲块划分成若干组，50 块一组或 100 块一组，将每一组含有的空闲块总数 N 和该组所有的空闲块号记入前一组的第一个空闲块中，这样，各组的第一个空闲块可以链成一条链。如图 7-12 所示，将每 100 个空闲块作为一组。假定盘上共有 10 000 个空闲块，每块大小为 1KB，其中 201～7999 号空闲块用于存放文件，这样，该区的最末一组空闲块号应为 7901～7999，次末组为 7801～7900，……，第二组为 301～400，第一组为 201～300。最后一组后面已经没有空闲块，因此最后一组只有 99 个空闲块，在前一组的第 100 个块号的位置存放 0，作为空闲块链的结束标志。

另外在系统中还设置了空闲块号栈，用来存放当前可用的一组空闲块的块号（最多含

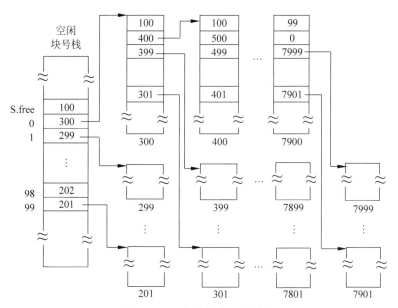

图 7-12 空闲块的成组链接法

100个)以及栈中尚有的空闲块号数 N。由于栈是临界资源,每次只允许一个进程访问,故系统为栈设置了一把锁。如图 7-12 所示,S.free(0)为栈底,栈满时的栈顶为 S.free(99)。将第一组的空闲块总数和所有的空闲块号记入空闲块号栈中(图 7-12 中的 S.free(0)~S.free(99)),作为当前可供分配的空闲块号。

当系统要为用户分配文件所需的物理块时,首先由分配程序对空闲块栈进行检查,如果空闲块栈未上锁,便从栈顶取出一个空闲块号,将与之对应的空闲块分配给用户,然后将栈顶指针下移一格,即 S.free=S.free−1,最后,把栈中的空闲块数减1并返回。若该空闲块号已是栈底,即 S.free(0),说明当前栈中只有一个可分配的空闲块,由于在该空闲块号所对应的空闲块中记有下一组可用的空闲块号,因此,需调用磁盘读过程,将栈底空闲块号所对应的空闲块的内容读入栈中,作为新的空闲块号栈的内容,并把原栈底对应的空闲块分配出去(其中的有用数据已读入栈中)。

在系统回收空闲块时,由回收程序执行 S.free=S.free+1 操作,并将回收的空闲块号记入空闲块号栈的顶部,将空闲块数加1。当栈中空闲块号数目已达 100 时,表示栈已满,便将现有栈中的 100 个空闲块号记入新回收的空闲块中,再将其空闲块号作为新栈顶。

7.5 文件目录管理

在计算机系统中需要存储大量的文件,怎样有效地利用存储空间,怎样迅速准确地实现文件的有效存取,怎样解决文件命名冲突和文件共享的问题,这些都是对目录管理的要求。在文件系统中,把每个文件的文件名及其他信息按照一定的组织结构排列起来,称为这个文件的文件控制块(File Control Block,FCB),文件控制块的有序集合称为文件目录,一个文件控制块就是一个文件目录项,一个文件目录也被看作是一个文件,称为目录文件。系统通过文件目录来实现文件的按名存取和文件信息的共享与保护。

7.5.1 文件控制块的内容

文件控制块通常包括 4 类信息，基本信息、地址信息、访问控制信息和使用信息，如表 7-1 所示。

表 7-1 文件控制块的内容

基 本 信 息	
文件名	由创建者(用户或程序)选择的名字，在同一个目录中必须是唯一的
文件类型	例如文本文件、二进制文件等
文件组织	指出文件的逻辑结构
文件物理结构	指出文件是连续文件、链接式文件或索引文件
地 址 信 息	
卷	指出存储文件的设备
起始地址	文件在辅存中的起始物理地址(如在磁盘上的柱面、磁道和块号)
使用大小	文件的当前大小，单位为字节、字或块
分配大小	文件的最大大小
访问控制信息	
所有者	被指定为控制该文件的用户。所有者可以授权或拒绝其他用户的访问，并可以改变给予他们的权限
访问信息	包括每个授权用户的用户名和口令
许可的行为	控制读、写执行以及在网上传送
使 用 信 息	
数据创建	文件第一次放置在目录中的时间
创建者身份	通常是当前所有者，但也不一定必须是当前所有者
最后一次读访问的日期	最后一次读文件的日期
最后一次读的用户身份	最后一次读文件的用户
最后一次修改的日期	最后一次修改文件的日期
最后一次修改者的身份	最后一次修改文件的用户
最后一次备份的日期	最后一次把文件备份到另一个存储介质中的日期
当前使用情况	有关当前文件的活动信息，如打开文件的进程，是否被一个进程锁定，文件是否在主存中被修改但没有在磁盘中被修改，等等

7.5.2 目录结构

目录结构的组织关系到文件系统的存取速度，也关系到文件的共享性和安全性。常用的目录结构形式有单级目录、两级目录和多级目录。

1. 单级目录

这是最简单的目录结构。在整个系统中只建立一张目录表，每个文件占用一个目录项。每个目录项包括文件名、物理地址和文件属性，另外还包括表明目录项是否空闲的状态位，如图 7-13 所示。

单级目录实现简单，并且能实现目录管理的基本功能——按名存取。但是它存在以下一些缺点。

文件名	物理地址	文件属性	状态位
文件名1			
文件名2			
⋮			

图 7-13　单级目录

（1）查找目录速度慢。每当查找一个文件时，对于一个具有 N 个目录项的单级目录，平均需查找 N/2 个目录项。每当建立一个新文件时，必须先检索所有的目录项，以保证新文件名在目录中是唯一的。

（2）不允许重名。在多道程序环境下必然面临着重名问题，所以单级目录不适合多道环境。

（3）不便于实现文件共享。单级目录要求所有的用户都用同一个名字来访问同一文件，而用户通常都有自己的命名习惯，要求能够使用不同的名字来访问一个文件。

2. 两级目录

为了改变单级目录中文件命名冲突问题和提高对目录表的搜索速度，两级目录结构中为每一个用户建立一个单独的用户文件目录（User File Directory，UFD），这些文件目录由用户所有文件的文件控制块组成。在系统中建立一个主文件目录（Master File Directory，MFD），在 MFD 中每个用户占用一个目录项，其中包括用户名、目录大小、控制方式和指向该用户目录文件的指针。

当用户需要自己的文件目录时，可以请求系统为自己建立一个用户文件目录；如果不需要，则也可以请求系统管理员撤销。当用户想建立一个新文件时，系统只需检查该用户的 UFD。如有同名文件，则用户须重新为新文件命名；如果没有，只需在 UFD 中建立一个新目录项，填入新文件名和其他项目。当用户要删除一个文件时，也同样从自己的 UFD 中找出指定文件的目录项，回收该文件的存储空间，删除该目录项即可。

在两级目录结构中，可以允许不同用户在自己的目录中使用相同的文件名；相对于单级目录，能提高检索目录的速度；也可以使不同的用户用不同的文件名访问同一个共享文件。如图 7-14 所示，主目录中的两个用户 Wang、Zhang 可以使用相同的文件名 A.C 来命名不同的文件，也可以共享文件 Editor。

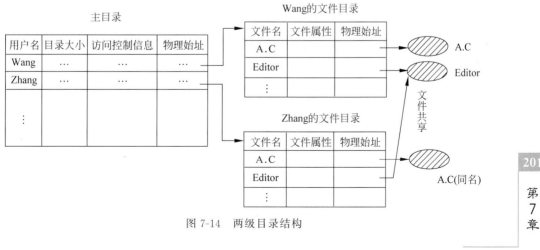

图 7-14　两级目录结构

3. 多级目录

为了更清楚地反映系统中众多文件的不同用途,也为了更方便查找文件。可把两级目录的层次关系加以扩充,而形成多级目录结构,也称为树状目录结构。树状目录结构中主目录称为根目录,数据文件称为树叶,每一级目录称为树的节点。每一级目录中的目录项可以是一个文件,也可以是另一个目录。如图 7-15 所示,图中方框代表目录文件,圆圈代表数据文件,数字是文件的内部标识。

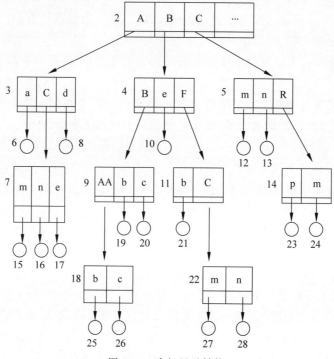

图 7-15　多级目录结构

在树状目录中,从根目录到任何数据文件都只有一条唯一的通路,称为路径。在该路径上,从树的根开始,把全部目录文件名与数据文件名依次用"/"连接起来,即构成该数据文件的绝对路径名(absolute path name)。为了便于用户对文件的访问,可为每一个进程设置一个当前目录(current directory),又称为工作目录,进程对各文件的访问只需从当前目录开始,逐级经过中间的目录文件,最后到达要访问的数据文件,把这一路径名称为相对路径名(relative path name)。例如,用户 B 的文件 m(标号为 27)的绝对路径为/B/F/C/m,如果用户 B 的当前目录是/B/F,则文件 m 的相对路径是 C/m。

在树状目录结构中,用户可为自己建立 UFD,并可再创建子目录。而在删除目录时,由于有的目录中还存在其他文件,可采用两种方法加以处理。一种方法是不允许直接删除非空目录,要删除一个非空目录,必须先删除目录中的所有文件,然后才能将该目录删除;另一种方法是删除一个目录的同时删除其中的所有子目录和文件。第二种方法实现简单但比较危险,需要有相应的措施进行补救。

7.5.3 目录管理

1. 索引节点

文件目录通常是存放在磁盘上的,当文件很多时,文件目录可能要占用大量的盘块。在查找文件时,首先把存放目录文件的第一个盘块调入内存,然后把用户所给的文件名与目录项中的文件名一一进行比较,如果未找到,则将下一个盘块中的目录项调入内存。设目录文件所占用的盘块数为 N,按此方法查找,找到一个目录项平均需要调入盘块 $(N+1)/2$ 次。假如一个 FCB 为 64B,盘块大小为 1KB,则每个盘块中只能存放 16 个 FCB;若一个文件目录共有 640 个文件,需占用 40 个盘块,则平均查找一个文件需启动磁盘 20 次。

很显然,在查找一个文件时,要用它的文件名和目录文件中的文件名进行比较,也就是说,检索目录文件时只用到了文件名,而其他一些信息是不需要调入内存的。因此,可以把文件名和文件描述信息分开,把文件描述信息作为一个单独的数据结构,称为索引节点(UNIX 系统中简称为 i 节点)。文件目录中的每个目录项仅由文件名和指向该文件所对应的索引节点的指针所构成,这样的文件目录又称为符号文件目录(SFD)。而所有的索引节点构成了基本文件目录(BFD)。例如,将图 7-15 所示的目录结构中 2 号到 10 号的文件用基本文件目录和符号文件目录表示,则如图 7-16 所示。这样符号文件目录所占的字节数较少,在 UNIX 系统中一个目录仅占 16B,在 1KB 的盘块中可以存放 64 个目录项,拥有 640 个文件的文件目录只需占用 10 个盘块,则平均查找一个文件启动磁盘的次数减少到原来的 1/4。

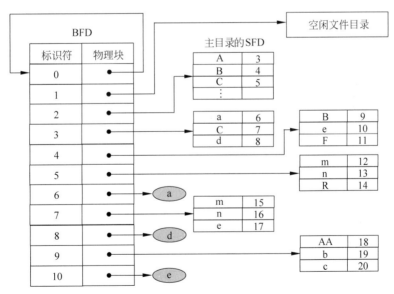

图 7-16 采用基本文件目录表的多级目录结构

索引节点包括磁盘索引节点和内存索引节点。每个文件有唯一的一个磁盘索引节点。当文件被打开时,要将磁盘索引节点复制到内存中,成为内存索引节点。表 7-2 列出了磁盘索引节点和内存索引节点的内容。内存索引节点除了包括复制的内容,还有索引节点编号、状态等控制内容。

表 7-2　索引节点的内容

磁盘索引节点	
文件主标识符	拥有该文件的个人或小组的标识符
文件类型	包括正规文件、目录文件和特殊文件
文件存取权限	指各类用户对文件的存取权限
文件物理地址	给出数据文件所在盘块的编号
文件长度	以字节为单位的文件大小
文件连接计数	表明在本文件系统中所有指向该(文件的)文件名的指针数
文件存取时间	指出本文件最近被进程存取的时间、最近被修改的时间及索引节点最近被修改的时间
内存索引节点(增加的内容)	
索引节点编号	用于标识内存索引节点
状态	指示索引节点是否上锁或被修改
访问计数	每当有一个进程要访问此索引节点时,将该访问计数加 1,访问完再减 1
链接指针	设置有分别指向空闲链表和散列队列的指针

2. 文件的存取

当存取一个文件时,必须访问多级目录。如果访问每级目录时都必须到文件存储设备上搜索,这不仅仅大大浪费 CPU 的处理时间,而且还给输入输出设备增加了不应有的负担。解决这个问题的一种方法是在系统初启时把所有的目录文件读入内存,这种方法虽然访问速度快,但是需要大量的内存支持。另一种方法是把当前正在使用的那些文件目录表目复制到内存中,这样可以在不占太多内存容量的情况下显著减少搜索目录的时间和输入输出设备的压力。为此,系统提供两种特殊的操作把当前正在使用的那些文件目录表项复制到内存的指定区域,以及当用户不需要访问有关的文件信息时删去有关目录在内存中的副本。这两种操作分别为打开文件(fopen)和关闭文件(fclose)。这两个操作一般以系统调用的方式提供给用户。

当用户要打开一个文件时,系统首先根据用户给定的文件名,把主目录 MFD 中与待打开文件相联系的有关表目复制到内存,得到该文件对应的索引节点的指针,然后将该文件对应的索引节点复制到内存中成为内存索引节点,再根据索引节点中记录的文件的物理地址,换算出文件在磁盘上的物理位置;最后再通过磁盘驱动程序将所需文件读入内存。这时文件已被打开,称这样的文件为打开的文件或活动文件。

例如,用户准备打开图 7-16 中的文件/A/a,具体过程如下。

(1) 首先把主目录文件中相应的表目,即第一项 A 复制到内存。

(2) 根据(1)所复制得到的标识符,再复制此标识符所指明的基本文件目录表中的有关表目,即图 7-16 中 id=3 的 BFD 表目项。

(3) 根据(2)所得到的子目录说明信息搜索 SFD,以找到与打开文件相对应的目录表项,即索引节点的指针,在此例中可以找到文件 a 所对应的索引节点的指针 id=6。

(4) 根据(3)所搜索到的文件名所对应的标识符 id,把相应的 BFD 的表目即索引节点复制到内存。在此例中把文件 a 的其他信息复制到内存中,系统便可以方便地找到文件 a 的有关信息。

7.6 文件共享和保护

现代计算机系统中总是同时存在多个用户和进程,这些用户和进程经常使用同一个文件,如果每个用户都要在系统中保存一份同样的文件的副本,将极大地浪费存储空间。因此操作系统必须为用户提供文件共享的手段,使得同样的文件在存储设备上只需要保留一份副本,想要使用该文件的用户可以以自己的文件名去访问该文件的副本,这样便可大大节省存储空间。实现文件共享的方法有很多种,如绕道法、链接法、基于索引节点的方法和基于符号链接的方法。

绕道法要求每个用户在当前目录下工作,要进行文件共享时,用户从当前目录出发向上返回到与所要共享文件所在路径的交叉点,再顺序下访到共享文件。显然,绕道法要绕弯路访问多级目录,从而搜索效率不高。链接法是在相应目录表之间进行链接,即将一个目录中的链指针直接指向被共享文件所在的目录。链接法和绕道法都需要用户指定被共享的文件和被链接的目录。

当前常用的共享方法是基于索引节点的方法和基于符号链的方法。

7.6.1 基于索引节点的共享方法

在 7.5 节已经介绍了索引节点的有关内容。为了便于快速查找文件和文件共享,系统把除了文件名以外的其他属性信息放在索引节点中,并且在索引节点中设置一个链接计数 count,用于表示链接到本索引节点上的用户目录项的数目。当 count=3 时,表示有 3 个用户目录项链接到本文件上,或者说有 3 个用户共享此文件。

如图 7-17 所示,当用户 Wang 创建一个新文件时,他便是该文件的所有者,此时将 count 置 1。当有用户 Lee 要共享此文件时,在用户 Lee 的目录中增加一个目录项,并设置一个指针指向该文件的索引节点,此时文件主为 Wang,count=2。此时若用户 Wang 不再需要此文件,也不能将此文件删除,因为删除该文件会使用户 Lee 的指针悬空,从而使 Lee 正在对此文件上执行的操作半途而废。

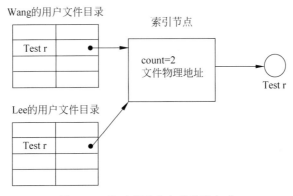

图 7-17 基于索引节点的共享方式

7.6.2 基于符号链接的共享方法

如果目录 B 想要共享目录 C 的文件 F,则由系统建立一个 LINK 类型的新文件,并将新文件写入 B 的目录中，新文件中只包含 F 的路径名，当 B 要访问文件 F 时，操作系统根据新文件的路径名去读该文件，来实现用户 B 对文件 F 的共享。新文件中的路径名则被看作是符号链接（symbolic link）。

在符号链接方式中，符号链接文件也没有指针指向被链接文件的索引节点，符号链接文件有自己的索引节点和文件主（即建立该符号链接的用户），其文件类型为符号链接文件，如图 7-18 所示。

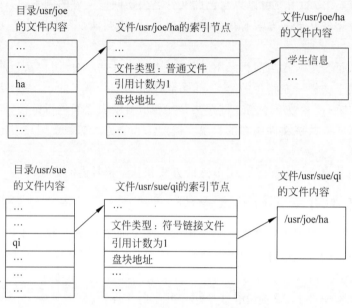

图 7-18 基于符号链接的共享方式

在建立符号链接后，如果删除符号链接文件，则被链接文件不受任何影响；反之，在符号链接文件还存在时，若要删除被链接文件，则被链接文件完全删除，不会像索引节点方式那样留下其索引节点和文件内容。此后，若通过符号链接访问被链接文件，则返回一个"被链文件不存在"的错误而已。如果被链接文件删除后，在原被链接文件处新增了一个与原被链接文件同名的文件，则符号链接将会访问新的文件。总之，符号链接文件与被链接文件是相互独立的。

符号链接方式还有一个最大的优点就是能够通过网络链接世界上任何一台计算机中的文件或目录，这些文件和目录可以存在，也可以不存在，若不存在，操作系统向用户返回"所链接的文件不存在"的出错信息。链接时只需提供该文件所在计算机的网络地址以及该计算机中的文件路径即可。

符号链接方式的缺点如下：一是访问时有可能需要多次读盘，增加了系统的开销。因为其他用户共享文件时，系统要根据给定的文件路径名来逐个查找记录，增加了启动磁盘的频率。二是给每个用户建立符号链接时都要为此用户配置一个索引节点，要耗费一定的磁盘空间。

7.6.3 文件的保护

文件保护与文件共享密切相关，它是文件共享的必然需要，其实质是实施有条件的共享。一个用户建立的文件可以允许其他用户共享,也可以不允许,即使是获准使用文件的用户对文件的操作也是有一定限制的,如只许读、只许写、只许执行、可读写等。因此,操作系统应该建立安全可靠的保护机构,向用户提供保护个人文件的必要手段。文件保护机构的基本作用是:防止未经许可的用户访问某个文件,限制用户对文件的存取权限,防止对文件的误操作。一般可用下述几种方法来实现文件的保护。

1. 存取控制矩阵

存取控制矩阵以一个二维矩阵来实现存取控制。系统中的每一个用户和文件都在存取控制矩阵中有一项内容。每一列代表一个文件,每一行代表一个用户,行和列交叉的地方则表示用户对文件的存取控制权,包括读(R)、写(W)和执行(E),如图7-19所示。当用户向文件系统提出存取要求时,由存取控制验证模块根据该矩阵内容对本次存取要求进行比较,如果不匹配,系统将不执行。

		文件名			
		A	B	C	D
	Wang	RWE	RW	R	R
用户	Zhang	RWE	RWE	WE	RW
	Liu	E	R	W	W

图 7-19 存取控制矩阵

存取控制矩阵容易理解,实现也比较简单,但当文件和用户比较多时,存取控制矩阵将会占用非常大的内存空间,并且使存取文件时进行权限验证的速度变得十分缓慢,因此实际上一般都采用存取控制表或其他方式来实现。

2. 存取控制表

系统为每个文件在其FCB中设置一个存取控制表,表目内容包括用户身份识别以及用户所具有的存取权限。为了避免用户名单过长,通常采用对用户类规定存取权限的方法。用户类由系统或文件主定义,并赋予特定的类标识符,在进程的PCB中设有用户类标识字段。按这种方法形成的存取控制表如图7-20所示。

当用户提出文件存取要求时,由存取控制验证模块根据本文件的存取控制表的内容对本次存取要求进行检查,如果不匹配,则系统拒绝执行。当文件被打开时,存取控制表也相应地被复制到内存活动文件中,因此,存取控制验证能高效地进行。

用户类	存取权限
C1	RWE
C2	RE
C3	E
C4	None

图 7-20 存取控制表

3. 口令

口令方式有两种。一种是当用户进入系统时为建立终端进程时获得的系统使用权口令。显然,如果用户输入的口令与原来设置的口令不一致,该用户将被系统拒绝。另一种是为每一个创建的文件设置一个口令,且将其置于文件说明中。当任一用户想使用该文件时,都必须提供口令。只有当口令相符时,才能允许存取。若允许其他用户使用自己的文件,口令设置者可将口令交给其他用户。这样,既可以做到文件共享,又可以做到保密;而且口令较为简单,占用内存单元少,验证口令所费时间也少。不过,相对来说,口令方式保密性较差。口令一旦被别人掌握,就可以获得和文件主同样的权限。再者,当要修改某个用户的存取权限时,文件主必须修改口令,这样,所有共享用户的存取权限都被取消,除非文件主将新口令通知用户。

4. 密码方式

在用户创建源文件并将其写入存储设备时对文件进行加密,在读出文件时对其进行解密。文件加密和解密都需用户提供一个代码键。加密程序根据这一代码键对用户文件进行编码变换,然后将其写入存储设备。在读取文件时,只有用户给定的代码键与加密时的代码键相一致时,解密程序才能对加密文件进行解密,将其还原为源文件。加密和解密都需要耗费处理机的时间。

5. 其他方式

除了前面的几种方式之外,现在广泛使用基于物理标志的身份认证技术,达到对文件保护的目的,如指纹、声纹、眼纹等。指纹具有"物证之首"的美誉,利用指纹来识别身份是具有广阔前景的一种识别技术。在我国也已开发出嵌入式指纹识别系统,该系统利用DSP(数字信号处理器)芯片进行图像处理,并可将指纹的录入、指纹的匹配等处理功能全部集成在仅有半张名片大小的电路板上。指纹录入的数量可达3500枚甚至更多,而搜索1000枚指纹的时间仅需1s。指纹识别系统在我国的一些单位已经获得应用,如将它用于计算机登录系统、身份识别系统和保管箱系统中。

7.7 硬盘管理与调度

大多数的文件都存储在硬盘中,而随着计算机的发展和其应用的普及,文件的数量越来越多,也越来越大,而影响文件的存取速度主要是对硬盘的读取速度。因此,对存储设备的容量、速度、稳定性的要求也越来越高。而除了从物理结构方面提高硬盘的性能外,对硬盘的有效管理也是很重要的一个方面。目前,常用的硬盘主要有两类:机械硬盘和固态硬盘。

7.7.1 机械硬盘

1. 机械硬盘的结构

机械硬盘表面涂有磁性材料,信息通过读写磁头改变机械硬盘磁化格式而存储在机械硬盘表面上。记录在机械硬盘上的信息以后可读出或抹掉,也可修改。机械硬盘的上下两面都可读写。若干盘片装在机械硬盘驱动器中,机械硬盘驱动器由带有读写头的磁头臂、用于旋转机械硬盘的轴和二进制数据输入输出所需要的电子设备组成。工作时,轴带动磁盘片飞速旋转。带有磁头的磁头臂通过移动,使得磁头在盘片上空可到达盘片的任意位置进行读写操作。机械硬盘片上的数据按图7-21所示的方式组织。在机械硬盘上划分出许多同心圆,称为磁道(track),机械硬盘的每面可分为上千条磁道,每个磁道与磁头一样宽,磁头在这样的磁道上读写数据。磁道又划分为若干扇区(sector),数据存放在扇区这样的块中。为加强磁头对位和避免磁场干扰,磁道间和扇区间留有间隙。

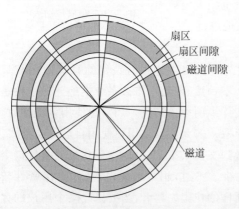

图 7-21 机械硬盘数据的组织

2. 机械硬盘数据的格式

为了在机械硬盘上存储数据,必须先将机械硬盘格式化。图 7-22 是一种温盘(温切斯特磁盘)中一条磁道格式化的情况。其中每条磁道含有 30 个固定大小的扇区,每个扇区容量为 600B,其中 512B 存放数据,其余的用于存放控制信息。每个扇区包括两个字段。

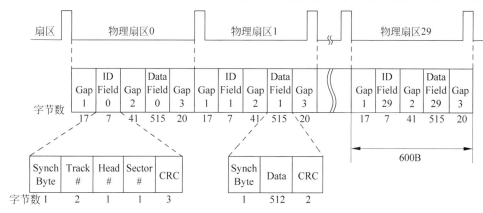

图 7-22 机械硬盘数据的格式

(1) 标识符字段。其中的一个字节的 Synch 具有特定的位图像,作为该字段的定界符,利用磁道号、磁头号及扇区号三者来标识一个扇区;CRC 字段用于段校验。

(2) 数据字段。存放 512B 的数据。

3. 机械硬盘的类型

1) 固定头机械硬盘

这种机械硬盘在每条磁道上都有一个读写磁头,所有的磁头都被装在一个刚性磁臂上。通过这些磁头可访问所有磁道,并进行并行读写,有效地提高了机械硬盘的 I/O 速度。这种结构主要用于大容量机械硬盘上。

2) 移动头机械硬盘

每一个盘面仅配有一个磁头,也被装在磁臂上。为能访问该盘面上的所有磁道,该磁头必须能移动以进行寻道。可见,移动磁头仅能以串行方式读写,致使其 I/O 速度较慢。但由于其结构简单,故仍广泛应用于中小型机械硬盘设备中。

4. 机械硬盘访问时间

1) 寻道时间

寻道时间 T_s 是指把磁臂(磁头)移动到指定磁道上所经历的时间。该时间是启动磁臂的时间 s 与磁头移动 n 条磁道所花费的时间之和,即 $T_s = m \times n + s$。其中,m 是一个常数,与机械硬盘驱动器的速度有关,对一般机械硬盘,$m = 0.2$;对高速机械硬盘,$m \leqslant 0.1$;磁臂的启动时间约为 2ms。这样,对一般的温盘,其寻道时间将随寻道距离的增加而增大,大体上是 5~30ms。

2) 旋转延迟时间

旋转延迟时间 $T_τ$ 是指定扇区移动到磁头下面所经历的时间。对于机械硬盘,典型的旋转速度为 5400r/min,每转需时 11.1ms,平均旋转延迟时间 $T_τ$ 为 5.55ms。

3) 传输时间

传输时间 T_t 是指把数据从机械硬盘读出或向机械硬盘写入数据所经历的时间。T_t

的大小与每次所读写的字节数 b 和旋转速度有关：

$$T_t = \frac{b}{rN}$$

其中，r 为机械硬盘每秒的转数；N 为一条磁道上的字节数，当一次读写的字节数相当于半条磁道上的字节数时，T_t 与 T_τ 相同，因此，可将访问时间 T_a 表示为

$$T_a = T_s + \frac{1}{2r} + \frac{b}{rN}$$

5. 机械硬盘调度算法

在多道程序环境中，经常会有多个进程要求访问机械硬盘。怎么样才能使各进程对机械硬盘的平均访问时间最短？需要选择一种好的调度算法。从前面的内容可知，寻道时间在机械硬盘访问时间中占了很大的比例，因此机械硬盘调度的目标是使机械硬盘的平均寻道时间最短。下面主要介绍先来先服务、最短寻道时间优先、扫描算法以及循环扫描算法。

1）先来先服务算法

先来先服务（First Come First Served，FCFS）调度算法最大的特点就是公平，因为每个请求都会按照收到的顺序进行处理。此算法的缺点是没有对寻道进行优化，致使平均寻道时间可能过长。所以此算法适用于请求 I/O 的进程较少的场合。图 7-23 显示了由 9 个进程先后提出磁盘 I/O 请求时按照 FCFS 算法进行调度的情况。

2）最短寻道时间优先算法

最短寻道时间优先（Shortest Seek Time First，SSTF）算法选择使磁头臂从当前位置开始移动最少的机械硬盘 I/O 请求。因此，SSTF 算法总是选择导致最小寻道时间的请求。从图 7-24 可以看出，SSTF 算法的平均每次磁头移动距离明显低于 FCFS 的距离，因而 SSTF 比 FCFS 有更好的寻道性能，在过去曾被广泛采用。

（从100号磁道开始）	
被访问的下一个磁道号	移动距离（磁道数）
55	45
58	3
39	19
18	21
90	72
160	70
150	10
38	112
184	146
平均移动距离：55.3	

图 7-23 先来先服务调度算法示例

（从100号磁道开始）	
被访问的下一个磁道号	移动距离（磁道数）
90	10
58	32
55	3
39	16
38	1
18	20
150	132
160	10
184	24
平均移动距离：27.5	

图 7-24 最短寻道时间优先调度算法示例

3）扫描算法

SSTF 算法虽然能获得较好的寻道性能，但却可能导致某个进程发生"饥饿"（starvation）现象。因为只要不断有新进程的请求到达，且其所要访问的磁道与磁头当前所在磁道的距离较近，这种新进程的 I/O 请求必须优先满足。对 SSTF 算法略加修改后所形

成的扫描(Scan)算法即可防止老进程出现"饥饿"现象。

扫描算法要求磁头臂仅仅沿一个方向移动,并在途中满足所有未完成的请求,直到它到达这个方向上的最后一个磁道,或者在这个方向上没有别的请求为止;然后倒转服务方向,沿相反方向扫描,同样按顺序完成所有请求。此种算法磁头移动的规律颇似电梯的运行,因而又常称之为电梯调度算法。图 7-25 是按照扫描算法对 9 个进程进行调度以及磁头移动的情况。

4) 循环扫描算法

扫描算法杜绝了饥饿现象,但调度性能仍需要改善。假设请求对磁道的分布是均匀的,在扫描算法中,磁头到头转向时,近磁头端的请求很少(磁头刚刚经过),请求总是密集分布在远离磁头的一端,而这些请求等待的时间却要长一些。由此提出循环扫描算法(Circular SCAN,CSCAN),它与扫描算法相似,不同的是,在 CSCAN 中规定磁头只能朝着一个方向移动,磁头到头掉头后不是立即扫描,而是立即回到起点再重新开始扫描,归途中不服务。其磁头移动的情况见图 7-26。

(从100号磁道开始,向磁道号增加的方向访问)	
被访问的下一个磁道号	移动距离(磁道数)
150	50
160	10
184	24
90	94
58	32
55	3
39	16
38	1
18	20
平均移动距离: 27.8	

图 7-25 扫描调度算法示例

(从100号磁道开始,向磁道号增加的方向访问)	
被访问的下一个磁道号	移动距离(磁道数)
150	50
160	10
184	24
18	166
38	20
39	1
55	16
58	3
90	32
平均移动距离: 35.8	

图 7-26 CSCAN 调度算法示例

一个实际系统应采用何种调度算法以及采用此算法的调度性能效果如何,取决于访盘请求的数量和类型、系统采用的其他相关技术以及性能改善和代价之间的平衡。在实际系统中由于此种算法简单有效,性价比比较好,故相当普遍地采用 SSTF 算法。扫描算法和 CSCAN 算法更适合于机械硬盘负担重的系统。如果一个系统的机械硬盘等待队列中很少有多于一个的访盘请求在等待,那么所有的算法都是等效的,这时 FCFS 便是最好的算法。另外系统的文件分配技术在很大限度上也会影响访盘请求的磁道分布:一个程序在读写连续分配文件时所产生的访盘请求总在相同或相邻的磁道上,从而只需很少的磁头移动;而读写不连续分配文件(索引文件或链接式文件)所产生的访盘请求总是分散在机械硬盘各处,从而需要更多的磁头移动。由于系统情况和应用情况千差万别,故机械硬盘调度算法也是在不停地修改、更换的。

7.7.2 固态硬盘

1. 固态硬盘的组成

固态硬盘(Solid State Drives,SSD)简称为固盘,是由固态电子存储芯片阵列制成的硬盘,由控制单元和存储单元(FLASH 芯片、DRAM 芯片)组成,没有机械部件。其数据读写功能依靠电子信号来完成,不存在马达转速这样的瓶颈因素。固态硬盘在接口的规范和定义、功能及使用方法上与机械硬盘的完全相同,在产品外形和尺寸上也完全与机械硬盘一致。

2. 固态硬盘的优缺点(与机械硬盘相比)

(1) 读写速度快。由于没有电机加速旋转的过程,固态硬盘启动快速。它不采用磁头,所以能快速地、随机地读取,并且读取的延迟时间极小。固态硬盘的读取速度普遍可以达到 400MB/s,写入速度也可以达到 130MB/s 以上,其读写速度是普通机械硬盘的 3~5 倍。

(2) 与机械硬盘相比,固态硬盘具有功耗小、质量轻、噪声小、发热量小、散热快的优点。

(3) 防震抗摔性强,机械硬盘都是磁碟型的,数据存储在磁碟扇区里。而固态硬盘是由多个闪存颗粒组合而成,所以固态硬盘内部不存在任何机械部件,这样的结构和组成使其在高速移动甚至伴随翻转、倾斜的情况下,也不会影响到用户的正常使用,而且在发生碰撞和震荡时能够将数据丢失的可能性降到最低。

(4) 价格较高:与机械硬盘相比,固态硬盘的价格更为昂贵,大容量存储情况下的性价比较低,因此固态硬盘不适用于大容量存储。

(5) 使用寿命较短:固态硬盘的读取次数是有限的,因此相对来说机械硬盘寿命更长。但目前民用级别的固态硬盘的寿命都能够满足用户日常使用的需要。

7.8 Linux 文件管理

每种操作系统都有自己独特的文件系统,如 Windows 文件系统、UNIX 文件系统等。文件系统包括了文件的组织结构、处理文件的数据结构、操作文件的方法等。Linux 最初引进的是 Minix 文件系统,但 Minix 文件系统有较大的局限性。1992 年 4 月 Linux 又推出了 EXT(EXTended file system),1993 年推出了 EXT2 文件系统。后续推出的版本是 EXT4。随着 Linux 的发展,Linux 以 EXT(EXTended File system)为标准文件系统。Linux 还支持多种其他操作系统的文件系统,如 MINIX、HPFS、MSDOS、UMSDOS、ISO、NFS、SYSV、AFFS、UFS、EFS 等二十余种。Linux 的虚拟文件系统屏蔽了各种文件系统的差别,为处理各种不同文件系统提供了统一的接口。

7.8.1 Linux 文件系统概论

1. Linux 文件系统的树状结构

Linux 文件系统采用了多级目录的树状层次结构管理文件。树状结构的最上层是根目录,用/表示。在根目录之下是各层目录和文件。在每层目录中可以包含多个文件或下一级目录。每个目录和文件都有由多个字符组成的目录名或文件名。系统在运行中通过使用命令或系统调用进入任何一层目录,这时系统所处的目录称为当前目录。

Linux 使用两种方法来表示文件或目录的位置：绝对路径和相对路径。绝对路径是从根目录开始依次指出各层目录的名字，它们之间用/分隔，如/usr/include。相对路径是从当前目录开始，指定其下层各个文件及目录的方法，如系统当前目录为/usr，则绝对路径/usr/bin/cc 就可表示为相对路径 bin/cc。Linux 的一个目录是一个驻留在磁盘上的文件，称为目录文件。系统对目录文件的处理方法与一般文件相同。目录由若干目录项组成，每个目录项对应目录中的一个文件。在一般操作系统的文件系统中，目录项由文件名和属性、位置、大小、建立或修改时间、访问权限等文件控制信息组成。Linux 继承了 UNIX，它把文件名和文件控制信息分开管理，文件控制信息单独组成一个称为 i 节点(inode)的结构体。i 节点实质上是一个由系统管理的"目录项"。每个文件对应一个 i 节点，它们有唯一的编号，称为 i 节点号。Linux 的目录项只由两部分组成：文件名和 i 节点号，如图 7-27 所示。

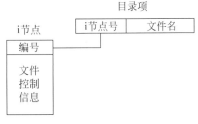

图 7-27　Linux 文件系统的目录项

2．Linux 文件的类型

1）普通文件

普通文件是计算机用户和操作系统用于存放数据、程序等信息的文件。一般都长期地存放在外存储器(磁盘、磁带等)中。普通文件一般又分为文本文件和二进制文件。

2）目录文件

目录文件是文件系统中一个目录所包含的目录项组成的文件。目录文件只允许系统进行修改。用户进程可以读取目录文件，但不能对它们进行修改。有两个特殊的目录项，"."代表目录本身，".."表示父目录。

3）设备文件

设备文件是与 I/O 设备连接的一种文件，分为字符设备文件和块设备文件，对应于字符设备和块设备。Linux 把对设备的 I/O 作为普通文件的读取/写入操作。内核提供了对设备处理和对文件处理的统一接口。每一种 I/O 设备对应一个设备文件，存放在/dev 目录中。例如，行式打印机对应/dev/lp。

4）管道文件

管道文件主要用于在进程间传递数据。管道是进程间传递数据的"媒介"。一个进程数据写入管道的一端，另一个进程从管道另一端读取数据。Linux 对管道的操作与文件操作相同，它把管道作为文件进行处理。管道文件又称为先进先出(FIFO)文件。

5）链接文件

链接文件又称为符号链接文件，它提供了共享文件的一种方法。链接文件不通过文件名实现文件共享，而是通过链接文件中包含的指向文件的指针来实现对文件的访问。普通用户可以建立链接文件，并通过其指针访问所指向的文件。使用链接文件可以访问普通文件，还可以访问目录文件和不具有普通文件形态的其他文件。它可以在不同的文件系统之间建立链接关系。

从对文件内容处理的角度，无论是哪种类型的文件，Linux 都把它们看作无结构的流式文件。

3. Linux 文件的访问权限

为了保证文件信息的安全,Linux 设置了文件保护机制,其中之一就是给文件都设定了一定的访问权限。当文件被访问时,系统首先检验访问者的权限,只有与文件的访问权限相符时才允许对文件进行访问。Linux 中的每一个文件都归某个特定的用户所有,而且一个用户一般总是与某个用户组相关。Linux 对文件的访问设定了 3 级权限:文件所有者、与文件所有者同组的用户、其他用户。对文件的访问主要是 3 种处理操作:读取、写入和执行。3 级访问权限和 3 种处理操作形成了 9 种情况,如图 7-28 所示。

所有者	同组用户	其他用户
读 写 执 取 入 行 R W X	读 写 执 取 入 行 R W X	读 写 执 取 入 行 R W X

图 7-28 Linux 的访问权限和处理操作的组合

7.8.2 虚拟文件系统

Linux 的虚拟文件系统(Virtual File System,VFS)屏蔽了各种文件系统的差别,为处理各种不同文件系统提供了统一的接口。在 VFS 管理下,Linux 不但能够读写各种不同的文件系统,而且还实现了这些文件系统相互的访问。

1. VFS 的工作原理

Linux 支持的各种实际文件系统,如 EXT2、MINIX、MSDOS、SYSV 等称为物理文件系统。不同的物理文件系统具有不同的组织结构和不同的处理方式。操作系统必须把各种不同的物理文件系统的所有特性进行抽象,建立一个面向各种物理文件系统的转换机制,通过这个转换机制,把各种不同的物理文件系统转换为一个具有统一共性的虚拟文件系统。这种转换机制称为虚拟文件系统转换。VFS 实际上向 Linux 内核和进程提供了一个处理各种物理文件系统的公共接口,通过这个接口使得不同的物理文件系统看来都是相同的,如图 7-29 所示。

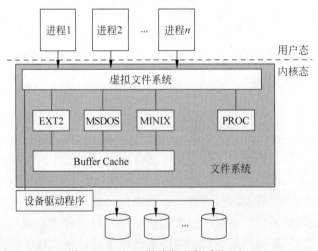

图 7-29 Linux 的虚拟文件系统 VFS

VFS 并不是一种实际的文件系统。EXT4 等物理文件系统是存在于外存空间的,而 VFS 仅存在于内存中。VFS 在系统启动时建立,在系统关闭时消失,物理文件系统则长期存在于外存。在 VFS 中包含着向物理文件系统转换的一系列数据结构,如 VFS 超级块、VFS 的 i 节点以及各种操作函数的转换入口。

2. 文件系统的注册

Linux 支持的文件系统必须注册后才能使用,文件系统不再使用时则予以注销。向系统内核注册有两种方式:一种是在系统引导时在 VFS 中注册,在系统关闭时注销;另一种是把文件系统作为可装卸模块,在安装时在 VFS 中注册,并在模块卸载时注销。文件系统的注册由 VFS 中的注册链表进行管理。每个注册的文件系统登记在 file_system_type 结构体中,file_system_type 结构体组成一个链表,称为注册链表。

3. 文件系统的安装

文件系统除在 VFS 中注册外,还必须安装到系统中。要安装的文件系统必须已经存在于外存磁盘空间上,每个文件系统占用一个独立的磁盘分区,并且具有各自的树状层次结构。由于 EXT 是 Linux 的标准文件系统,所以系统把 EXT 文件系统的磁盘分区作为系统的根文件系统。EXT 以外的文件系统则安装在根文件系统下的某个目录下,成为系统树状结构中的一个分枝。Linux 文件系统的树状层次结构中用于安装其他文件系统的目录称为安装点或安装目录。

7.8.3 EXT 文件系统

1. 文件系统的构造

文件是存储在块设备上的,在块设备中文件的组织和管理是以物理块为单位的,物理块是块设备上划分的大小相同的存储区域,如磁盘的扇区。当文件存储在块设备上时也被划分成与物理块大小相等的逻辑块。文件在存储设备中是由一系列的逻辑块序列组成的。一个文件系统一般使用块设备上的一个独立的逻辑分区。在文件的逻辑分区中除了表示文件内容的逻辑块(称为数据块)外,还设置了若干包含管理和控制信息的逻辑块。Linux 文件系统把逻辑分区划分成块组(block group),并从 0 开始依次编号。每个块组中包含若干数据块,数据块中就是目录或文件内容。如图 7-30 所示,块组中包含着几个用于管理和控制的信息块:超级块、组描述符表、块位示图、i 节点位示图和 i 节点表。

2. 超级块

超级块(super block)是用来描述 Linux 文件系统整体信息的数据结构,主要描述文件系统的目录和文件的静态分布情况,以及描述文件系统的各种组成结构的尺寸、数量等。超级块对于文件系统的维护是至关重要的。超级块位于每个块组的最前面,每个块组中包含的超级块内容是相同的。在系统运行期间,需要把超级块复制到内存的超级块结构中。只需把块组 0 的超级块读入内存,其他块组的超级块作为备份。

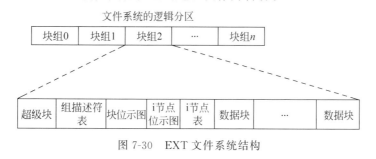

图 7-30 EXT 文件系统结构

3. 组描述符表

组描述符表的每个表项是一个组描述符,如图 7-31 所示。组描述符是一个用来描述一个块组的有关信息。

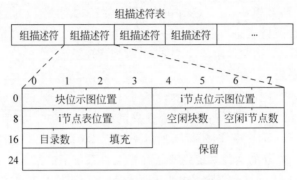

图 7-31　EXT 文件系统组描述符

每一个块组有一个组描述符,所有的组描述符集中在一起依次存放,形成组描述符表。组描述符表中的组描述符的顺序与块组在磁盘上的顺序对应。组描述符可能占用多个物理块。具有相同内容的组描述符表放在每个块组中作为备份。

4. 块位示图

Linux 文件系统中数据块的使用状况由块位示图来描述。每个块组都有一个块位示图,位于组描述符表之后,用来描述本块组中数据块的使用状况。块位示图的每一位(bit)表示一个数据块的使用情况,为 1 表示对应的数据块已占用,为 0 表示数据块空闲。各位的顺序与块组中数据块的顺序一致,块位示图一般占用一个逻辑块。

5. 索引节点

在 Linux 文件系统中索引节点是基本的构件,表示文件系统树状结构的节点。每一个节点是一个文件或目录。Linux 文件系统中的每个文件由一个索引节点描述,且只能由一个索引节点描述。Linux 文件系统的索引节点定义为 struct ext_inode,如表 7-3 所示。

表 7-3　索引节点结构

成 员 项	意　　义
i_list	链接到描述索引节点当前状态的链表
sb_list	链接到超级块中的索引节点链表
i_dentry	链接到目录项
i_ino	索引节点号
i_count	索引节点的引用计数
i_mode	文件访问权限
i_uid	文件所有者的用户标识
i_size	文件大小,以字节为单位
i_atime	文件最后一次访问时间
i_ctime	索引节点最后修改时间
i_mtime	文件内容最后修改时间

续表

成 员 项	意 义
i_dtime	文件删除时间
i_gid	文件的用户组标识
i_links_count	文件的链接数
i_blocks	文件所占块数
i_fop	指向文件操作函数结构体
i_flags	文件系统标志
i_block[ ]	数据块指针数组
i_mapping	文件缓存地址映射
i_mode	文件的打开模式
i_lock	自旋锁

i_block[ ]指针数组指向文件内容所在的数据块。如图 7-32 所示，i_block[ ]数组共有 15 个指针：前 12 个指针直接指向数据块，称为直接块指针；第 13 个指针是一次间接块指针；第 14 个指针是二次间接块指针；第 15 个指针是三次间接块指针。

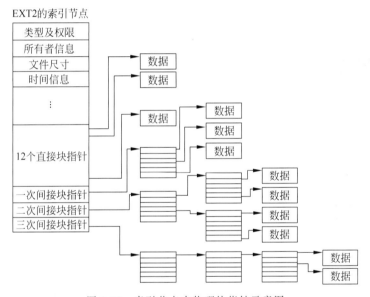

图 7-32 索引节点中物理块指针示意图

6. 索引节点表和索引节点位图

一个块组中所有文件的索引节点形成了索引节点表。表项的序号就是索引节点号。索引节点表存放在块组中所有数据块之前。索引节点表在块组中要占用几个逻辑块由超级块中的 s_inodes_per_group 给出。索引节点位示图反映了索引节点表中各个表项的使用情况，它的一位(bit)表示索引节点表的一个表项，若某位为 1 表示对应的表项已占用，为 0 表示表项空闲。索引节点位示图也装入一个高速缓存中。

7. EXT 的目录结构

在 EXT 中，目录是一个特殊的文件，称为目录文件。在目录文件中，目录项是 entry 结构体，它们前后连接成一个类似链表的形式，如图 7-33 所示。

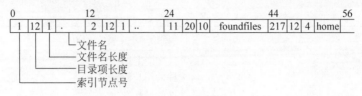

图 7-33 目录结构

7.8.4 文件管理和操作

对于系统中打开的文件，主要从两方面进行管理：一方面是由系统通过系统打开文件表进行统一管理，另一方面是由进程通过私有数据结构进行管理。文件打开后要进行各种操作，VFS 提供了面向文件操作的统一接口。

1. 系统打开文件表

Linux 系统内核把所有进程打开的文件集中管理，把它们组成系统打开文件表。系统打开文件表是一个双向链表，它的每个表项（节点）是一个 file 结构，称为文件描述符，其中存放着一个已打开文件的管理控制信息。进程每打开一个文件就建立一个 file 结构体，并把它加入到系统打开文件表中。

全局变量 first_file 指向系统打开文件表的表头。文件描述符如下：

```
struct file {
    mode_t f_mode;                      /* 文件的打开模式 */
    loff_t f_pos;                       /* 文件的当前读写位置 */
    unsigned short f_flags;             /* 文件操作标志 */
    unsigned short f_count;             /* 共享该结构体的计数值 */
    unsigned long f_reada, f_ramax, f_raend, f_ralen, f_rawin;
    struct file * f_next, * f_prev;     /* 链接前后节点的指针 */
    struct fown_struct f_owner;         /* SIGIO 用 PID */
    struct inode * f_inode;             /* 指向文件对应的索引节点 */
    struct file_operations * f_op;      /* 指向文件操作结构体的指针 */
    unsigned long f_version;            /* 文件版本 */
    void * private_data;                /* 指向与文件管理模块有关的私有数据的指针 */
};
```

各函数说明如下：

f_mode 是文件创建或打开时指定的文件属性，包括文件操作模式和访问权限。例如，符号常量 FMODE_READ 表示读，FMODE_WRITE 表示写。

f_pos 记载文件中当前读写处理所在的字节位置，相当于文件内部的一个位置指针。

f_flags 指定了文件打开后的处理方式，O_RDONLY 表示仅为读操作打开文件，O_WRONLY 表示仅为写操作打开文件，O_RDWR 表示为读和写操作打开文件等。

f_count 记载的是共享该 file 结构体的进程的数目。

f_inode 指向文件对应的 VFS 索引节点。

f_op 指向对文件进行操作的函数指针集合。

file_operations 结构通过 f_op 对不同文件系统的文件调用不同的操作函数。

2. 进程的文件管理

进程的文件管理如图 7-34 所示，对于一个进程打开的所有文件，由进程的两个私有结构进行管理，fs_struct 结构体记录文件系统根目录和当前目录，files_struct 结构体包含进程的打开文件表。

```
struct fs_struct {
    int count;                          /*共享此结构的计数值*/
    unsigned short umask;               /*文件掩码*/
    struct inode * root, * pwd;         /*根目录和当前目录索引节点指针*/
};
```

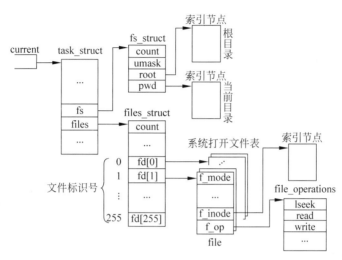

图 7-34　进程的文件管理

root 是指向当前目录所在的文件系统的根目录索引节点，在按照绝对路径访问文件时就从这个指针开始。

pwd 是指向当前目录索引节点的指针，相对路径则从这个指针开始。

```
#define NR_OPEN 256
struct files_struct {
    int count;                          /*共享该结构体的计数值*/
    fd_set close_on_exec;
    fd_set open_fds;
    struct file * fd[NR_OPEN];
};
```

fd[]的每个元素是一个指向 file 结构体的指针，该数组称为进程打开文件表。进程每打开一个文件时，就建立一个 file 结构体，并加入系统打开文件表中，然后把该 file 结构体的首地址写入 fd[]数组的一个空闲元素中。一个进程所有打开的文件都记载在 fd[]数组中。fd[]数组的下标称为文件标识号。在 Linux 中，进程使用文件名打开一个文件，在此之后对文件的识别就不再使用文件名，而直接使用文件标识号。在系统启动时文件标识号 0、1、2 由系统分配：0 为标准输入设备，1 为标准输出设备，2 为标准错误输出设备。

当一个进程通过 fork()函数创建一个子进程后，子进程共享父进程的系统打开文件表，父子进程的系统打开文件表中下标相同的两个元素指向同一个 file 结构体。这时 file 的 f_count 计数值增 1。

一个文件可以被某个进程多次打开，每次都分配一个 file，并占用该进程打开文件表 fd[]的一项，得到一个文件标识号。但它们的 file 结构体中的 f_inode 都指向同一个索引节点。

3. 文件操作函数

file 中 f_op 指向的 file_operations 结构体是面向文件进行操作的接口,也是 VFS 提供的向各种物理文件系统的文件操作函数进行转换的统一接口。

```
struct file_operations {
    int (*lseek) (struct inode *, struct file *, off_t, int);
    int (*read) (struct inode *, struct file *, char *, int);
    int (*write) (struct inode *, struct file *, const char *, int);
    int (*readdir) (struct inode *, struct file *, void *, filldir_t);
    int (*select) (struct inode *, struct file *, int, select_table *);
    int (*ioctl) (struct inode *, struct file *, unsigned int, unsigned long);
    int (*mmap) (struct inode *, struct file *, struct vm_area_struct *);
    int (*open) (struct inode *, struct file *);
    void (*release) (struct inode *, struct file *);
    int (*fsync) (struct inode *, struct file *);
    int (*fasync) (struct inode *, struct file *, int);
    int (*check_media_change) (kdev_t dev);
    int (*revalidate) (kdev_t dev);
    …
};
```

各函数说明如下。

lseek(inode, file, offset, origin)是文件定位函数,用于改变文件内部位置指针的值。

read(inode, file, buffer, count)是读文件函数,读取 inode 对应的文件,count 指定读取的字节数,读取的数据置入以 buffer 为首址的内存区域。

write(inode, file, buffer, count)是写文件函数,把内存缓冲区 buffer 的数据写入 inode 对应的文件中,count 为写入数据的字节数。

readdir(inode, file, dirent, count)是读目录函数,从 inode 对应的目录项结构体 dirent 中读取数据。dirent 类似于 EXT2 文件的目录项结构 ext2_dir_entry。

select(inode, file, type, wait)是文件读写检测函数,检测能否对设备进行读或写操作。inode 和 file 指定操作对象的设备文件,type 指定操作类型。

- type=SEL_IN 为从设备读取。
- type=SEL_OUT 为向设备写入。

当 wait 不为 NULL 时,在设备可以利用之前进程等待。

ioctl(inode, file, cmd, arg)是参数变更函数,用于对设备文件的某些参数的变更。

mmap(inode, file, vm_area)是文件映射函数,把文件的一部分映射到用户的虚拟内存区域。vm_area 是映射文件对应的 vm_area_struct 结构体。

open(inode, file)是文件打开函数,用于在进程打开一个文件调用。该操作函数应该属于 inode_operations 结构,把它置于 file_operations 之中是因为通过 file 结构体更便于对文件进行操作。

release(inode, file)是 file 结构体释放函数,当 file 结构体的 f_count 为 0 时调用此函数释放该结构体。

fsync(inode, file)是文件同步函数,当文件在缓冲区中的内容被修改时,调用该函数把其内容写回外存的该文件中。

fasync(inode, file, on)是文件异步函数,用于终端设备和网络套接口的异步 I/O 操作。

check_media_change(dev)是媒体检测函数，检测非固定连接媒体的设备是否已发生变更，若已变更返回值为1，无变更返回值为0。

revalidate(dev)是媒体重置函数，当非固定连接媒体设备发生变更时，调用该函数重新设置该媒体对应的各个数据结构中的有关数据。

习　　题

1. 什么是文件？什么是文件系统？
2. 什么是文件的物理结构？什么是文件的逻辑结构？
3. 什么是顺序文件？什么是索引顺序文件？为什么在索引顺序文件中查找一个记录的平均搜索时间小于在顺序文件中的平均搜索时间？
4. 试比较基于索引节点和基于符号链接的文件共享方式有何异同。
5. 文件的保护共有几种方式？各有什么特点？
6. 一个程序刚刚在一个顺序文件中读取第1个记录。接下来，它要读第10个记录。那么这个程序应该要读多少个记录才能读入第10个记录？接下来要读第6个记录，则该程序需要访问多少个记录才能读入第6个记录？
7. 在某系统中，采用连续分配策略，假设文件从下面指定的物理地址开始存储（假设块号从1开始），求和逻辑块相对应的物理块号。

（1）起始物理块号，1000；逻辑块号，12。
（2）起始物理块号，75；逻辑块号，2000。
（3）起始物理块号，150；逻辑块号，25。

8. 一个文件系统使用大小为256B的物理块。每个文件都有一个目录项给出了文件名、第1个块的位置、文件的长度和最后一块的位置。假设目录项和最后读取的物理块已经在主存中。在下面的各种情况中，请指出在一个使用连续分配的系统中，为了访问指定的块，需要读多少个物理块（包括读取指定的块）？

（1）最后读的逻辑块号，100；将要读的逻辑块号，600。
（2）最后读的逻辑块号，500；将要读的逻辑块号，200。
（3）最后读的逻辑块号，20；将要读的逻辑块号，21。
（4）最后读的逻辑块号，21；将要读的逻辑块号，20。

9. 在一个使用隐式链接分配的系统中，完成同第8题相同的问题。
10. 在使用索引分配的系统中，完成同第8题相同的问题。假设目录项中包括第一个索引块（不是文件中的第一个块）的位置。每一个索引块包含指向127个文件块的指针和一个指向下一个索引块的指针。除了最后读的块外，假设含有指向最后读的块的指针的索引块也在内存中，但是内存中没有其他的索引块。
11. 假设文件索引节点中有11个地址项，其中8个地址项为直接地址索引，两个地址项是一级间接地址索引，1个地址项是二级间接地址索引，每个地址项大小为4字节，若磁盘索引块和磁盘数据块大小均为256字节，则可表示的单个文件最大长度是多少？
12. 为一个由只能使用顺序访问的设备（如磁带）实现文件系统，使用哪种分配方案最好？
13. Linux文件系统操作函数有哪些？

第 8 章 多处理机系统

从计算机诞生之日起,人们对更强的计算能力无穷尽的追求驱使着计算机工业的不断发展。ENIAC(Electronic Numerical Integrator And Computer,电子数字积分计算机)可以完成每秒 300 次的运算,当时比任何计算器都快 1000 多倍,但是人们并不满足。现在有比 ENIAC 快数百万倍的计算机,但是还有对计算能力更强的计算机的需求。天文学家正在探索宇宙,生物科学家正在试图理解人类基因的含义,航空工程师致力于建造更安全和更快速的飞机,而所有这一切都需要更强的计算能力。然而,即使有更强的计算能力,仍然不能满足上面的需求。

过去的解决方案是提高时钟频率。但是,现在遇到对时钟频率的限制。根据爱因斯坦的相对论,电子信号的速度不可能超过光速,在真空中大约是 30cm/ns,而在铜线或光纤中大约是 20cm/ns。在 10GHz 的计算机中,信号的传输距离不会超过 2cm;在 100GHz 的计算机中,整个传输距离最长为 2mm;而在一台 1THz(1000GHz)的计算机中,传输距离就不足 $100\mu m$ 了,这在一个时钟周期内正好让信号从一端到另一端并返回。

让计算机变得越来越小是可能的,但是会遇到另一个问题:功耗。计算机运行得越快,产生的热量就越多,而计算机越小就越难散热。在 Pentium CPU 中,CPU 的散热器已经比 CPU 大。从 1MHz 到 1GHz 需要的是更好的芯片制造工艺,而从 1GHz 到 1THz 则需要完全不同的方法。

为了获得更高的处理速度,一种方式是大规模使用并行计算机。这些计算机有多个 CPU,每个 CPU 以自己的时钟频率运行,但是总体上比单个 CPU 的计算能力强。具有 100 个 CPU 的系统已经商业化了。在未来,可能会建造出具有百万个 CPU 的系统。当然为了获得更高的处理速度,还有其他潜在的方式,如生物计算机,但在本章中主要介绍多 CPU 系统。

在计算密集型的数据处理中,天气预测、围绕机翼的气流建模和世界经济模拟等,经常采用高度并行计算机。这需要多个 CPU 同时长时间运行。本章讨论的多处理机系统广泛地应用于解决这些问题以及在其他科学和工程领域中的问题。

另一种方式是通过互联网把全世界多台计算机连接起来,共同处理大型的科学问题。这需要计算机之间进行相互通信,以便共同处理一个问题。这需要在互联技术方面做大量的工作,而且不同的互联技术会导致不同性质的系统以及不同的软件组织。

多处理机系统有 3 种模型。第一种是共享存储器多处理机系统,该系统中有 2~1000 个 CPU 通过一个共享存储器通信,如图 8-1(a)所示,图中 C 表示 CPU。每个 CPU 都可访问整个物理存储器,可使用 LOAD 和 STORE 指令对存储单元进行读写,访问一个存储器单元通常需要 2~10ns,实现这样的模型通常涉及大量的底层消息传递,这些消息传递对于程序员来说是透明的。

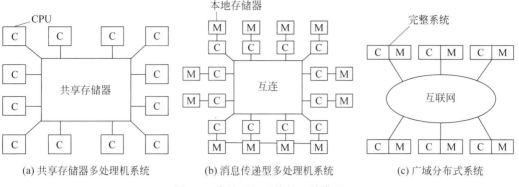

图 8-1 多处理机系统的 3 种模型

第二种是消息传递型多处理机系统,如图 8-1(b)所示,图中 M 表示存储器多个 CPU-存储器通过某种高速互连网络连接在一起。每个存储器只能被与其相连的 CPU 访问。CPU 之间通过互连网络发送消息,在网络连接良好的情况下,发送一条短消息需要 10~50μs,由于该系统中没有全局共享的存储器,这比共享存储器多处理机系统的存储器访问时间长。与共享存储器多处理机系统相比,该系统容易构建,但是编程比较困难。

第三种是广域分布式系统(distributed system),如图 8-1(c)所示,所有的计算机系统都通过一个广域网(如互联网)连接起来。每台计算机有自己的存储器,并通过消息传递与其他计算机进行通信。与消息传递型多处理机系统之间的差别是,该系统使用了完整的计算机,而且消息传递时间通常需要 10~100ms。与消息传递型多处理机系统使用的紧密耦合系统不同,该系统使用松散耦合的方式,造成消息传递的延迟较大。这 3 种模型的系统在通信延迟上各不相同,分别有 3 个数量级的差别,其中,第一种模型的通信延迟最小,第三种模型的通信延迟最大。

本章主要有 3 部分,分别对应图 8-1 的前两个模型再加上虚拟化技术。在每部分中,首先简要地介绍相关硬件,然后讨论与这种系统相关的操作系统。每种系统都面临着不同的问题并且需要不同的解决方法。

8.1 多处理机

在共享存储器多处理机(以后简称为多处理机,multiprocessor)中,两个或更多的 CPU 全部共享访问一个公用的 RAM,运行在任何一个 CPU 上的程序都访问一个普通(通常是分页)的虚拟地址空间。该系统唯一特别的性质是,一个 CPU 对存储器字(memory word)写入某个变量的值,然后再读回该变量,得到的值可能是不同的(因为另一个 CPU 改写了它)。通过恰当地安排 CPU 访问存储器的顺序,可以实现 CPU 间通信,即一个 CPU 向存储器写入数据后,另一个 CPU 再读取这些数据。

多处理机操作系统的功能与普通的操作系统相同,涉及处理机管理、存储器管理、文件系统和 I/O 设备管理。不过,多处理机操作系统在某些领域还是有一些独特的性质,包括进程同步、资源管理以及调度。下面首先介绍多处理机的硬件,然后讨论有关操作系统的问题。

8.1.1 多处理机硬件

多处理机的共性为每个 CPU 可访问全部存储器,而有些多处理机还有一些其他的特性。例如,读出每个存储器字的速度一样快的处理机称为 UMA（Uniform Memory Access,一致存储器访问）多处理机,相反,NUMA（Nonuniform Memory Access,非一致存储器访问）多处理机不具备这种特性。

1. 基于总线的 UMA 多处理机体系结构

最简单的多处理机是基于单总线的,如图 8-2(a)所示。两个或多个 CPU 和一个或多个存储器都使用同一个总线进行通信。当某个 CPU 需要读一个存储器字时,它首先检查总线是否忙,如果总线空闲,则该 CPU 把所需存储器字的地址放到总线上,发出若干控制信号,然后等待存储器把所需的字放到总线上。当某个 CPU 需要读写存储器时,如果总线忙,CPU 只是等待,直到总线空闲。这种设计存在一些问题。在只有少数 CPU 时,对总线的竞争还可以管理;当有 32 个或 64 个 CPU 时,就不能有效地实现对总线的管理。这种系统完全受到总线带宽的限制,多数 CPU 在大部分时间里是空闲的。

解决该问题的方案是为每个 CPU 添加一个高速缓存（cache）,如图 8-2(b)所示。其中高速缓存可以位于 CPU 芯片的内部、CPU 附近、处理器板上或这 3 种方式的组合。

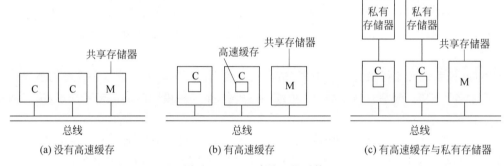

图 8-2　UMA 多处理机系统

由于许多读操作可以从本地高速缓存上得到满足,总线流量会大大减少,这样系统就能够支持更多的 CPU。其中,高速缓存不以单个字为基础,而是以 32B 或 64B 块为基础。当引用一个字时,它所在的整个数据块被取到使用它的 CPU 的高速缓存当中。

每个高速缓存行或者被标记为只读(在这种情况下,其中的数据块同时存在于多个高速缓存中),或者标记为读写(在这种情况下,其中的数据块不能在其他高速缓存中存在)。如果 CPU 试图在一个或多个远程高速缓存中写入一个字,则总线硬件检测到写,并把信号放到总线上通知所有其他的高速缓存。如果其他高速缓存有一个"干净"的副本,即与存储器内容完全一样的副本,则它们可以丢弃该副本并让写者在修改之前从存储器取出高速缓存行。如果某些其他高速缓存有"脏"(被修改过)的副本,则它必须在处理写之前把数据写回存储器或者把它通过总线直接传送给写者。高速缓存的这套规则被称为高速缓存一致性协议,它是诸多协议之一。

还有一种基于总线的 UMA 多处理机体系结构,如图 8-2(c)所示,在该结构中每个 CPU 不仅有一个高速缓存,还有一个私有存储器,CPU 通过一条专门的(私有)总线访问其私有存储器。编译器把所有程序的代码、字符串、常量以及其他只读数据、栈和局部变量放进私有存储器中,而共享存储器只用于可写的共享变量。在多数情况下,该方案能极大地减少总线流量,但是这样做需要编译器的配合。

2. 使用交叉开关的 UMA 多处理机

在基于总线的 UMA 多处理机体系结构中,即使有最好的高速缓存,CPU 的数量仍然被限制在 16~32 个。如果要超过这个数量,则需要不同类型的互连网络。如图 8-3 所示,采用最简单的交叉开关电路把 n 个 CPU 连接到 k 个存储器,其中交叉开关把一组进线以任意方式连接到一组出线上,这在电话交换系统中已经采用了几十年。

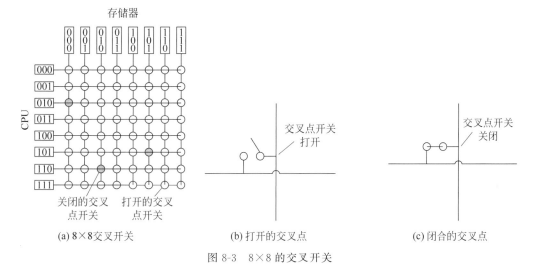

图 8-3　8×8 的交叉开关

水平线(进线)和垂直线(出线)的每个相交位置上是一个交叉点(crosspoint)。交叉点是一个电子开关,开关是否闭合取决于水平线和垂直线是否需要连接。在图 8-3(a)中有 3 个交叉点同时闭合,允许 3 个(CPU,存储器)对(010,000)、(101,101)和(110,010)同时连接。当然还可以有其他的连接。其实,可能连接的组合数等于国际象棋上 8 个棋子安全放置方式的数量(八皇后问题)。

交叉开关的优点是它是一个非阻塞网络,不会因有些交叉点或连线已经被占据了而拒绝其他连接(假设存储器模块自身是可用的),而且并不需要预先规划。即使已经设置了 7 个任意的连接,还有可能把剩余的 CPU 连接到剩余的存储器上。

当然,当两个 CPU 同时试图访问同一个存储器时,存在对内存竞争的可能。如果将内存分为 n 个单元,则与图 8-2 的模型相比,这样竞争的概率可以降至 $1/n$。

交叉开关的缺点是交叉点的数量以 n^2 方式增长。若有 1000 个 CPU 和 1000 个存储器,就需要一百万个交叉点。这样的数量是不可行的。不过,对于中等规模的系统而言,采用该设计是可行的。

3. 使用多级交换的 UMA 多处理机

另一种完全不同的多处理机设计是基于简单的 2×2 开关,如图 8-4(a)所示。该开关有两个输入和两个输出,到达任意一个输入线的消息可以被交换至任意一个输出线上,消息由 4 部分组成,如图 8-4(b)所示。其中,Module(模块)域指明使用哪个存储器;Address(地址)域指定在存储器中的地址;Opcode(操作码)域给定了操作,如 READ 或 WRITE;Value(值)域是可选的,该域中可包含一个操作数,例如一个要被 WRITE 操作写入的 32 位字。该开关检查 Module 域并利用它确定消息是应该发送给 X 还是发送给 Y。

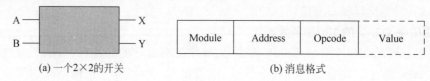

(a) 一个2×2的开关   (b) 消息格式

图 8-4   简单的 2×2 开关及其消息格式

2×2 开关有多种使用方式,用来构建大型的多级交换网络。其中,Omega 网络是一种简单经济的使用方式,如图 8-5 所示。这里采用 12 个开关,把 8 个 CPU 连接到 8 个存储器上。推而广之,对于 n 个 CPU 和 n 个存储器,将需要 $\log_2 n$ 级,每级有 $n/2$ 个开关,总数为 $(n/2)\log_2 n$ 个开关。特别是当 n 值很大时,比 n^2 个交叉点要少得多。

假设 CPU 011 打算从存储器模块 110 读取一个字,CPU 发送 READ 消息给开关 1D,它在 Module 域包含 110,1D 开关取 110 的首位(最左位)并用它进行路由处理。0 路由到上端输出,而 1 路由到下端,由于该位为 1,所以消息通过下端输出被路由到 2D。所有的第二级开关,包括 2D,取第二个比特位进行路由。该位还是 1,所以消息通过下端输出转发到 3D。在这里对第三位进行测试,结果发现是 0。于是,消息送往上端输出,并达到所期望的存储器 110。该消息的路径在图 8-5 中用字母 a 标出。

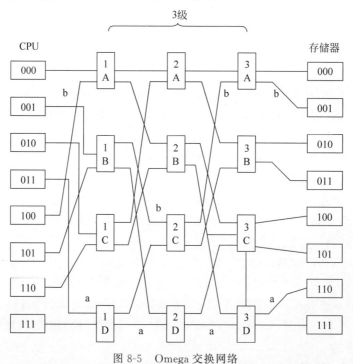

图 8-5   Omega 交换网络

在消息通过交换网络之后,模块号的左端位可以用来记录入线编号,这样,应答消息可以找到返回路径。对于路径 a,入线编号 011 只要从右向左读出每位即可。与此同时,CPU 001 需要向存储器 001 里写入一个字,与上面的情况类似,消息分别通过上端、上端、下端输出,用字母 b 标出。当消息到达时,从 Module 域读出 001,代表了对应的路径。由于这两个请求不使用相同的开关、连线和存储器模块,它们可以并行工作。

如果现在 CPU 000 也同时请求访问存储器模块 000，则该请求会与 CPU 001 的请求在开关 3A 处发生冲突，其中的一个请求就必须等待。和交叉开关不同，Omega 网络是一种阻塞网络，并不是每一个请求都可以并行处理。冲突可能发生在一条连线或一个开关处，也可能在存储器的请求和来自存储器的应答中发生。

显然，在多个模块间均匀、分散地对存储器进行引用是必要的。经常把低位作为模块号。例如，经常访问 32 位的计算机中面向字节的地址空间，低位通常是 00，但接下来的 3 位会均匀分布。连续的字被放在不同的模块里的存储器系统被称为交错（interleaved）存储器系统。交错存储器将并行运行的效率最大化，这是因为多数对存储器的引用是连续编址的。可以设计非阻塞的交换网络，在这种网络中，提供了多条从每个 CPU 到每个存储器的路径，从而可以更好地分散流量。

4. NUMA 多处理机

单总线 UMA 多处理机通常不超过几十个 CPU，而交叉开关或交换网络多处理机需要其他更多（昂贵）的硬件，所以规模也不大。若超过 100 个 CPU 还必须做些让步，即所有存储器模块都具有相同的访问时间。这导致 NUMA 多处理机的出现。与 UMA 相同的是，NUMA 为所有的 CPU 提供了统一的地址空间，但不同的是，访问本地存储器模块比访问远程存储器模块速度快。因此，在 NUMA 系统上运行的所有 UMA 程序无须做任何改变，但在相同的时钟速率下其性能不如 UMA 系统。

所有 NUMA 系统都具有以下 3 种关键特性。

(1) 所有 CPU 都有可见的单个地址空间。

(2) 通过 LOAD 和 STORE 指令访问远程存储器。

(3) 访问远程存储器比访问本地存储器慢。

在 NUMA 系统中，若没有高速缓存，系统被称为 NC-NUMA（No Cache NUMA，无高速缓存 NUMA）；若有一致性高速缓存，系统被称为 CC-NUMA（Cache-Coherent NUMA，一致性高速缓存 NUMA）。

目前构造大型 CC-NUMA 多处理机最常见的方法是基于目录的多处理机（directory-based multiprocessor）。其基本思想是维护一个数据库来记录高速缓存行的位置及其状态。当一个高速缓存行被引用时，就查询数据库找出高速缓存行的位置以及它是"干净"的还是"脏"的。由于每条访问存储器的指令都必须查询这个数据库，所以必须有相应的极高速的专用硬件支持，使其在一个总线周期的几分之一内做出响应。

假如，一个 256 节点的系统，每节点包含一个 CPU 和通过局部总线连接到 CPU 上的 16MB 的 RAM。整个存储器有 2^{32} B，被划分为 2^{26} 个 64B 大小的高速缓存行。存储器被静态地在节点间分配，节点 0 是 0~16MB，节点 1 是 16~32MB，以此类推。节点通过互连网络连接，如图 8-6(a) 所示。每节点还有用于构成其 2^{24} B 存储器的 2^{18} 个 64B 高速缓存行的目录项。假定一行最多被一个高速缓存使用。

为了了解目录的工作原理，假设引用一个高速缓存行发自 CPU 20 的 LOAD 指令。首先发出该指令的 CPU 把它交给自己的内存管理单元（Memory Management Unit，MMU），被翻译成物理地址。例如，0X24000108，MMU 将这个地址拆分为 3 部分，如图 8-6(b) 所示。这 3 部分按十进制是节点 36、第 4 行和偏移量 8。MMU 看到引用的存储器字来自节点 36，而不是节点 20，所以它把请求消息通过互连网络发送到该高速缓存行的主节点

(home node)36 上,询问第 4 行是否被高速缓存,如果是,高速缓存在何处?

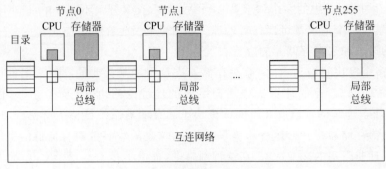

(a) 256个节点的基于目录的多处理机

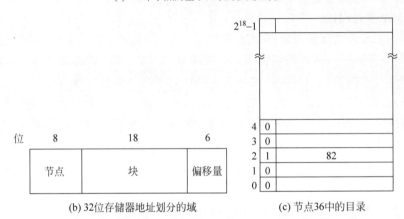

(b) 32位存储器地址划分的域 (c) 节点36中的目录

图 8-6 基于目录的多处理机系统

当请求通过互连网络到达节点 36 时,它被路由至目录硬件。硬件检索其包含 2^{18} 个表项的目录表(其中的每个表项代表一个高速缓存行)并解析到目录项 4。从图 8-6(c)中可知该行没有被高速缓存,所以硬件从本地 RAM 中取出第 4 行,送回节点 20,更新目录项 4,指出该行当前被高速缓存在节点 20 处。

若第二个请求访问节点 36 的第 2 行。在图 8-6(c)中,可知该行在节点 82 处被高速缓存。此时硬件可以更新目录项 2,指出该行现在在节点 20 上,然后发送一条消息给节点 82,指示把该行传给节点 20 并使其自身的高速缓存无效。由此可知,共享存储器多处理机的下层有大量的消息传递。

该设计存在一个明显的缺陷,即 1 行只能被 1 节点高速缓存。若允许 1 行能够在多节点上被高速缓存,需要对所有行进行定位。

5. 多核芯片

随着芯片制造技术的发展,晶体管的体积越来越小,一个芯片中放入的晶体管数量越来越多。例如,Intel Core 2 Duo 系列芯片已包含了 3 亿数量级的晶体管。

如何有效地利用这些晶体管?其中一个选择是给芯片添加兆字节的高速缓存,例如,带有 4MB 片上高速缓存的芯片现在已经很常见,并且带有更多片上高速缓存的芯片也即将出现,但是到了某种程度,增加高速缓存的大小只能将命中率从 99% 提高到 99.5%,而这样的改进并不能显著提升应用的性能。

另一个选择是将两个或者多个完整的 CPU(通常称为核,core)集成到同一个芯片上。

双核和四核的芯片已经普及，80 核的芯片已经被制造出来，而带有上百个核的芯片也即将出现。

虽然 CPU 可能共享也可能不共享高速缓存，但是它们都共享内存。每个内存字有唯一的值。特殊的硬件电路可以确保以下过程：若一个字同时出现在两个或者多个高速缓存中，当其中某个 CPU 修改了该字，所有其他高速缓存中相应的字都会被自动地并且原子性地删除以确保一致性，该过程称为窥探（snooping）。

多核芯片被称为片级多处理机（Chip-level MultiProcessors，CMP）。从软件的角度来看，CMP 与基于总线的多处理机和使用交换网络的多处理机并没有太大的差别。不过，它们之间还是存在着若干差别。例如，对基于总线的多处理机，每个 CPU 拥有自己的高速缓存，如图 8-2(b)所示。一方面，在共享缓存的 CMP 中，如果一个 CPU 需要很多高速缓存空间，而另一个 CPU 不需要，这样就允许它们各自使用所需的高速缓存。但另一方面，共享高速缓存也可能让一个贪婪的 CPU 损害其他 CPU 的性能。

CMP 与其他多处理机制之间的另一个差别是容错。因为 CPU 之间的连接非常紧密，一个共享模块的失效可能导致多个 CPU 同时出错。而该情况在传统的多处理机中是很少出现的。

除了所有核都是对等的对称多核芯片之外，还有一类多核芯片被称为片上系统（system on a chip）。这些芯片含有一个或多个主 CPU，但是同时还包含若干专用核，如音频与视频解码器、加密芯片和网络接口等。这些核共同构成了完整的片上计算机系统。

通常，硬件的发展领先于软件。多核的时代已经来临，但是大部分程序员还不具备为它们编写应用程序的能力。许多的编程语言并不适应编写高度并行的代码，同时缺乏适用的编译器和调试工具。有编写并行程序经验的程序员很少，而且大部分程序员对于如何将工作划分为若干可以并行执行的块（package）知之甚少。同步、消除竞争、避免死锁成为程序员编程的难点。同时，信号量（semaphore）并不能解决所有问题。除了这些问题外，还尚不明确需要使用数百核的具体应用有哪些。自然语言语音识别可能需要大量的计算，但是这里的问题并不是缺少时钟周期，而是缺少可行的算法。

8.1.2 多处理机操作系统类型

本节介绍多处理机软件，特别是多处理机操作系统。主要介绍 3 种类型的多处理机操作系统，这些多处理机操作系统除了适用于多核系统之外，同样适用于包含多个分离 CPU 的系统。

1. 每个 CPU 有自己的操作系统

该模型采用尽可能最简单的方法组织多处理机操作系统，静态地把存储器划分成和 CPU 一样多的部分，为每个 CPU 提供其私有存储器以及操作系统的私有副本，如图 8-7 所示。该方法实际上是 n 个 CPU 以 n 个独立计算机的形式运行，其优点是允许所有的 CPU 共享操作系统的代码，而且只需要提供数据的私有副本。

该模型比 n 个分离的计算机更有优势，因为它允许所有的操作系统共享一套磁盘及其他的 I/O 设备，还允许灵活地共享存储器。即便使用静态内存分配，一个 CPU 也可以获得极大的一块内存，从而可以高效地执行代码。另外，由于生产者能够直接把数据写入存储器，从而使得消费者可以从生产者写入的位置取出数据，因此进程之间可以高效地通信。况

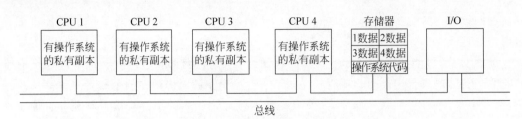

图 8-7　拥有私有存储器及操作系统的多处理机模型

且,从操作系统的角度看,每个 CPU 都有自己的操作系统。

该模型的缺点主要涉及 4 方面。

(1) 当一个进程进行系统调用时,该系统调用是在本机的 CPU 上被捕获并处理的,并使用本机的操作系统表中的数据结构。

(2) 因为每个操作系统都有自己的表,那么它也有自己的进程集合,通过自身调度这些进程。如果一个用户登录的是 CPU 1,那么他的所有进程都在 CPU 1 上运行。因此,在 CPU 1 有负载运行而 CPU 2 空载的情形是会发生的。

(3) 没有页面共享,会出现如下的情形:当 CPU 2 不断地进行页面调度时,CPU 1 却有多余的页面。由于内存分配是固定的,所以 CPU 2 无法向 CPU 1 借用页面。

(4) 最坏的情形是,在操作系统维护近期使用过的磁盘块的缓冲区高速缓存时,每个操作系统都独自进行这种维护工作,因此可能出现某一修改过的磁盘块同时存在于多个缓冲区高速缓存中的情况,这将导致不一致的结果。避免这一问题的唯一途径是取消缓冲区高速缓存,但是这会显著降低性能。

2. 主从多处理机

主从多处理机模型如图 8-8 所示。在该模型中,操作系统的一个副本及其数据表都在 CPU 1 上,而不在其他 CPU 上。为了在 CPU 1 上进行处理,所有的系统调用都重定向到 CPU 1 上。如果有剩余的 CPU 时间,还可以在 CPU 1 上运行用户进程,该模型称为主从(master-slave)模型,即 CPU 1 是主 CPU,其他都是从属 CPU。

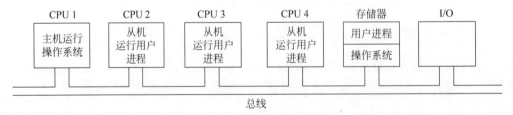

图 8-8　主从多处理机模型

该模型解决了第一种模型的多个问题。该模型有单一的数据结构(如一个链表或者一组优先级链表)用来记录就绪进程。当某个 CPU 空闲时,它向 CPU 1 上的操作系统请求一个进程运行,并被分配一个进程。这样,就不会出现一个 CPU 空闲而另一个过载的情形。类似地,可在所有的进程中动态地分配页面,并且只有一个缓冲区高速缓存,这样就不会出现不一致的情形。

该模型的问题是,如果有很多的 CPU,则主 CPU 会变成一个瓶颈。毕竟,主 CPU 要处理来自所有 CPU 的系统调用。如果全部时间的 10% 用来处理系统调用,那么 10 个 CPU 就会使主 CPU 饱和,而 20 个 CPU 就会使主 CPU 彻底过载。该模型对小型多处理机是可行的,但不能用于大型多处理机。

3. 对称多处理机

对称多处理机(Symmetric MultiProcessor,SMP)模型如图 8-9 所示,它消除了不对称性。在存储器中有操作系统的一个副本,但任何 CPU 都可以运行它。在有系统调用时,进行系统调用的 CPU 同时陷入内核并处理系统调用。

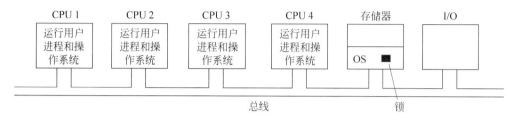

图 8-9 对称多处理机模型

因为该模型只有一套操作系统数据表,所以它能够动态地平衡进程和存储器。同时,因为不存在主 CPU,它还消除了主 CPU 的瓶颈。但是该模型也有自身的问题,特别是当两个或更多的 CPU 同时运行操作系统代码时,就会出现灾难。例如,有两个 CPU 同时选择相同的进程运行或请求同一个空闲存储器页面。处理这些问题的最简单的方法是在操作系统中使用互斥信号量(锁),使整个系统成为一个大临界区。当一个 CPU 要运行操作系统时,它必须首先获得互斥信号量。如果互斥信号量被锁住,就得等待。按照这种方式,任何 CPU 都可以运行操作系统,但在任一时刻只有一个 CPU 可以运行操作系统。

该模型是可以工作的,但是它几乎同主从模式一样,如果所有时间的 10% 花费在系统调用上,那么当有 20 个 CPU 时,会出现 CPU 等待队列。由于操作系统中的很多部分是彼此独立的,可以对该情况进行改进。例如,当第一个 CPU 运行调度程序时,第二个 CPU 则处理文件系统的调用,第三个 CPU 可以处理一个缺页异常。

这需要把操作系统分割成互不影响的临界区,每个临界区由其互斥信号量保护,每次只有一个 CPU 可执行它。采用该方式,可以实现更多的并行操作。例如,在调度时需要进程表,在系统调用 fork() 函数和处理信号时也都需要进程表。多临界区使用的每个表都需要有各自的互斥信号量。通过这种方式,可以做到每个临界区在任一时刻只被一个 CPU 执行,而且在任一时刻每个临界表(critical table)也只被一个 CPU 访问。

大多数的现代多处理机都采用上述方式实现并行操作,但是为这类计算机编写操作系统的困难在于临界区的划分,即把临界区划分成由不同 CPU 并行执行而互不干扰。另外,对于被两个或多个临界区使用的表必须通过互斥信号量加以保护,而且使用这些表的代码必须正确地使用互斥信号量。

同时,要避免死锁的发生。如果两个临界区都需要表 A 和表 B,其中一个首先申请 A,另一个首先申请 B,那么很有可能会发生死锁。理论上,可以把所有的表都赋一个整数值,并且所有的临界区都以升序的方式获得表,这样可以避免死锁,但这需要程序员清楚地知道每个临界区需要哪些表,然后按照正确的次序安排请求。随着时间的变化,临界区需要的表也会动态地变化。如果有新程序员接手该工作,且不了解系统的整个逻辑,该程序员若采用"临界区需要时获得表,不需要时释放表"的思想,很可能会产生死锁。

8.1.3 多处理机同步

在多处理机中,CPU 之间经常需要同步。例如,访问内核临界区和表时,需要互斥信号量进行保护。本节主要介绍多处理机中 CPU 之间的同步原理。

如果一个进程在单处理机中需要访问一些内核临界表的系统调用,那么内核代码在接触该表之前可以先禁止中断,然后继续工作,在相关工作完成之前,不会有任何其他的进程来访问该表。在多处理机中,禁止中断的操作只影响完成禁止中断操作的这个 CPU,其他的 CPU 仍然继续运行并且可以访问临界表。因此,必须采用一种合适的互斥信号量协议,并让所有的 CPU 都遵守该协议以保证互斥工作的进行。

下面以指令 TSL(Test and Set Lock)为例解释临界区的实现方式。该指令读出一个存储器字并把它存储在一个寄存器中。同时,它对该存储器字写入一个 1(或某些非零值)。这需要两个总线周期来完成存储器的读写。在单处理机中,只要该指令不被中途中断,TSL 指令始终照常工作。

在多处理机中,如图 8-10 所示,存储器字 1000 中被初始化为 0。若两个 CPU 按照下列的顺序执行 TSL 指令就会出现互斥失败:第 1 步,CPU 1 读出该字,得到一个 0;第 2 步,在 CPU 1 有机会把该字写为 1 之前,CPU 2 进入,并且也读出该字为 0;第 3 步,CPU 1 把 1 写入该字;第 4 步,CPU 2 也把 1 写入该字。两个 CPU 都采用 TSL 指令得到 0,所以两者都对临界区进行访问,并且互斥失败。

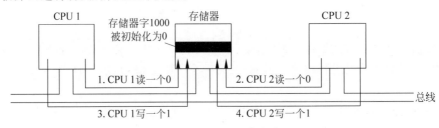

图 8-10 TSL 指令失效

为了阻止这种情况的发生,TSL 指令必须首先锁住总线,阻止其他 CPU 访问它,然后进行存储器的读写访问,再解锁总线。对总线加锁的典型做法是,先使用通常的总线协议请求总线,并声明已拥有某些特定的总线线路,直到两个周期总线全部完成。只要始终保持拥有这一特定的总线线路,那么其他 CPU 就不会得到总线的访问权。这个指令只有在拥有必要的线路和使用它们的(硬件)协议基础上才能实现。

如果正确实现和使用 TSL,则能够保证互斥机制正常工作。但是该互斥方法使用了自旋锁(spin lock),因为请求的 CPU 只是在原地尽可能快地对锁进行循环测试。这样不仅完全浪费了提出请求的各个 CPU 的时间,而且还给总线或存储器增加了大量的负载,严重降低了所有其他 CPU 从事正常工作的速度。

理论上,高速缓存的实现能够消除总线竞争的问题,只要提出请求的 CPU 已经读取了锁字(lock word),它就可在其高速缓存中得到一个副本。只要没有其他 CPU 试图使用该锁,提出请求的 CPU 就能够用完其高速缓存。当拥有锁的 CPU 写入一个 1 到高速缓存并释放它时,高速缓存协议会自动地将它在远程高速缓存中的所有副本置为失效,要求再次读取正确的值。

但事实并非如此。问题是,高速缓存操作是在 32B 和 64B 的块中进行的。通常,拥有锁的 CPU 也需要这个锁周围的字,由于 TSL 指令是一个写指令,它需要互斥地访问含有锁的高速缓存块。这样,每一个 TSL 都使锁持有者的高速缓存中的块失效,并且为请求的 CPU 取一个私有的、唯一的副本。只要锁拥有者访问到该锁的邻接字,该高速缓存块就被送进其计算机。这样,整个包含锁的高速缓存块就会不断地在锁的拥有者和锁的请求者之间来回穿梭,导致总线流量比单个读取一个锁字更大。

如果能消除在请求一侧的所有由 TSL 引起的写操作,就可以明显地减少这种开销。使提出请求的 CPU 首先执行一个读操作来确定锁是否空闲,就可以实现这个目标。只有锁是空闲时,TSL 才真正去获取它。这种变化使大多数的行为变成读而不是写。如果拥有锁的 CPU 只是在同一个高速缓存块中读取各种变量,那么它们每个都可以共享只读方式拥有一个高速缓存块的副本,这就消除了所有的高速缓存块传送。当锁最终被释放时,锁的拥有者进行写操作,这需要互斥访问,使远程高速缓存中的所有其他副本失效。提出请求的 CPU 的下一个读请求中,高速缓存块会被重新装载。如果两个或更多的 CPU 竞争同一个锁,那么有可能出现两者同时看到锁是空闲的,于是同时用 TSL 指令去获取它。只有其中的一个会成功,因为真正的获取是由 TSL 指令进行的,而且该指令是原子性的。即使看到了锁空闲,然后立即用 TSL 指令试图获得它,也不能保证真正得到它。不过对于该算法的正确性来讲,并不关心到底哪个 CPU 得到了锁。纯读出操作的成功只是意味着可能是获得了锁,但并不能确保成功地得到锁。

另一个减少总线流量的方式是使用著名的以太网二进制指数补偿算法(binary exponential backoff algorithm)。不采用连续轮询,而是把延迟循环插入轮询之间。初始的延迟是一条指令。如果锁仍然忙,加倍延迟成两条指令;如果锁还忙,再加倍延迟成 4 条指令;以此类推,直到某个最大值。当锁释放时,较低的最大值会产生快速的响应,但是会浪费较多的总线周期在高速缓存的颠簸上。而较高的最大值可减少高速缓存的颠簸,但是其代价是不会注意到锁如此迅速地成为空闲。二进制指数补偿算法无论在有无 TSL 指令的纯读的情况下都适用。

还有一个更好的思想是,让每个打算获得互斥信号量的 CPU 都拥有各自用于测试的私有锁变量,如图 8-11 所示。有关的变量应该存放在未使用的高速缓存块中以避免冲突。给一个未能获得锁的 CPU 分配一个锁变量并且把它附在等待该锁的 CPU 链表的末端。在当前锁的持有者退出临界区时,其释放链表中的首个正在测试私有锁的 CPU,然后该

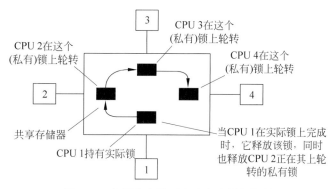

图 8-11 使用多个锁可防止高速缓存颠簸

CPU 进入临界区，操作完成之后，该 CPU 释放锁，其后继者接着使用，以此类推。该算法能够有效工作，而且消除了饥饿问题。

不论是连续轮询方式、间歇轮询方式还是把自己附在等候 CPU 链表中的方式，都假定需要加锁的互斥信号量的 CPU 只是保持等待。有时对于提出请求的 CPU 而言，只有等待。例如，假设一些 CPU 是空闲的，需要访问共享的就绪链表（ready list），以便选择一个进程运行。如果就绪链表被锁住了，则 CPU 必须保持等待直到能够访问该就绪链表。这种现象称为 CPU 的自旋。

然而，在其他情况中却存在着别的选择。例如，如果某个 CPU 中的某些线程需要访问文件系统缓冲区高速缓存，而该文件系统缓冲区高速缓存正好被锁住了，那么该 CPU 可以决定切换至另一个线程而不是等待。这种现象称为 CPU 的线程切换。

若自旋和线程切换都是可行的选择，由上述可知，自旋直接浪费了 CPU 周期，重复地测试锁并不是高效的方式。不过，线程切换也浪费了 CPU 周期，因为必须保存当前线程的状态，必须获得保护就绪链表的锁，还必须选择一个线程，必须装入其状态，并且使其开始运行。更进一步，该 CPU 高速缓存还包含所有不合适的高速缓存块，因此在线程开始运行时会发生很多代价高昂的高速缓存未命中。TLB 也可能失效。最后，会发生返回至原来线程的切换，会有更多的高速缓存未命中。花费在这两个线程间来回切换和所有高速缓存未命中的 CPU 周期都浪费了。

如果预先知道互斥信号量通常被持有的时间，如 $50\mu s$，而从当前线程切换需要 1ms，稍后切换返回还需 1ms，那么在互斥信号量上自旋更为有效。而如果互斥信号量的平均保持时间是 10ms，那么线程切换就更为有效。问题在于临界区在此期间会发生相当大的变化。关键是采用何种设计方案。

第一种设计方案是总是进行自旋。第二种设计方案是总是进行切换。而第三种设计方案是每当遇到一个锁住的互斥信号量时就单独做出决定。在必须做出决定的时刻，并不知道自旋和切换哪一种方案更好，但是对于任何给定的系统，有可能对其所有的有关活动进行跟踪，并且随后进行离线分析，然后就可以确定哪个决定最好及在最好情形下所花费的时间。这种事后算法（hindsight algorithm）成为对可行算法进行测量的基准评测标准。

多数的研究采用这样的模型：一个未能获得互斥信号量的线程自旋一段时间，如果时间超过某个阈值，则进行切换。在某些情况下，该阈值只是一个定值，典型值只是切换至另一个线程再切换回来的开销。在另一些情况下，该阈值是动态变化的，它取决于所观察到的等待互斥信号量的历史信息。

在系统跟踪若干最新的自旋时间并且假定当前的情形可能会同先前的情形类似时，就可以得到最好的结果。例如，假定还是 1ms 切换时间，线程自旋时间最长为 2ms，但是要观察实际上自旋了多长时间。如果线程未能获取锁，并且发现在之前的 3 轮中平均等待时间为 $200\mu s$，那么，在切换之前就应该先自旋 2ms。但是，如果发现在先前的每次尝试中线程都自旋了整整 2ms，则应该立即切换而不再自旋。

8.1.4 处理机调度

在探讨多处理机调度之前，需要确定调度的对象是什么。过去，当所有进程都是单个线程时，调度的单位是进程，因为没有其他可以调度的。至今，所有的现代操作系统都支持多线程进程，这让调度变得更加复杂。

线程是内核线程还是用户线程至关重要。如果线程是由用户空间库维护的，而对内核不可见，那么调度一如既往地基于单个进程。如果内核并不知道线程的存在，它就不能调度线程。

对内核线程来说，情况有所不同。在这种情况下所有线程均是内核可见的，内核可以选择一个进程的任一线程。在这样的系统中，发展趋势是内核选择线程作为调度单位，线程从属的那个进程对于调度算法只有很小的影响。下面探讨线程调度，当然，对于单线程进程（single-threaded process）系统或者用户空间线程，调度单位依然是进程。

进程和线程的选择并不是调度中的唯一问题。在单处理机中，调度是一维的，即接下来应该运行哪个新线程。在多处理机中，调度是二维的，调度程序必须决定哪一个进程运行以及在哪一个 CPU 上运行。在多处理机中增加的维数大大增加了调度的复杂性。

造成复杂性的另一个因素是，在有些系统中所有的线程是不相关的，而在另外一些系统中它们是成组的，属于同一个应用并且协同工作，这些线程被称为相关线程。前一种情况的例子是分时系统，其中独立的用户运行相互独立的进程，这些不同进程的线程之间没有关系，因此其中的每一个都可以独立调度而不用考虑其他的线程。后一种情况的例子通常发生在程序开发环境中。大型系统中通常有一些供实际代码使用的包含宏、类型定义以及变量声明等内容的头文件。当一个头文件改变时，所有包含它的代码文件必须被重新编译。这些代码文件在多处理机系统中可以同时被编译，从而大大提高应用程序的开发效率。

1．分时

本节首先介绍独立线程的调度，然后再介绍相关线程的调度。处理独立线程的最简单的算法是为就绪线程维护一个系统级的数据结构，可能是一个链表，也可能是对应不同优先级的一个链表集合。如图 8-12(a)所示，有 16 个 CPU 正在忙碌，有不同优先级的 14 个线程在等待运行。第一个将要完成其当前工作（或其线程将被阻塞）的 CPU 是 CPU 4，然后 CPU 4 锁住调度队列（scheduling queue），并选择优先级最高的线程 A，如图 8-12(b)所示。接着，CPU 12 空闲并选择线程 B，如图 8-12(c)所示。只要线程完全无关，采用这种调度方式很容易高效地实现。

与单处理机系统类似，所有单个线程分时共享这些 CPU，同时还支持自动负载平衡，绝不会出现一个 CPU 空闲而其他 CPU 过载的情况。不过该方法有两个缺点：一是随着 CPU 数量增加，会引起对调度数据结构的潜在竞争；二是当线程发生 I/O 阻塞时会引起上下文切换的开销（overhead）。

在线程的时间片用完时，也可能发生上下文切换。此时，多处理机与单处理机的属性不同。假设某个线程在其时间片用完时持有一把自旋锁。在该线程被再次调度并且释放该锁之前，其他等待该自旋锁的 CPU 只是把时间浪费在自旋上。而在单处理机中极少采用自旋锁，因此，如果互斥信号量的一个线程被挂起，而另一个线程启动并试图获取该互斥信号量，则该线程会立即被阻塞，这样只浪费了少量时间。

为了避免这种异常情况，一些系统采用智能调度（smart scheduling）的方法，其中，获得了自旋锁的线程设置一个进程范围内的标志，以表示它目前拥有了一个自旋锁。当它释放该自旋锁时，就清除这个标志。这样调度程序就不会停止持有自旋锁的线程，相反，调度程序会给予该线程稍微多一些的时间让它完成临界区内的工作并释放自旋锁。

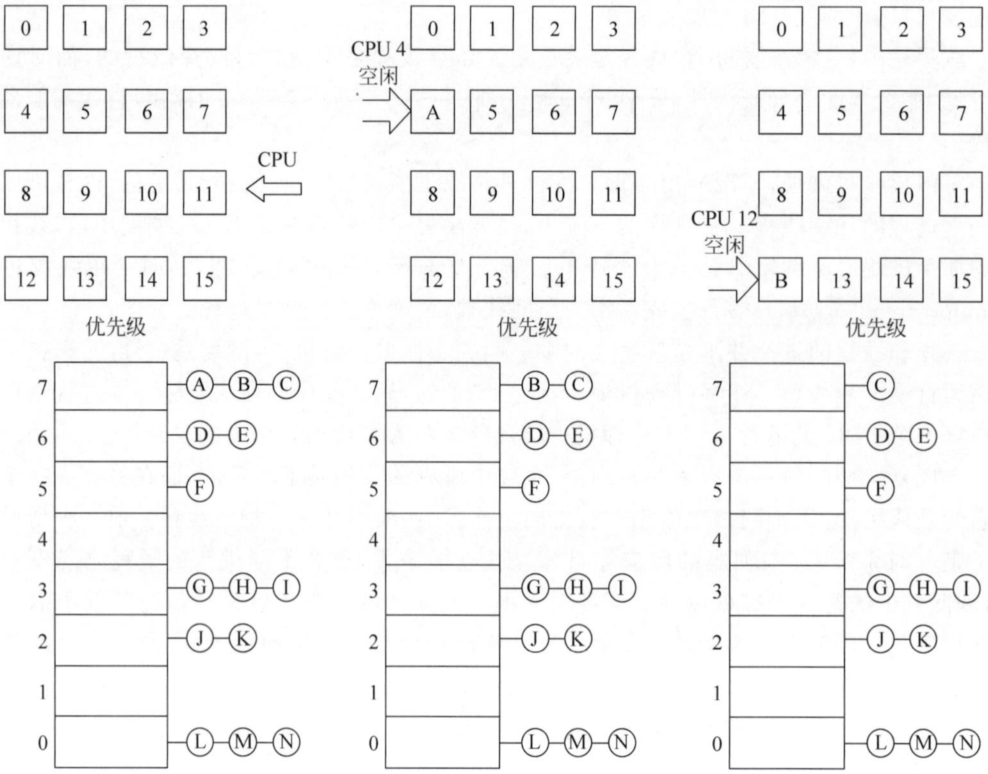

(a) 不同优先级的链表集合　　(b) CPU 4选择线程A　　(c) CPU 12选择线程B

图 8-12　使用单一数据结构调度一个多处理机

　　调度中的另一个主要问题是,当所有 CPU 分时轮转平等调度时,某些进程就会不平等。特别是,当线程 A 已经在 CPU k 上运行了很长一段时间时,CPU k 的高速缓存装满了 A 的块。若 A 很快重新开始运行,那么如果它在 CPU k 上运行,性能可能会更好一些,因为 CPU k 的高速缓存也许还存有 A 的一些块。预装高速缓存块将提高高速缓存的命中率,从而提高线程的速度。另外,TLB 也可能含有正确的页面,从而减少了 TLB 失效率。

　　有些多处理机考虑了上述因素,并使用了亲和力调度(affinity scheduling)的方法。其基本思想是尽量使一个线程在它前一次运行过的同一个 CPU 上运行。实现该方法的途径是采用两级调度算法(two-level scheduling algorithm)。当一个线程被创建时,它被分配一个在此刻有最小负载的 CPU。把线程分给 CPU 的工作在算法的顶层进行,其结果是每个 CPU 获得了自己的线程集。线程的实际调度在算法的底层进行。它由每个 CPU 使用优先级或其他的方式分别进行。通过试图让一个线程在其生命周期内在同一个 CPU 上运行的方法,使得高速缓存的亲和力得到了最大化。不过,如果某一个 CPU 没有线程运行,则选取另一个 CPU 的线程来运行而不是空转。

　　两级调度算法的优点为:第一,它把负载大致平均地分配在可用的 CPU 上;第二,它尽可能发挥了高速缓存亲和力的优势;第三,通过为每个 CPU 提供一个私有的就绪线程链表,由于试图使用另一个 CPU 的就绪线程链表的机会较小,使得对就绪线程链表的竞争降到了最低。

2. 空间共享

当线程之间以某种方式彼此相关时,可以使用其他多处理机调度方法。经常还有一个进程创建多个共同工作的线程的情况发生。例如,当一个进程的多个线程间频繁地进行通信时,让其在同一时间执行就显得尤为重要,这需要在多个 CPU 上同时调度这些线程。在多个 CPU 上同时调度多个线程称为空间共享(space sharing)。

若一组相关的线程是一次性创建的,在其创建的时刻,调度程序检查是否有和线程数量一样多的空闲 CPU 存在,如果有,则每个线程获得各自专用的 CPU 并且都开始运行,并且该 CPU 被送回可用 CPU 池中;如果一个线程在 I/O 上阻塞,则继续保持其 CPU,而该 CPU 空闲直到该线程被唤醒。在下一批线程出现时,应用同样的算法。这是最简单的空间共享算法。

在任何一个时刻,全部 CPU 被静态地划分成若干分区,每个分区都运行一个进程中的线程。例如,分区的大小是 4、6、8 和 12 个 CPU,有两个 CPU 没有分配,如图 8-13 所示。随着时间的推移,新的线程创建,旧的线程终止,CPU 分区大小和数量都会发生变化。

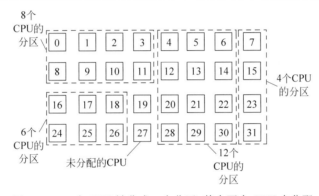

图 8-13 32 个 CPU 被分成 4 个分区,其中两个 CPU 未分配

必须采用周期性的调度策略。在单处理机系统中,短作业优先是批处理调度中知名的算法。在多处理机系统中类似的算法是,选择需要最少的 CPU 周期数的线程,即其 CPU 周期数乘以运行时间最小的线程为候选线程。然而,在实际中,该信息很难得到,因此该算法难以实现。

在这个简单的分区模型中,一种处理方式是,一个线程请求一定数量的 CPU,或者全部得到或者一直等到有足够数量的 CPU 可用为止。另一种处理方式是主动地管理线程的并行度。这需要使用一个中心服务器,用它跟踪哪些线程正在运行,哪些线程希望运行以及所需 CPU 的最小和最大数量。每个应用程序周期性地询问中心服务器有多少 CPU 可用,然后它调整线程的数量以符合可用的数量。例如,一台 Web 服务器可以并行运行 5、10、20 个或者任何其他数量的线程。如果它当前有 10 个线程,突然系统对 CPU 的需求增加了,于是它被通知可用的 CPU 数量减到了 5 个,那么在接下来的 5 个线程完成其当前工作之后,它们就被通知退出而不是给予新的工作。这种机制允许分区大小动态变化,以便与当前负载相匹配,该方法优于图 8-13 中的固定系统。

3. 群调度

空间共享的一个明显优点是消除了多道程序上下文切换的开销。但是,明显的缺点是当线程被阻塞或 CPU 根本无事可做时时间被浪费了,只有等到该线程再次就绪。于是,既可以调度时间又可以调度空间的算法就显得比较重要了,特别是对于要创建多个彼此之间相互通信的线程。

假设一个系统中有线程 A0 和 A1 属于进程 A,而线程 B0 和 B1 属于进程 B。线程 A0 和 B0 在 CPU 0 上分时,而线程 A1 和 B1 在 CPU 1 上分时,如图 8-14 所示。线程 A0 和 A1 需要经常通信。其通信模式是,A0 送给 A1 一个消息,然后 A1 回送给 A0 一个应答。假设正好是 A0 和 B1 首先开始执行。

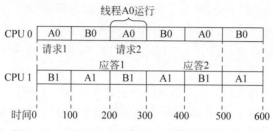

图 8-14 进程 A 的两个异步运行的线程间的通信

在时间片 0,A0 给 A1 发送一个请求,但是直到 A1 在 100ms 的时间片 1 中开始运行时才得到该请求。A1 立即给 A0 发送一个应答,但是直到 A0 在 200ms 再次运行时才得到该应答。结果是每 200ms 一个请求-应答序列,这个结果并不理想。

解决该问题的方案是群调度(gang scheduling)。群调度由 3 部分组成。

(1) 把一组相关线程作为一个单位,组成一个群(gang),一起调度。

(2) 一个群中的所有成员在不同的分时 CPU 上同时运行。

(3) 群中的所有成员共同开始和结束其时间片。

使群调度正确工作的关键是同步调度所有的 CPU,即把时间划分为离散的时间片。在每一个新的时间片开始时,所有的 CPU 都重新调度,在每个 CPU 上都开始一个新的线程。在后续的时间片开始时,另一个调度事件发生。在此之间没有调度行为。如果某个线程被阻塞,它的 CPU 保持空闲,直到对应的时间片结束为止。

群调度的工作原理如图 8-15 所示,一台带 6 个 CPU 的多处理机由 5 个进程 A~E 使用,总共有 24 个就绪线程。在时间槽(time slot)0,线程 A0 至 A5 被调度运行;在时间槽 1,调度线程 B0、B1、B2、C0、C1 和 C2;在时间槽 2,进程 D 的 5 个线程 D0~D4 以及 E0 运行;剩下的 6 个线程属于 E,在时间槽 3 中运行。然后周期重复进行。

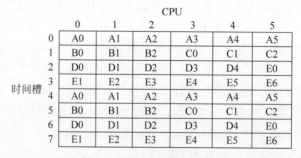

图 8-15 群调度的工作原理

群调度的思想是,让进程的所有线程一起运行,这样,如果其中一个线程向另一个线程发送请求,接收方几乎会立即得到消息,并且几乎能够立即应答。在图 8-15 中,由于进程的所有线程在同一个时间片内一起运行,它们可以在一个时间片内发送和接收大量的消息,从而消除了图 8-14 中的问题。

8.2 多计算机

多处理机提供了一个简单的通信模型:所有 CPU 共享一个公用存储器;进程可以向存储器写信息,然后被其他进程读取;可以使用互斥信号量、管程(monitor)和其他适合的技术实现同步。缺点是大型多处理机构造困难,造价高昂。

为了解决这个问题,提出了多计算机系统。多计算机是紧密耦合 CPU,不共享存储器。每台计算机有自己的存储器。这样的系统称为计算机群(cluster computers)或工作站群(clusters of workstations)。

多计算机系统容易构造,因为其基本部件只是一台配有高性能网络接口卡的 PC 裸机。获得高性能需要巧妙地设计互连网络以及接口卡,该问题与在一台多处理机中构造共享存储器是完全类似的。但是,由于目标是在微秒(μs)数量级上发送消息,而不是在纳秒(ns)数量级上访问存储器,所以这是一个相对简单、便宜且容易实现的任务。

本节首先简要介绍多计算机硬件,特别是互连硬件;然后介绍多计算机软件,从底层通信软件开始到高层通信软件,同时还介绍在没有共享存储器的系统中实现共享存储器的方法;最后介绍调度和负载平衡的问题。

8.2.1 多计算机硬件

一台多计算机的基本节点包括一个 CPU、内存、一个网络接口,有时还有一个硬盘。节点可以封装在标准的 PC 机箱中,不过通常没有图像适配卡、显示器、键盘和鼠标等。在某些情况下,PC 中有一块 2 通道或 4 通道的多处理机主板,可能带有双核或者四核 CPU,不过为了简化问题,假设每节点有一个 CPU。通常成百个甚至上千节点连接在一起组成一个多计算机系统。下面介绍一些关于硬件组织的相关内容。

1. 互连技术

每节点上有一块网卡,通过电缆(或光纤)连到其他的节点或者交换机上。在小型系统中,例如图 8-16(a)所示的星状拓扑结构中,会有一个连接所有节点的交换机。现代交换型以太网就采用了这种拓扑结构。

如图 8-16(b)所示,节点可以组成一个环,形成环形拓扑结构。每节点有两根线从网络接口卡上出来,一根连接左边的节点,另一根连接右边的节点。在这种拓扑结构中不需要交换机。

图 8-16(c)中的网格(grid 或 mesh)是在许多商业系统中应用的二维设计。该拓扑结构相当规整,而且容易扩展为大规模系统。该系统有一个直径(diameter),即任意两节点之间的最长路径,并且该值与节点数目的平方根成正比。网格的变种是双凸面(double torus),如图 8-16(d)所示,是一种边连通的网格。该拓扑结构较网格具有更强的容错能力。由于对角之间的通信只需要两跳,该拓扑结构的直径也比较小。

图 8-16(e)中的立方体(cube)是一种规则的三维拓扑结构。图 8-16(e)是 $2 \times 2 \times 2$ 立方体,更一般的情形则是 $k \times k \times k$ 立方体。在图 8-16(f)中,是将两个三维立方体对应节点连接组成四维立方体。可以仿照图 8-16(f)的结构,将四维立方体对应的节点连接组成五维

立方体。为了实现六维，可以复制 4 个立方体的块并把对应节点互连起来。以此类推。以这种形式组成的 n 维立方体称为超立方体（hypercube）。因为该拓扑结构直径随着维数的增加而线性增长，许多并行计算机采用这种拓扑结构。换言之，直径是节点数的自然对数，例如，10 维的超立方体有 1024 节点，但是其直径仅为 10，在延迟方面具有一定的优势。与之相反的是，对于 1024 节点，如果按照 32×32 网格布局，则其直径为 62，是超立方体的 6 倍多。对于超立方体而言，获得较小直径的代价是扇出（fanout）数量以及由此而来的连接数量（及成本）的大量增加。

在多计算机中可采用两种交换机制。一种交换机制是，每个消息首先被分解成为有最大长度限制的块，称为包（packet）。该交换机制称为存储转发包交换（store-and-forward packet switching），源节点的网络接口卡将包注入第一个交换机，如图 8-17(a) 所示。比特串每次进来一位，当整个包到达输入缓冲区时，它被复制到沿着其路径通向的下一个交换机的队列中，如图 8-17(b) 所示。当包到达目标节点所连接的交换机时，如图 8-17(c) 所示，该

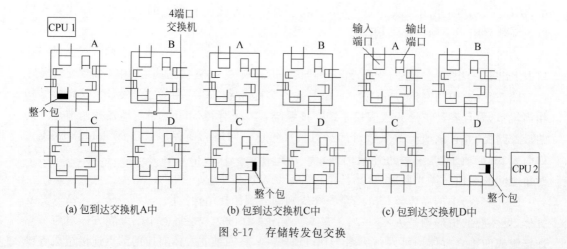

图 8-17　存储转发包交换

包被复制进入目标节点的网络接口卡,并最终到达其RAM。

存储转发包交换的优点是灵活且有效,其缺点是包通过互连网络时增加了时延。假设在图8-17中把一个包传送一跳所花费的时间为T。为了从CPU 1到CPU 2,该包必须被复制4次,即至A、至C、至D以及到目标CPU,而且在前一个包完成之前,不能开始有关的复制,所以通过该互连网络的时延是$4T$。改进的方法是,可以把包在逻辑上划分为更小的单元,只要第一单元到达一个交换机,它就被转发到下一个交换机,甚至可以在包的结尾到达之前进行。该传送单元最小可以是1b。

另一种交换机制是电路交换(circuit switching),它是由第一个交换机建立通过所有交换机到达目标交换机的一条路径。一旦该路径建立起来,比特流就从源到目的地通过整个路径不断地尽快输送。在所涉及的交换机中,没有中间缓冲。电路交换需要有一个建立阶段,它需要花费时间,但是一旦建立完成,速度就很快。在比特流发送完毕之后,该路径必须被拆除。电路交换的一种变种被称为虫洞路由(wormhole routing),它把每个包拆成子包,并允许第一个子包在整个路径还没有完全建立之前就开始流动。

2. 网络接口

在多计算机中,所有节点里都有一块接口板,它实现节点与互连网络的连接,这使得多计算机连成一体。这些板的构造方式以及它们同主CPU和RAM的连接方式对操作系统有重要影响。

在所有的多计算机中,接口板上都有RAM用来存储进出包。在包被传送到第一个交换机之前必须被复制到接口板的RAM中。由于许多互连网络是同步的,一旦包开始传送,比特流必须以恒定的速率连续进行。如果包在主RAM中,由于还有其他的信息流在内存总线上,所以不能保证连续地将流送到网络上。为了消除该问题,需要在接口板上使用专门的RAM,如图8-18所示。

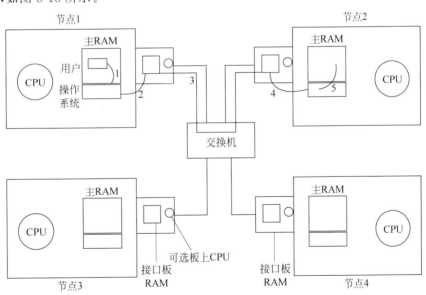

图8-18 网络接口板RAM在多计算机中的位置

接收方也存在同样的问题。从网络上到达接收方的比特流速率是恒定的并且较高。若网络接口卡不能够实时地对比特流进行存储,部分数据将会丢失。如果试图通过系统总线将比特流直接存储到主 RAM 中是非常危险的。由于网卡一般插在 PCI 总线上,是唯一的通向主 RAM 的连接,因此不可避免地要同其他 I/O 设备竞争总线。因此,需要把接收的包首先存储在接口板的私有 RAM 中,然后等到总线空闲时,再把它们复制到主 RAM 中,这样会更安全。

在接口板上可以集成一个或多个 DMA 通道甚至一个完整的 CPU(乃至多个 CPU)。通过在系统总线上请求块传送(block transfer),DMA 通道可以在接口板和主 RAM 之间以非常高的速率传递包,并且每次传送若干字,不需要为单个字请求总线。正是由于这种块传送方式,使得接口板上必须有自己私有的 RAM。

接口板上集成的 CPU 和 DMA 通道被称为网络处理器(network processor),且功能日趋强大。CPU 会将一些工作分给网卡,例如,处理可靠的传送(如果底层的硬件会丢包)、多播、压缩/解压缩、加密/解密以及在多进程系统中处理安全事务等。但是,两个 CPU 必须同步,以避免增加额外开销的竞争发生,并且操作系统需要承担更多的工作。

8.2.2 低层通信软件

在多计算机系统中对包的过度复制会影响通信的性能。最理想的情况是一共有以下 3 次复制:首先是源节点的 RAM 到接口板的复制,然后是从源接口板到目的接口板的复制(如果在路径上没有存储和转发发生),最后是从目的接口板到目的 RAM 的复制。但是,在许多系统中情况要复杂得多。如果接口板被映射到内核虚拟地址空间而不是用户虚拟地址空间时,用户进程只能通过内核的系统调用的方式来发送包。内核会同时在输入和输出时把包复制到自己的存储空间,从而避免在传送到网络上时出现缺页异常(page fault)。同样,接收包的内核在有机会检查包之前,可能也不知道应该把接收的包放置到 RAM 的具体位置。上述 5 个复制步骤如图 8-18 所示。

如果进出 RAM 的复制是性能瓶颈,那么进出内核的额外复制会将端到端的延迟加倍,并把吞吐量(throughput)降低一半。为了避免上述对性能的影响,一些计算机把接口板映射到用户空间,并允许用户进程直接把包传输到卡上,并不需要内核的参与。该方法对性能有一定的改善,但是带来了两个问题。

首先,如果在节点上有多个进程运行而且需要访问网络并发送包,会引起多个进程对接口板的竞争。通过系统调用将接口板映射到一个用户虚拟地址空间,其代价是很高的,并且,如果只有一个进程获得了接口板,那么其他进程将无法发送包。如果接口板被映射到进程 A 的虚拟地址空间,而到达的包却是进程 B 的,同时,如果 A 和 B 属于不同的所有者,其中任何一方都不打算协助另一方,这时进程 A 和 B 都将无法继续运行。解决该问题的方案是,把接口板映射到所有需要它的进程中,但是这样做需要一个避免竞争机制。例如,如果进程 A 申请接口板上的一个缓冲区,而由于时间片到,进程 B 开始运行并且申请同一个缓冲区,那么就会发生冲突。这需要有某种同步机制,但是互斥信号量(mutex)等机制需要在进程之间彼此协作的前提下才能工作。在多用户的分时环境下,所有的用户都希望其工作尽快完成,因此某个用户或许会锁住与接口板有关的互斥信号量而不肯释放。因此,对于将接口板映射到用户空间的方案,只有在每节点上只有一个用户进程运行时才能够发挥作用,否则必须设置专门的预防机制(例如,对不同的进程,可以把接口板上 RAM 的不同部分映射到各自的地址空间)。

其次，内核本身经常需要访问互联网，例如，访问远程节点上的文件系统。如果让内核与任何用户共享同一块接口板，即便是基于分时方式，也会产生冲突。例如，当接口板被映射到用户空间时收到一个内核包。解决该问题最简单的方法是，使用两块网络接口板，一个映射到用户空间供应用程序使用，另一个映射到内核空间供操作系统使用。

将包传送到接口板上最快的方法是使用板上的 DMA 芯片直接将它们从 RAM 复制到接口板上。但是，DMA 使用物理地址而不是虚拟地址，并且独立于 CPU 运行。尽管用户进程知道发送的任何包的虚拟地址，但它通常不知道有关的物理地址。设计一个系统调用进行虚拟地址到物理地址的映射是不可取的，因为把接口板放到用户空间的首要原因就是为了避免不得不为每个要发送的包进行一次系统调用。

另外，如果操作系统决定替换一个页面，而 DMA 芯片正在从该页面复制一个包，就会传送错误的数据。然而更严重的情况是，如果操作系统在替换某个页面的同时，DMA 芯片正在把一个包复制进该页面，结果不仅进来的包会丢失，存储器页面也会被损坏。

为了解决上述问题，可采用将页面钉住和释放的系统，把相关页面标记成暂时不可交换的。但是，这不仅需要有一个系统调用钉住含有每个输出包的页面，还需要有另一个系统调用进行释放工作，这样的开销较大。如果包很小，例如 64B 或更小，钉住和释放每个缓冲区的开销就不能忍受。对于大的包，例如 1KB 或更大，也许能够容忍相关开销。对于大小在这两者之间的包，就要取决于硬件的具体情况了。除了对性能的影响，钉住和释放页面还会增加软件的复杂性。

8.2.3 用户层通信软件

在多计算机中，不同 CPU 上的进程通过互相发送消息实现通信。操作系统提供了一种发送和接收消息的途径，使得这些底层的调用对用户进程可用。在较复杂的情况下，通过使得远程通信看起来像过程调用的方法，将实际的消息传递对用户隐藏起来。

1. 发送和接收

在最简单的情况下，通信软件所提供的通信服务可以减少到两个调用，一个用于发送消息，另一个用于接收消息。发送一条消息的调用为

```
Send (dest, &mptr);
```

而接收消息的调用为

```
Receive (addr, &mptr);
```

前者把由 mptr 参数所指向的消息发送给由 dest 参数所标识的进程，并且引起对调用者的阻塞，直到该消息被发出。后者引起被调用者的阻塞，直到信息到达；该信息到达后，复制到由 mptr 参数所指向的缓冲区，并且撤销对调用者的阻塞。addr 参数指定了接收者要监听的地址。

由于多计算机是静态的，CPU 数目是固定的，所以处理编址问题最便利的办法是使 addr 由两部分地址组成，其中，一部分是 CPU 编号，另一部分是在该 CPU 上的一个进程或者端口的编号。采用这种方式，每个 CPU 可以管理自己的地址而不会有潜在的冲突。

2. 阻塞调用和非阻塞调用

上述调用是阻塞调用（有时称为同步调用）。当一个进程调用 Send 时，它指定一个目标

和用以发消息到该目标的一个缓冲区。当消息发送时,发送进程被阻塞(挂起)。在消息完全发出去之前,不会执行 Send 后面的指令,如图 8-19(a)所示。类似地,在消息真正接收并且放入由参数指定的消息缓冲区之前,对 Receive 的调用也不会把控制返回。在 Receive 中进程保持挂起状态,直到消息到达为止。在有些系统中,接收者可以指定发送者,在这种情况下接收者就保持阻塞状态,直到相应的发送者消息到达为止。

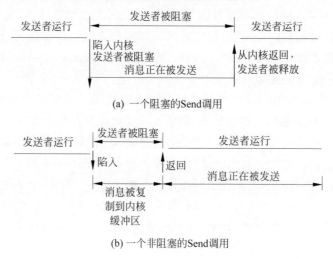

图 8-19 阻塞的和非阻塞的 Send 调用

相对于阻塞调用的另一种方式是非阻塞调用(有时称为异步调用)。如果 Send 是非阻塞的,在消息发出之后,它立即将控制返回给调用者。该机制的优点是发送进程可以继续运行,与消息传送并行,而不是让 CPU 空闲(假设没有其他可以运行的进程)。通常由系统设计者在阻塞原语和非阻塞原语之间做出选择,当然也有少数系统中两种原语同时可用,而让用户决定。

非阻塞调用的缺点是:直到将发送者消息送出,才能修改消息缓存区;另外,发送进程不知道传输的结束时间,所以根本不知道何时重用缓存区是安全的。

解决上述问题有 3 种可能的方案。第一种方案是,让内核复制该消息到内部的内核缓存区,然后让进程继续,如图 8-19(b)所示。对于发送者来讲,该机制与阻塞调用相同,只要进程获得控制,就可以随意重用缓存区。当然,消息还没有发送出去,但是发送者是不会被这种情况所妨碍的。该方案的缺点是,对每个送出的消息都必须将其从用户空间复制到内核空间。面对大量的网络接口,消息最终要复制进硬件的传输缓存区,所以消息用户空间复制到内核空间实质上是时间上的浪费,额外的复制会明显地降低系统性能。

第二种方案是,当消息发送之后中断发送者,告知缓存区又可以使用了。这里不需要复制消息,从而节省了时间,但是需要用户级中断,使编写程序变得困难,并可能要处理竞争条件,使得该方案难以设计和调试。

第三种方案是,让缓存区写时复制(copy on write),即在消息发送出去之前将其标记为只读。在消息发送出去之前,如果缓存区被重用,则进行复制。该方案的问题是,除非缓存区被孤立在自己的页面上,负责对邻近变量的写操作也会导致复制。同时,由于这样的发送消息行为隐含着对页面读/写状态的影响,因此需要有额外的管理。最后,该页面迟早会再次被写入,这会触发一次不必要的复制。

这样,在发送端有以下 4 个选择。

(1) 阻塞发送(CPU 在消息传输期间空闲)。

(2) 带有复制操作的非阻塞发送(CPU 时间浪费在额外的复制上)。

(3) 带有中断操作的非阻塞发送(造成编程困难)。

(4) 写时复制(最终可能也需要额外的复制)。

在正常条件下,第一种选择是最好的,特别是在有多线程的情况下,当一个线程由于试图发送而被阻塞后,其他线程还可以继续工作。也不需要管理任何内核缓冲区。而且,如果不需要复制,则消息会被更快地发出。

与 Send 可以是阻塞和非阻塞的相同,Receive 也可以是阻塞和非阻塞的。阻塞调用就是挂起调用者直到消息到达为止。如果有多线程可用,这是一种简单的方法。另外,非阻塞 Receive 只是通知内核缓冲区所在的位置,并立即返回控制。可以使用中断来告知消息已经到达。然而,中断方式编程困难,并且速度慢,所以对于接收者,更好的方法是使用一个过程 poll 轮询到达的消息。该过程报告是否有消息在等待。若是,则调用者可调用 get_message,返回第一个到达的消息。

另一种可选的机制是,在接收者进程的地址空间中,若一个消息的到达会引起一个新线程的创建,该线程称为弹出式线程(pop-up thread)。该线程运行一个预定义的过程,其参数是指向进来消息的指针。处理完该消息之后,该线程直接退出并自动被撤销。

对该机制的一种改进是,在中断处理程序中直接运行接收者代码,避免创建弹出式线程。同时,消息自身可以带有该处理程序的句柄(handler),当消息到达时,只在少数几个指令中可以调用处理程序。其优点是再也不需要进行复制了。处理程序从接口板获取消息并且即时处理。该方式称为主动消息(active message)。由于每条消息中都有处理程序的句柄,主动消息方式只能在发送者和接收者彼此完全信任的条件下工作。

8.2.4 远程过程调用

尽管消息传递模型给构造多计算机操作系统提供了一种便利方式,但是它存在明显的缺陷:构造所有通信的范型(paradigm)都是输入输出,过程 Send 和 Receive 基本上在做 I/O 工作。

远程过程调用(Remote Procedure Call,RPC)的方法能够解决上述缺陷,其基本思想是,允许程序调用位于其他 CPU 中的过程,当机器 1 的进程调用机器 2 的过程时,在机器 1 中的调用进程被挂起,在机器 2 中被调用的过程执行。在参数中传递从调用者到被调用者的信息,并且可在过程的处理结果中返回信息,根本不存在对程序员可见的消息传递或 I/O。这种技术已经成为大量多计算机软件的基础。习惯上,称发出调用的过程为客户机,而称被调用的过程为服务器。

RPC 尽可能使远程过程调用和本地调用一样。在最简单的情形下,要调用一个远程过程,客户程序必须被绑定在一个称为客户端桩(client stub)的小型库过程上,它在客户机地址空间中代表服务器过程。类似地,服务器程序也绑定在一个称为服务器端桩(server stub)的过程上。进行 RPC 的实际步骤如图 8-20 所示,第 1 步是客户机调用客户端桩。该调用是一个本地调用,其参数以通常方式压入栈内;第 2 步是客户端桩将有关参数打包成一条消息,并进行系统调用来发出该消息。将参数打包的过程称为编排(marshaling);第 3 步是内核将该消息从客户机发给服务器;第 4 步是内核将接收进来的消息传递给服务器端桩(通常服务器端桩已经提前调用了 Receive);第 5 步是服务器端桩调用服务器过程。应答则是在相反的方向沿着同样的步骤进行。

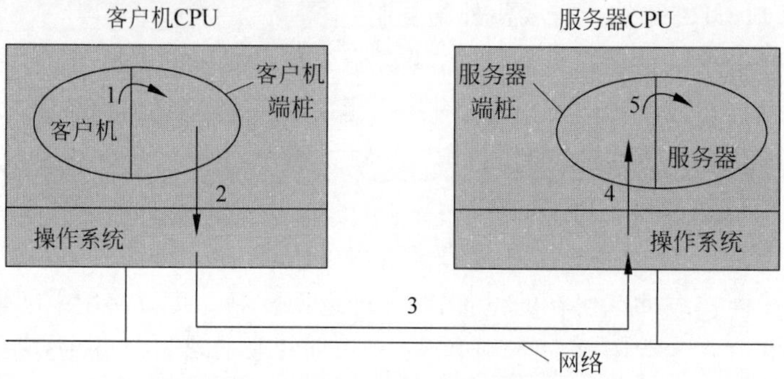

图 8-20 进程 RPC 的步骤

由用户编写的客户机过程只进行对客户端桩的正常(本地)调用,而客户端桩与服务器过程同名。由于客户机过程和客户端桩在同一个地址空间,所以有关参数以正常方式传递。类似地,服务器过程由其所在的地址空间中的一个过程用它所期望的参数进行调用。通过这种方式,不采用带有 Send 和 Receive 的 I/O,而是通过伪造一个普通的过程调用实现远程通信。

8.2.5 分布式共享存储器

在分布式共享存储器(Distributed Shared Memory,DSM)系统中,每台计算机有其自己的虚拟内存和页表,一个 CPU 在一个它并不拥有的页面上执行 LOAD 和 STORE 指令时,会陷入操作系统当中。然后操作系统对该页面进行定位,并请求当前持有该页面的 CPU 解除对该页面的映射并通过互联网发送该页面。在页面到达时,页面被映射出来,于是出错指令重新启动。事实上,操作系统只是从远程 RAM 中而不是从本地磁盘中满足了这个缺页异常。对用户而言,机器看起来拥有共享存储器。

实际的共享存储器的不同层次如图 8-21 所示,图中灰色部分表示共享存储器。在图 8-21(a)中,是一台配有通过硬件实现的物理共享存储器的真正的多处理机。在图 8-21(b)中,是由操作系统实现的 DSM。在图 8-21(c)中,是另一种形式的共享存储器,通过更高层次的软件实现。

在 DSM 系统中,地址空间被划分为页面(page),这些页面分布在系统的所有节点上。当一个 CPU 引用一个非本地的地址时,就产生一个陷入,DSM 软件调取包含该地址的页面并重新启动出错指令。该指令现在可以完整地执行了。其概念如图 8-22(a)所示,该系统有 16 个页面的地址空间,4 节点,每个节点能持有 6 个页面。

如果 CPU 0 引用的指令或数据在页面 0、2、5 或 9 中,那么引用在本地完成。引用其他的页面会导致陷入。例如,CPU 0 对页面 10 的引用会导致陷入 DSM 软件,该软件把页面 10 从 CPU 1 移动到 CPU 0,如图 8-22(b)所示。

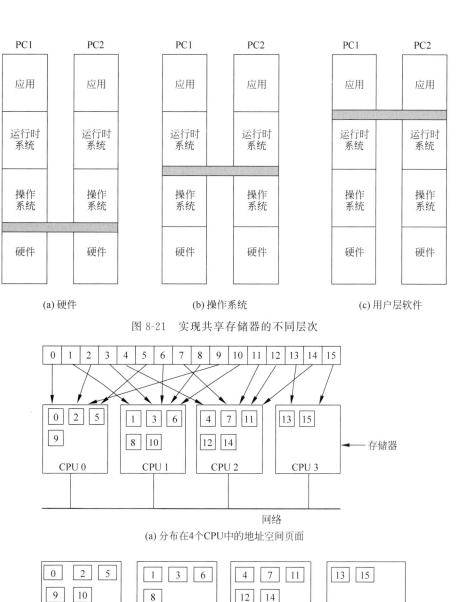

(a) 硬件　　　　　　　　(b) 操作系统　　　　　　　(c) 用户层软件

图 8-21　实现共享存储器的不同层次

(a) 分布在4个CPU中的地址空间页面

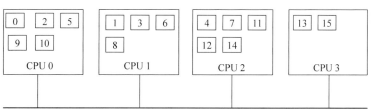

(b) CPU 0引用页面10后的情形

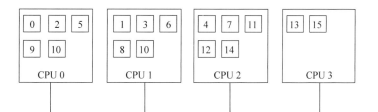

(c) 页面10是只读的并且使用了复制的情形

图 8-22　DSM 系统中页面的访问

1. 复制

对基本系统的一个改进就是复制那些只读页面,如程序代码、只读常量或只读数据结构,它可以明显地提高性能。例如,假设图 8-22 中的页面 10 是一段程序代码,若 CPU 0 对它引用,则可以将一个副本送往 CPU 0,从而不打扰 CPU 1 的原有存储器,如图 8-22(c)所示。在这种方式中,CPU 0 和 CPU 1 两者可以按需要同时引用页面 10,而不会产生由于引用不存在的存储器页面导致的陷入。

另一种可能是,不仅复制只读页面,而且复制所有的页面。只读页面的复制和可读写页面的复制之间不存在差别。但是,如果一个被复制的页面突然被修改了,就必须采取必要的措施来避免多个不一致的副本存在。下面将介绍如何避免不一致性。

2. 伪共享

DSM 系统与多处理机在某些关键方式上类似。在这两种系统中,当非本地存储器字被引用时,包含该字的一块内存从所在的机器上被取出,并被放到进行引用的(分别是内存储器或高速缓存)相关机器上,其中,一个重要的设计问题是一块内存应该取多大。在多处理机中,为了避免占用总线传输的时间过长,其高速缓存块的大小通常是 32B 或者 64B。在 DSM 系统中,块的单位必须是页面大小的整数倍(因为 MMU 以页面方式工作),不过可以是 1 个、2 个、4 个或者更多个页面。

对于 DSM 而言,由于页面较大,其突出的优点是,因为网络传输的启动时间是相当长的,所以传递 4096B 并不比传递 1024B 多花费多长时间。特别是在有大量的地址空间需要移动时,通过采用大单位的数据传输,通常可减少传输的次数。此特性是非常重要的,因为很多程序表现出引用上的局部性,即如果一个程序引用了某页中的一个字,很可能在不久的将来还会引用同一个页面中其他的字。

另一方面,大页面的传输造成网络长期占用,阻塞了其他进程。另外,过大的有效页面引起了伪共享(false sharing)问题。如图 8-23 所示,一个页面中含有两个无关共享变量 A 和 B。进程 1 大量使用 A,进行读写操作;进程 2 经常使用 B。在这种情况下,含有这两个变量的页面将在两台机器中来回地传送。

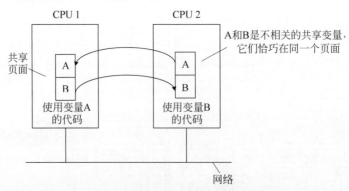

图 8-23 含有两个无关变量的页面的伪共享

尽管这些变量是无关的,但它们碰巧在同一个页面内,所以当某个进程使用其中一个变量时,它也将得到另一个。有效页面越大,发生伪共享的可能性也越高;相反,有效页面越小,发生伪共享的可能性也越少。在普通的虚拟内存系统中不存在类似的现象。

解决该问题的方法是采用智能编译器将变量放在相应的地址空间中来减少伪共享，从而改善其性能。但是，如果伪共享中节点1使用某个数组中的一个元素，而节点2使用同一个数组中的另一个元素，那么即使再智能的编译器也没有办法消除伪共享问题。

3. 实现顺序一致性

如果不对可写页面进行复制，那么实现一致性是没有问题的。每个可写页面只有一个副本，在需要时动态地来回移动。由于并不是总能提前知道哪些页面是可写的，所以在许多DSM系统中，当一个进程试图读一个远程页面时，则复制一个本地副本，在本地和远程各自对应的MMU中建立只读副本。只要所有的引用都做读操作，那么一切正常。

但是，如果有一个进程试图在一个被复制的页面上写入，就会出现潜在的一致性问题，因为只修改一个副本却不管其他副本的做法是不能接受的。这种情形与在多处理中一个CPU试图修改存在于多个高速缓存中的一个字的情况有些类似之处。在多处理机中的解决方案是，要进行写的CPU首先将一个信号放到总线上，通知其他CPU丢弃该高速缓存块的副本。DSM系统以同样的方式工作。在对一个共享页面进行写入之前，先向所有持有该页面副本的CPU发出一条消息，通知它们解除映射并丢弃该页面。在其所有解除映射等工作完成之后，该CPU便可以进行写操作了。

在有详细约束的情况下，有可能允许可写页面的多个副本存在。一种方法是允许一个进程获得在部分虚拟地址空间上的一把锁，然后在被锁住的存储空间中进行多个读写操作。在该锁被释放时，产生的修改可以传播到其他副本上去。只要在一个给定的时刻只有一个CPU能锁住某个页面，这样的机制就能保持一致性。

另一种方法是，当一个潜在可写的页面被第一次真正写入时，制作一个"干净"的副本并保存在发出写操作的CPU上。然后可在该页面上加锁，更新页面，并释放锁。稍后，当一个远程机器上的进程试图获得该页面上的锁时，先前进行写操作的CPU将该页面的当前状态与"干净"副本进行比较并构造一个有关所有已修改的字的列表，该列表接着被送往获得锁的CPU，这样就可以更新其副本页面而不用废弃它。

8.2.6 多计算机调度

在多处理机中，所有的进程都在同一个存储器中。当某个CPU完成其当前任务后，它选择一个进程并运行。理论上，所有的进程都是潜在的候选者。而多计算机与多处理机情况就大不相同，每节点有其自己的存储器和进程集合。若CPU 1不事先花费相当大的工作量去获得位于节点4上的一个进程，CPU 1是不能突然决定运行该进程的。该差别说明在多计算机上的调度较为容易，但是将进程分配到节点上的工作更为重要。

多计算机调度与多处理机调度有些类似，但是并不是后者的所有算法都能适用于前者。最简单的多处理机算法，即维护就绪进程的一个中心链表，就不适用于多计算机的调度，因为每个进程只能在其当前所在的CPU上运行。不过，当一个新进程被创建时，可以从平衡负载的考虑出发，选择将其放在相应的计算机中。

由于每节点拥有自己的进程，因此可以应用任何本地调度算法。但是，仍需要采用多处理机的群调度，因为在多计算机中有唯一的要求，即一个初始的协议来决定哪个进程在哪个时间槽中运行，以及用于协调时间槽的起点的方法。

8.2.7 负载均衡

对于多计算机调度,一旦一个进程被指定给了1节点,就可以使用任何本地调度算法,除非正在使用群调度。不过,一旦一个进程被指定给某节点,就不再有什么可控制的了,因此,重要的决策是哪个进程被指定给哪一节点。这与多处理机系统相反,在多处理机系统中所有的进程都在同一个存储器中,可以随意调度到任何 CPU 上运行。因此,关键是采用有效的处理器分配算法(processor allocation algorithm)把进程分配到各节点。不同的分配算法分别有各自的前提和目标,可知的进程属性包括 CPU 需求、存储器使用以及与每个其他进程的通信量等。可能的目标包括最小化由于缺少本地工作而浪费的 CPU 周期、最小化总的通信带宽以及确保用户和进程公平性等。下面介绍几个 CPU 分配算法。

1. 图论确定算法

假设系统包含已知 CPU 和存储器需求进程,并给出每对进程之间的平均流量的已知矩阵。如果进程的数量大于 CPU 的数量 k,则必须把若干进程分配给每个 CPU。其思想是以最小的网络流量完成该分配工作。

该系统可以采用一个带权的图表示,每个顶点表示一个进程,而每条弧代表两个进程之间的消息流。在数学上,该问题简化为在特定的限制条件下(例如,每个子图对整个 CPU 和存储器的需求低于某些限制),寻找一个将图分割为 k 个互不连接的子图的方法。对于每个满足限制条件的解决方案,完全在单个子图内的弧代表了机器内部的通信,可以忽略,从一个子图通向另一个子图的弧代表网络通信。目标是找出可以使网络流量最小,同时满足所有的限制条件的分割方法。例如,图 8-24 给出了一个含有 9 个进程的系统,这 9 个进程是进程 A 至 I,每个弧上标有两个进程之间的平均通信负载(以 Mb/s 为单位)。

在图 8-24(a)中,将进程 A、E 和 G 的图划分在节点 1 上,进程 B、F 和 H 划分在节点 2 上,而进程 C、D 和 I 划分在节点 3 上。整个网络流量是被切割(虚线)弧上的流量之和,即 30 个单位。在图 8-24(b)中,采用另一种不同的划分方法,只有 28 个单位的网络流量。若该方法满足所有的存储器和 CPU 的限制条件,那么该方法就是更好的选择,因为它需要较少的通信流量。

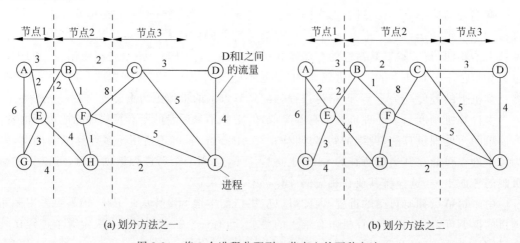

(a) 划分方法之一   (b) 划分方法之二

图 8-24 将 9 个进程分配到 3 节点上的两种方法

该算法的思想是在满足特定的限制条件下尽量寻找紧耦合(簇内高流量)的簇(cluster),并且与其他的簇有较少的交互(簇外低流量)。

2. 发送者发起的分布式启发算法

在一些分布式算法中,有的采用发送者发起的分布式启发算法,当进程创建时,它就运行在创建的节点上,除非该节点过载了。过载节点的度量可能涉及太多的进程、过大的工作集或者其他度量。如果过载了,则该节点随机选择另一节点并询问它的负载情况。如果被探查的节点负载低于某个阈值,就将新的进程送到该节点上;如果不是,则选择另一节点探查。在 N 次探查之内,如果没有找到合适的主机,算法就终止,且进程继续在原有的节点上运行。整个算法的思想是负载较重的节点试图甩掉超额的工作。图 8-25(a)描述了发送者发起的负载均衡。

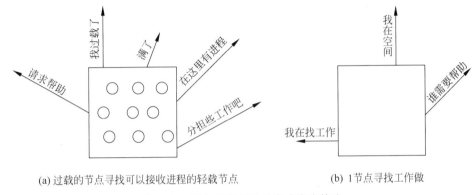

(a) 过载的节点寻找可以接收进程的轻载节点　　　(b) 1节点寻找工作做

图 8-25　发送者发起的分布式启发算法

该算法的缺点是,在负载重的条件下,所有的节点都会持续地对其他节点进行探查,徒劳地试图找到一个愿意接收更多工作的节点。因为几乎没有进程能够被卸载,持续地探查会带来巨大的开销。

3. 接收者发起的分布式启发算法

上述的算法是由一个过载的发送者发起的,其互补算法是由一个轻载的接收者发起的,如图 8-25(b)所示。在该算法中,只要有一个进程结束,系统就检查是否有足够的工作可做。如果不是,它随机选择某一节点并要求它提供工作。如果该节点没有可提供的工作,会接着询问第二节点,然后是第三节点。如果在 N 次探查之后,还是没有找到工作,该节点暂时停止询问,去做任何已经安排好的工作,而在下一个进程结束之后该节点会再次进行询问。如果没有可做的工作,该节点就开始空闲。在经过固定的时间间隔之后,它又开始探查。

该算法的优点是在关键时刻不会对系统增加额外的负担。发送者发起的算法在节点最不能够容忍时(此时系统已是负载相当重了)去做大量的探查工作。当系统负载很重时,某一节点处于非充分工作状态的机会是很小的。但是对接收者发起算法,当这种情况发生时,它就会较容易地找到可承接的工作。当然,如果没有什么工作可做,接收者发起算法也会制造出大量的探查流量。不过,在系统轻载时增加系统的负载要远远好于在系统过载时再增加负载。

同时,可以将这两种算法组合起来,当节点工作太多时可以尝试卸掉一些工作,而在工作不多时可以尝试得到一些工作。此外，节点也许可以通过保留一份以往探查的历史记录（用以确定是否有节点经常处于轻载或过载状态）来对随机轮询的方法进行改进。可以首先尝试这些节点中的某一个，这取决于发起者是试图卸掉工作还是获得工作。

8.3 虚 拟 化

在某些环境下，一个机构拥有多计算机系统，但事实上却并不真正需要它。例如，一个公司同时拥有一个电子邮件服务器、一个 Web 服务器、一个 FTP 服务器、一些电子商务服务器和其他服务器。这些服务器运行在同一个设备架上的不同计算机中，彼此之间以高速网络连接，即组成一个多计算机系统。在有些情况下，由于单独的一台计算机难以承受这样的负载，这些服务器需要运行在不同的计算机上。但是在更多其他的情况下，这些服务器不能运行在同一台计算机上最重要的原因是可靠性（reliability）：现实中操作系统不可能长时间连续无故障地运行。把各个服务器放在不同计算机上，即使其中的一个服务器崩溃了，其他的服务器也不会受到影响。虽然这样做能够达到容错的要求，但是该解决方法成本过高且难以管理，因为涉及的计算机太多。

采用虚拟化（virtualization）技术可以解决上述问题。该技术允许一台计算机中存在多个虚拟机，每一个虚拟机可以运行不同的操作系统。该方法的优点是，一个虚拟机上的错误不会自动地使其他虚拟机崩溃。在虚拟化系统中，不同的服务器可以运行在不同的虚拟机中，因此保持了多计算机系统局部性错误的模型，但是代价更低，也更易于维护。

如果运行所有虚拟机的服务器崩溃了，其结果比单独一个专用服务器崩溃要严重得多。但是虚拟化技术能够起作用的原因在于大多数服务器停机的原因不是硬件故障，而是因为臃肿、不可靠、有漏洞的软件，特别是操作系统。使用虚拟化技术，唯一一个运行在内核态的软件是管理程序（hypervisor），其代码量比一个完整操作系统的代码量低两个数量级，也就意味着软件中的漏洞数也会低两个数量级。

除了强大的隔离性，在虚拟机上运行软件还有其他的优点。其中之一就是减少了物理机器的数量从而节省了硬件、电源的开支并且占用更少的空间。对于一个公司，如亚马逊（Amazon）、微软（Microsoft）以及谷歌（Google），它们拥有成千上万的服务器运行不同的任务，减少它们的数据中心对物理机器的需求意味着节省一大笔开支。例如，在大公司里，不同的部门或小组想出了一个有创新的想法，然后去买一台服务器来实现它。如果创新想法不断产生，就需要成百上千的服务器，公司的数据中心就会扩张。同时把一款软件移动到已有的机器上通常会很困难，因为每一款软件都需要一个特定版本的操作系统、软件自身的函数库、配置文件等。使用虚拟机，每款软件都可以携带属于自己的环境。

虚拟机的另一个优点在于检查点和虚拟机的迁移（例如，在多个服务器间迁移以达到负载平衡）比在普通的操作系统中进行进程迁移更加容易。在后一种情况下，相当数量的进程关键状态信息都被保存在操作系统表中，包括打开文件、警报、信号处理函数等有关的信息。当迁移一个虚拟机时，需要移动的仅仅是内存映像，因为在移动内存映像的同时所有的操作系统表也会移动。

同时，虚拟机的一个重要应用是软件开发。一个程序员想要确保他的软件在 Windows 98、Windows 2000、Windows XP、Windows Vista、多种 Linux 版本、FreeBSD、OpenBSD、

NetBSD 和 macOS X 上都可以正常运行,他不需要有多台计算机以及在不同的计算机上安装不同的操作系统。相反,他只需要在一台物理机上创建一些虚拟机,然后在每个虚拟机上安装不同的操作系统。当然,该程序员可以给他的磁盘分区,然后在每个分区上安装不同的操作系统,但是这种方法太困难。首先,不论磁盘的容量有多大,标准的 PC 只支持 4 个主分区。其次,尽管在引导块上可以安装一个多引导程序,但要运行另一个操作系统就必须重启计算机。使用虚拟机,所有的操作系统可以同时运行。

8.3.1 准虚拟化

在第 1 章中如图 1-12、图 1-13 所示,运行在Ⅰ型和Ⅱ管理程序之上的都是没有修改过的客户操作系统,但是这两类管理程序都存在性能问题。一种处理方法是更改客户操作系统的源代码,从而略过敏感指令(只能在内核态执行的指令)的执行,转而执行管理程序调用(hypervisor call)。事实上,对于客户操作系统就像是用户程序调用操作系统(管理程序)一样。当采用这种方法时,管理程序必须定义由过程调用集合组成的接口以供客户操作系统使用。该过程调用集合实际上形成了 API,尽管这个接口是供客户操作系统而不是应用程序使用的。

再进一步,从操作系统中移除所有的敏感指令,只让操作系统调用管理程序调用来获得诸如 I/O 操作等系统服务,通过这种方式就已经把管理程序变成了一个微内核,如图 8-26 所示。部分或全部敏感指令被有意移除的客户操作系统称为准虚拟化的(para virtualized)。仿真特殊的机器指令需要调用管理程序,然后仿真复杂指令的精确语义。让客户操作系统直接调用管理程序(或者微内核)完成 I/O 操作等任务会更好。之前的管理程序都选择模拟完整的计算机,其主要原因在于客户操作系统的源代码不可获得(如 Windows)或源代码种类太多(如 Linux)。也许在将来,管理程序/微内核的 API 接口可以标准化,然后后续的操作系统都会调用该 API 接口而不是执行敏感指令。这样将使得虚拟化机技术更容易被支持和使用。

全虚拟化和准虚拟化之间的区别如图 8-26 所示。其中,有两个虚拟机运行在支持 VT 技术的硬件上。左边的客户操作系统是一个没有经过修改的 Windows 版本。当执行敏感指令时,硬件陷入管理程序,由管理程序仿真执行它,随后返回。右边的客户操作系统是一个经过修改的 Linux 版本,其中不含敏感指令。当它需要进行 I/O 操作或修改重要内部寄存器(如指向页表的寄存器)时,调用管理程序例程来完成这些工作,就像在标准 Linux 系统中应用程序执行操作系统调用一样。

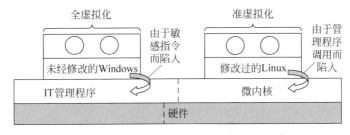

图 8-26 全虚拟化和准虚拟化之间的区别

如图 8-26 所示,管理程序被一条虚线分成两个部分,其实,只有一个程序在硬件上运行。其中,一部分用来解释陷入的敏感指令,在这种情况下,请参照 Windows 一边;另一部分用来执行管理程序例程,在图 8-26 中,后一部分被标记为"微内核"。如果管理程序只是用来运行准虚拟化的客户操作系统,就不需要对敏感指令进行仿真,这样,就获得了一个真正的微内核。该微内核只提供最基本的服务,诸如进程分派、管理 MMU 等。

对客户操作系统进行准虚拟化时,所有的敏感指令都被管理程序例程所代替,当内核需要执行一些敏感操作时会转而调用特殊的例程。这些特殊的例程称为 VMI(虚拟机接口),形成的低层与硬件或管理程序进行交互。这些例程被设计得通用化,不依赖于硬件或特定的管理程序。

该技术的一个示例如图 8-27 所示,是一个准虚拟化的 Linux 版本,称为 VMI Linux(VMIL)。当 VMI Linux 运行在硬件上的时候,它链接到一个发射敏感指令来完成工作的函数库,如图 8-27(a)所示。当它运行在管理程序上,如 VMware 或 Xen,客户操作系统链接到另一个函数库,该函数库提供对低层管理程序的适当(或不同)例程调用,通过这种方式,操作系统的内核保持了可移植性和高效性,可以适应不同的管理程序。

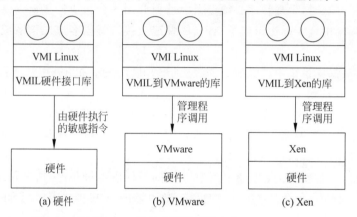

图 8-27 VMI Linux 运行在硬件裸机上和 VMware、Xen 上

8.3.2 内存的虚拟化

一个计算机系统不止有处理器,还有内存和 I/O 设备,也需要虚拟化。

几乎全部的现代操作系统都支持虚拟内存,即从虚拟地址空间到物理地址空间的页面映射。这个映射可由(多级)页表所定义。通过操作系统设置处理器中的控制寄存器,使之指向顶级页表,从而动态设置页面映射。虚拟化技术使得内存管理更加复杂。

例如,一个虚拟机正在运行,其中的客户操作系统希望将它的虚拟页面 7、4、3 分别映射到物理页面 10、11、12。它建立包含这种映射关系的页表,加载指向顶级页表的硬件寄存器。这条指令是敏感指令。在支持 VT 技术的处理器上,将会引起陷入;在 VMware 管理程序上,它将会调用 VMware 例程;在准虚拟化的客户操作系统中,它将会调用管理程序调用。简单地讲,假设它陷入了 I 型管理程序中。但实际上,在上述 3 种情况下,问题都是相同的。

管理程序会把物理页面 10、11、12 分配给这台虚拟机,然后建立真实的页表使之分别映射到该虚拟机的虚拟页面 7、4、3,随后使用这些页面。

现在,假设第二个虚拟机启动,希望把它的虚拟页面 4、5、6 分别映射到物理页面 10、11、12,并加载指向页表的控制寄存器。管理程序捕捉到这次陷入时,不能进行这次映射,因为物理页面 10、11、12 正在使用。它可以找到其他空闲页面，如 20、21、22，并使用它们，但是在此之前，它需要创建一个新的页表完成虚拟页面 4、5、6 到物理页面 20、21、22 的映射。如果还有其他的虚拟机启动，继续请求使用物理页面 10、11、12，管理程序也必须为它创建一个映射。总之，管理程序必须为每一个虚拟机创建一个影子页表（shadow page table），用以实现该虚拟机使用的虚拟页面到管理程序分配给它的物理页面之间的映射。

但是，每次客户操作系统改变它的页表，管理程序必须相应地改变其影子页表。例如，如果客户操作系统将虚拟页面 7 重新映射到它所认为的"物理页面"200（不再是物理页面 10 了）。客户操作系统只需要写内存就可以完成这种改变。由于不需要执行敏感指令，管理程序根本就不知道这种改变，所以就不会更新它的由实际硬件使用的影子页表。

解决该问题的方法是，管理程序监视客户虚拟内存中保存顶级页表的内存页。只要客户操作系统试图加载指向该内存页的硬件寄存器，管理程序就能获得相应的信息，因为这条加载指令是敏感指令，它会引发陷入。这时，管理程序建立一个影子页表，把顶级页表和顶级页表所指向的二级页表设置成只读，接下来客户操作系统只要试图修改它们就会发生缺页异常。然后把控制交给管理程序，由管理程序来分析指令序列，了解客户操作系统执行的操作，并据此更新影子页表。

VT 技术可以通过硬件实现两级映射。硬件首先把虚拟页表映射成客户操作系统所认为的"物理页面"，然后再把它（硬件仍然认为它是虚拟页面）映射到物理地址空间，这样做不会引起陷入。通过这种方式，页表不必再被标记成只读，而管理程序只需要提供从客户的虚拟空间到物理空间的映射。当虚拟机切换时，管理程序改变相应的映射。

在准虚拟化的操作系统中，准虚拟化的客户操作系统知道当它结束时需要更改进程页表，此时它需要通知管理程序。所以，它首先彻底改变页表，然后调用管理程序例程来通知管理程序使用新的页表。这样，当且仅当全部的内容被更新时，才会进行一次管理程序例程调用，而不必每次更新页表的时候都引发一次保护故障，这样效率会高很多。

8.3.3　I/O 设备的虚拟化

客户操作系统在启动时，会探测硬件以找出当前系统中所连接的 I/O 设备的类型。这些探测会陷入管理程序。管理程序的一种做法是向客户操作系统报告设备信息，如磁盘、打印机等真实存在的硬件。于是客户操作系统加载相应的设备驱动程序以使用这些设备。当设备驱动程序试图进行 I/O 操作时，它们会读写设备的硬件寄存器。这些指令是敏感指令，将会陷入管理程序，管理程序根据需要从硬件中读取或向硬件中写入所需的数据。

另一种处理 I/O 操作的方法是让其中一个虚拟机运行标准的操作系统，并把其他虚拟机的 I/O 请求全部反射给它去处理。当准虚拟化技术得到运用之后，这种方法被完善了，发送到管理程序的命令只需表明客户操作系统需要什么（如从磁盘 1 中读取第 1403 块），而不必发送一系列写磁盘寄存器的命令，在这种情况下，管理程序指出客户操作系统想要做的事情。Xen 使用这种方法处理 I/O 操作，其中完成 I/O 操作的虚拟机称为 domain0。

在 I/O 设备虚拟化方面，II 型管理程序相对于 I 型管理程序的优势在于：宿主操作系统包含了所有连接到计算机上的所有 I/O 设备的驱动程序。当应用程序试图访问一个

I/O 设备时,翻译的代码可以调用已存在的驱动程序来完成相应的工作。但是对 I 型管理程序来说,它或者自身包含相应的驱动程序,或者调用 domain0 中的驱动程序,后一种情况与宿主操作系统很相似。随着虚拟技术的成熟,将来的硬件也许会让应用程序以一种安全的方式直接访问硬件,这意味着驱动程序可以直接链接到应用程序代码或者作为独立的用户空间服务,从而解决 I/O 虚拟化方面的问题。

8.3.4 虚拟工具

目前,很多应用程序依赖于其他的程序或函数库,而这些程序和函数库本身又依赖于其他的软件包,等等。而且,应用程序对特定版本的编译器、脚本语言或操作系统也可能有依赖关系。这给用户(特别是使用开源软件的用户)安装这些新的应用程序造成了困难。采用虚拟机技术可以解决上述问题。

使用虚拟机技术,软件开发人员能够创建一个虚拟机,装入所需的操作系统、编译器、函数库和应用程序代码,组成一个整体来运行。该虚拟机映像可以被放到光盘(CD-ROM)或网站上供用户安装或下载。这种方法意味着只有软件开发者需要了解所有的依赖关系。客户得到的是可以正常工作的完整的程序包,并且独立于他们正在使用的操作系统、各类软件、已安装的程序包和函数库。这些被包装好的虚拟机通常叫作虚拟工具(virtual appliance)。

8.3.5 多核处理机上的虚拟机

当虚拟机与多核技术相结合时,可以在软件中指定可用的处理机数量。例如,如果有 4 个可用的核,每个核最多可以支持 8 个虚拟机,若有需要,一个单独的(桌面)处理机就可以配置成 32 节点的多机系统,但是根据软件的需求,它可以有更少的处理器。对于一个软件设计者来说,在编写代码之前可以先选择所需的处理机数量。

在虚拟机之间是可以实现内存共享的,需要完成的工作就是将物理页面映射到多个虚拟机的地址空间中,这样,一台计算机就成为一个虚拟的多处理机。由于多核芯片上所有的核共享内存,因此一个 4 核芯片能够很容易地按照需要配置成 32 节点的多处理机或多计算机系统。

多核、虚拟机、管理程序和微内核的结合将从根本上改变计算机的系统。将来程序员要处理的问题是,确定需要的处理机数量,这些处理机是应该组成一个多计算机系统还是一个多处理机,以及在某种情况下需要的最少内核数。

8.3.6 授权问题

大部分软件是基于每个 CPU 授权的。换言之,当购买了一款程序时,有权在一个 CPU 上运行该程序。但是,是否允许在同一台物理机上的多个虚拟机中运行该软件?在某种程度上,很多软件商是不知道应该怎么办的。

如果某些公司获得授权可以同时在 n 台物理机上运行软件,那么当虚拟机按照需要不断产生和消亡时,问题就会变得更糟糕。

在某些情况下,软件商在许可证(license)中加入明确的条款,禁止在虚拟机或未授权的虚拟机中使用该软件。

习 题

1. 如果一个多处理机中的两个 CPU 在同一时刻试图访问内存中的同一个字,会发生什么事情?

2. 如果一个 CPU 在每条指令中都发出一个内存访问请求,而且计算机的运行速度是 200MIPS,那么多少个 CPU 会使一个 400MHz 的总线饱和?假设对内存访问需要一个总线周期。如果在该系统中使用缓存技术,且缓存命中率达到 90%,那么多少个 CPU 会使总线饱和?最后,如果要使 32 个 CPU 共享该总线而且不使其过载,需要多高的命中率?

3. 在图 8-5 所示的 Omega 网络中,假设在交换网络 2A 和交换网络 3B 之间的连线断了,那么哪些节点之间的联系被切断了?

4. 在多处理机同步中使用 TSL 指令时,如果持有锁的 CPU 和请求锁的 CPU 都需要使用这个拥有互斥信号量的高速缓存行,那么这个拥有互斥信号量的高速缓存行就得在上述两个 CPU 之间来回穿梭。为了减少总线的交通量,每隔 50 个总线周期,请求锁的 CPU 就执行一条 TSL 指令,但是持有锁的 CPU 在两条 TSL 指令之间需要频繁地引用该拥有互斥信号的高速缓存行。如果一个高速缓存行中有 16 个 32 位字,每一个字都需要用一个总线周期传送,而该总线的频率是 400MHz,那么高速缓存行的来回移动会占用多少总线带宽?

5. 对于图 8-16 中的每个拓扑结构,互联网络的直径是多少?请计算该问题的所有跳数(主机-路由器和路由器-路由器)。

6. 考虑图 8-16(d)中的双凸面拓扑结构,但是扩展到 $k \times k$ 网格。该网络的直径是多少?提示:分别考虑 k 是奇数和偶数的情况。

7. 在共享存储器多处理机和多计算机上 Send 和 Receive 的实现有哪些差别?这些差别对性能有何影响?

8. 考虑图 8-24 中的 CPU 分配。假设进程 H 从节点 2 被移到节点 3 上,此时的外部信息流量是多少?

9. 考虑能同时支持最多 n 个虚拟机的 I 型管理程序,PC 最多可以有 4 个主磁盘分区。请问 n 可以比 4 大吗?如果可以,数据可以存在哪里?

10. 处理客户操作系统使用普通(非特权)指令改变页表的一个方式是将页表标记为只读,所以当它被修改时系统陷入。还有什么方式可以维护页表副本?比较你的方法与只读页表在效率上的差别。

第 9 章　嵌入式操作系统

嵌入式操作系统是运行在嵌入式平台上的,可以为嵌入式应用软件提供接口,对嵌入式处理器和嵌入式外围设备等硬件资源进行管理的系统软件。本章围绕嵌入式操作系统的发展历程、特点、功能、应用领域和发展趋势进行了介绍,同时还介绍了一些典型嵌入式操作系统的实例。

9.1　什么是嵌入式操作系统

20 世纪末,随着信息技术与网络技术的迅猛发展,计算机技术已经进入后 PC(Post-PC)时代。该时代的计算机更加多样化,它们遍布在人们周围,功能强大,向人们提供各种便捷的服务,而人们似乎又感觉不到它们的存在,这就是无处不在的计算(pervasive computing 或 ubiquitous computing,也称为泛在计算)。无处不在的计算模式依赖于通用计算机和嵌入式计算机,通用计算机只占大约 5% 的比例,而嵌入式计算机占大约 95% 的比例。

嵌入式计算机通常被称为嵌入式系统(embedded system)。嵌入式系统是以应用为中心,以计算机技术为基础,软硬件可配置,对功能、可靠性、成本、体积、功耗有严格约束的专用计算机系统。纵观嵌入式系统的发展过程,大致经历了以下 5 个阶段。

第一阶段大致在 20 世纪 60 年代后期,可看作嵌入式系统的萌芽阶段。这一阶段的嵌入式系统是以单芯片为核心的可编程控制器形式的系统,具有与监测、指示设备相配合的功能。这类系统大部分应用于一些专业性较强的工业控制系统中,一般没有操作系统的支持,通过汇编语言编程对系统进行直接控制。这一阶段系统的主要特点是:系统结构和功能相对单一,处理效率较低,存储容量较小,只有很少的用户接口。由于这种嵌入式系统使用简单,价格低廉,即使现在依然在简单、低成本的嵌入式应用领域大量使用,但已经远不能适应高效、需要大容量存储的现代工业控制和新兴信息家电等领域的需求。

第二阶段为第一阶段之后的十多年。这一阶段的嵌入式系统以嵌入式处理器为基础,以简单操作系统为核心。在此阶段,大多数嵌入式系统使用 8 位处理器,不需要嵌入式操作系统的支持。其主要特点是:处理器种类繁多,通用性较弱;系统开销小,效率高;高端应用所需操作系统已具备一定的实时性、兼容性和可扩展性;应用软件较专业化,用户界面不够友好。

第三阶段大致是 20 世纪 80 年代末到 20 世纪 90 年代后期,是嵌入式应用开始普及的阶段。这一阶段的嵌入式系统以嵌入式操作系统为标志。其主要特点是:嵌入式操作系统内核小,效率高,具有高度的模块化和可扩展性,能运行于各种不同类型的微处理器上,兼容性好;具备文件和目录管理、多任务、网络支持、图形窗口以及用户界面等功能,提供大量的应用程序接口(API)和集成开发环境,简化了应用程序开发;嵌入式应用软件丰富。在此阶段,嵌入式系统的软硬件技术加速发展,应用领域不断扩大。例如,日常生活中使用的手机、数码相机以及网络设备中的路由器、交换机等都是嵌入式系统;一辆豪华汽车中有数十个嵌入式处理器,分别控制发动机、传动装置、安全装置等;一个飞行器上可以有数百个甚至上千个嵌入式微处理器。

第四阶段从 20 世纪 90 年代末开始,这一阶段的嵌入式系统以网络化和互联网为标志。随着互联网的发展以及互联网技术与信息家电、工业控制、航空航天等技术的结合日益紧密,嵌入式设备与互联网的结合代表了嵌入式系统的未来。1998 年 11 月在美国加利福尼亚州圣·何塞举行的嵌入式系统大会上,基于嵌入式实时操作系统的互联网成为一个新的技术热点。

第五阶段是从 21 世纪初到现在,这一阶段的嵌入式系统以物联网、云计算和智能化为标志,也是多核芯片技术、无线技术、互联网发展与信息家电、工业控制、航空航天等技术相结合的必然结果。从应用角度而言,移动互联网设备是嵌入式产品的热点。无处不在的嵌入式系统,如智能手机、无线传感器网络(Wireless Sensor Network,WSN)、RFID 电子标签等遍布在人们周围,为人们提供方便快捷的服务。

由此可见,嵌入式操作系统是随着嵌入式计算机的发展而发展的。嵌入式系统软件的日益复杂,在客观上使得软件的编写需要多人分工合作完成。从嵌入式软件体系结构的角度考虑,就是将一个软件功能划分成多个任务,采用实时多任务体系实现。因此,功能强大的嵌入式操作系统成为支撑其运行的基础。由于嵌入式操作系统及其应用软件往往被嵌入特定的控制设备或者仪器中,用于实时响应并处理外部事件,所以嵌入式操作系统有时也被称为实时操作系统(Real-Time Operating System,RTOS)。

RTOS 可以简单地认为是功能强大的主控程序,它嵌入在目标代码中,系统复位后首先执行。负责在硬件基础上为应用软件建立一个功能强大的运行环境,用户的应用程序都建立在 RTOS 之上。在这个意义上,RTOS 的作用是为用户提供一台等价的扩展计算机,它比底层硬件更容易编程操作。

RTOS 内含一个实时内核,完成最基本却又必不可少的功能,如 CPU、中断、时钟、I/O 等资源的管理,为用户提供一套标准编程接口,并可根据各个任务的优先级,合理地在不同任务间分配 CPU 资源。在此意义上,RTOS 的作用相当于系统资源管理器。

对嵌入式系统而言,RTOS 的引入会带来很多好处。首先,一个 RTOS 就是一套标准化的任务管理机制,可以提升开发单位的管理水平和开发人员的业务素质;其次,每个 RTOS 都提供一套较完整的应用编程接口,可以大大简化应用编程,提高系统的可靠性;再次,RTOS 的引入客观上导致应用软件与下层硬件环境无关,便于嵌入式软件系统的移植;最后,基于 RTOS 可以直接使用许多应用编程中间件,既可增强嵌入式软件的复用能力,又可降低开发成本,缩短开发周期。

9.2 嵌入式操作系统的特点

相对于通用操作系统(如 Windows、PC 版 Linux 等)而言,RTOS 往往具有以下共同特点。

1. 实时性

实时性(timeliness)是嵌入式实时系统最基本的特点,也是 RTOS 必须保证的特性。RTOS 的主要任务是对外部事件做出实时响应。虽然事件可能在无法预知的时刻到达,但是软件必须在事件发生时能够在严格的时限(称为系统响应时间,response time)内做出响应,即使在峰值负载下也应如此。系统响应时间超时可能就意味着致命的失败。

由于不同的实时系统对实时性的要求有所不同,实时性可以分为以下两类。

(1) 硬实时(hard real-time)。系统对外部事件的响应略有延迟就会造成灾难性的后果,也就是说,系统响应时间必须严格小于规定的截止时间(deadline)。

(2) 软实时(soft real-time)。系统对外部事件响应超时可能会导致系统产生一些错误,但不会造成灾难性后果,且大多数情况下不会影响系统的正常工作。

对于 RTOS 而言,实时性主要由实时多任务内核的任务调度机制和调度策略共同确保。不同的 RTOS 所提供的策略有所不同,有些支持硬实时性,有些只支持软实时性,但主流 RTOS 需要支持多种实时性。

2. 可确定性

RTOS 的一个重要特点是具有可确定性(deterministic),即系统在运行过程中,系统调用的时间可以预测。虽然系统调用的执行时间不是一个固定值,但是其最大执行时间可以确定,从而能对系统运行的最好情况和最坏情况做出精确的估计。

衡量操作系统可确定性的一个重要指标是截止时间,它规定系统对外部事件的响应必须在给定时间内完成。截止时间的长短随应用的不同而不同,可以从纳秒(ns)级、微秒(μs)级直到分钟(min)级、小时(h)级、天(d)级。

在实时系统中,外部事件随机到达。但在规定的时序范围内,有多少外部事件可以到达却必须是可预测(可控)的。这是 RTOS 可确定性的第二种体现。

可确定性的第三种体现是对系统资源占用的确定化。对大多数嵌入式系统,特别是硬实时系统而言,在系统开始运行前,每个任务需要哪些资源,哪种情况下(何时)占用资源都应是可预测的。在极端情况下,资源占用必须用静态资源分配表一一列出。

3. 并发性

并发性(concurrence)有时也称为同时性(simultaneousness)。在复杂的实时系统中,外部事件的到达是随机的,因此某一时刻可能有多个外部事件到达,RTOS 需要同时激活多个任务(task)处理对应的外部请求。通常,实时系统采用多任务机制或者多处理机结构来解决并发性问题,而 RTOS 则用于相应的管理。

4. 高可信性

不管外部条件如何恶劣,实时系统都必须能够在任意时刻、任意地方、任意环境下对外部事件做出准确响应。这就要求 RTOS 比通用操作系统更具可靠性(reliability)、稳健性(robustness)和防危性(safety)。这些特性统称为高可信性(high dependability)。

可靠性是指在一组特定条件下,系统在一定时期内不发生故障的概率。它强调的是系统连续工作的能力,是一个通信系统的必要指标。

稳健性特别强调容错处理和出错自动恢复,确保系统不会因为软件错误而崩溃甚至出现灾难性后果。即使在最坏情况下,RTOS 也应能够让系统性能平稳降级,最好能自动恢复正常运行状态。

防危性研究的是系统是否会导致灾难发生,关心的是引起危险的软件故障。在实际应用中,它主要确保系统对外部设备的操作不出现异常,这一点在安全关键系统(如核电控制系统、航空航天系统)中尤为突出。

5. 安全性

信息安全(security)是目前互联网上最热门的话题之一,其中很大一部分原因归结于基础网络设备(如路由器、交换机等)的安全管理机制,其核心是保密。

RTOS自然需要从系统软件级就为嵌入式设备提供安全保障措施,关注外部环境对系统的恶意攻击,减少应用开发者的重复劳动。

6. 可嵌入性

RTOS及其应用软件基本上都需要嵌入具体设备或者仪器中,因此,RTOS必须具有足够小的体积及很好的可裁剪性和灵活性。这就是可嵌入性(embeddability)的含义。

由于大多数嵌入式设备的资源有限,不大可能像个人计算机一样预装操作系统、设备驱动程序等。因此,最常见的RTOS应用原则是:将RTOS与上层应用软件捆绑成一个完整的可执行程序,下载到目标系统中;当目标系统启动时,首先引导RTOS执行,再控制管理其他应用软件模块。

7. 可剪裁性

嵌入式系统对资源有严格限制,RTOS就不可能如桌面操作系统(Windows等)一样装载大量的功能模块,而必须对应用有极强的针对性。因此,RTOS必须具有可剪裁性(tailorability),即组成RTOS的各模块(组件)能根据不同应用的要求合理剪裁,做到够用即可。

8. 可扩展性

当前,嵌入式应用的发展异常迅猛,新型嵌入式设备的功能多种多样,这对RTOS提出了可扩展性(extensibility)的要求。即除提供基本的内核支持外,还须提供越来越多的可扩展功能模块(含用户扩展),如功耗控制、动态加载、嵌入式文件系统、嵌入式图形用户界面(Graphical User Interface,GUI)系统、嵌入式数据库系统等。

9.3 嵌入式操作系统的主要功能

RTOS的基本功能由内核完成,主要负责任务管理、中断管理、时钟管理、任务协调(如通信、同步、资源互斥访问等)、内存管理等,这些管理功能是通过内核系统调用的形式供用户使用的;其他功能以RTOS扩展组件形式实现,包括嵌入式网络、嵌入式文件系统、功耗管理、嵌入式数据库、流媒体支持、用户编程接口、嵌入式GUI等。

1. 任务管理

多任务机制是现代操作系统的基础。一个多任务的环境允许将实时应用构造成一套独立的任务集合,每个任务拥有各自的执行进程和系统资源,这些任务共同合作以实现整个系统的功能。

多任务并发执行造成了一种多个任务同时执行的假象。事实上,内核是将某种调度算法加入这些任务的执行中,使每个任务拥有自己的上下文,包括CPU执行环境和系统资源。这种内核调度机制是任务运行时所必需的,类似于通用多任务操作系统(如UNIX、

Windows)中的处理,只是增加了实时性的要求。

2. 中断管理

中断(interrupt)是外部事件通知 RTOS 的主要机制。外部事件产生的中断属于硬件机制,它向 CPU 发出中断信号,表示外部异步事件发生。异步事件是指无一定时序关系的随机事件,如外部设备完成数据传输、实时控制设备出现异常情况等。

应用任务是由 RTOS 调度的,而中断处理程序一定是异步执行的,不需要 RTOS 调度。当中断被触发时,中断处理程序就开始运行。实时系统必须能够快速响应外部产生的中断,以成功地与外部环境进行交互。实时多任务系统有如下 3 种方式来处理外部的中断请求。

(1) 中断作为任务切换。
(2) 中断作为系统调用。
(3) 中断作为前台事务。

3. 时钟管理

在实时系统中,实时时钟(clock)是实时软件运行必不可少的硬件设施。实时时钟单纯地提供一个规则的脉冲序列,脉冲之间的间隔可以作为系统的时间基准,称为时基(tick)。时基的大小代表了实时时钟的精度,这个精度取决于系统的要求。

为了计准时间间隔,最重要的问题是确保 CPU 能与时钟同步工作。同步可以用硬件方法实现,也可以用软件方法实现。软件方法是使 CPU 能用程序启动、停止时钟工作,设置时基大小,并在启动后利用实时时钟中断信号的方法来校准系统时钟。时基的每次到达都会引发时钟中断,中断响应后,实时时钟又开始工作,从而达到与 CPU 同步的目的。

显然,软件方法具有简单、灵活、易实现和低成本的优点,可以很方便地修改实时时钟的设置和系统时间的表示,且可以在不增加硬件的基础上灵活地用软件模拟多个"软时钟"。因此,这种方法在实时系统中被广泛采用。

由于中断的延迟可能会对系统时钟造成一定的误差。因此,在设计中通常将实时时钟的中断优先级设置得很高,一般仅次于掉电中断。

系统的时间精度要求越高,时钟中断的频度就越高,执行中断服务程序(ISR)的时间就会增多,系统开销相应增大,导致影响系统的其他工作。为解决这个矛盾,必须在充分考虑时间精度的前提下,使时钟 ISR 程序尽可能简短。

由于嵌入式实时系统硬件设备的多样化,实时内核提供的系统时钟服务也需要适应这种种灵活性的要求。在 RTOS 中,系统时钟服务通常并不是以中断服务程序的形式出现,而只是提供应用所需的中断服务程序系统调用。通过使用这些系统调用,系统的时间精度可以完全由应用决定,其大小由调用时基的时间间隔决定。时基完成系统计时、唤醒睡眠时间和等待时间到达的任务、时间片循环调度等工作。

4. 任务协调

对于外界提出的多种请求,RTOS 需要创建多个任务进行处理,任务之间往往有一定的执行顺序或者资源使用上的约束,这就要求任务在执行过程中必须能够互通消息,相互合作,协同完成外部的事务请求。根据任务之间协调目的的不同,任务协调可分为通信、同步、资源互斥访问几大类。

5. 内存管理

嵌入式系统软件是操作系统与应用软件一体化的软件,其内存管理(memory

management)比较简单。任务在运行过程中对内存的需求是不断变化的，不同的任务有不同的需要。RTOS将内存作为一种资源看待，并且在竞争的任务之间分配这种资源，就如同在竞争的任务间分配CPU控制权一样。

RTOS内核通常使用3种方法进行内存分配：固定尺寸静态分配、可变尺寸动态分配、数据段分块管理。

6. 嵌入式网络

在后PC时代和互联网普及的今天，几乎所有的嵌入式系统（如移动终端、智能家电等）以及面向特定领域的嵌入式设备都提出了互联需求。目前，嵌入式系统接入网络的方案主要有3种：第一种方案是采用硬件集成有网络协议栈功能的物理芯片来实现网络通信；第二种方案是采用嵌入式微网络技术实现互联；第三种方案是在嵌入式实时操作系统的平台上集成嵌入式TCP/IP网络协议栈、面向物联网的协议栈、特定领域的网络协议栈，以实现互联和互通。

公认的嵌入式网络系统包括工业现场总线、嵌入式TCP/IP、嵌入式无线网络（如红外线、蓝牙、WAP、IEEE 802.11等）、传感器网络等多种形式。

7. 嵌入式文件系统

在通用操作系统中，文件系统是操作系统必须具有的一部分。但在嵌入式应用中，很多情况下不需要文件系统（如家电控制系统）。即使需要文件系统，多数情况下也只是通用操作系统所拥有的文件系统的一个子集。因此，嵌入式文件系统是一个可配置的模块。

若提供文件系统，就必须提供创建文件、删除文件、读文件和写文件等基本功能的系统调用。文件的存放同样通过目录完成，对目录的操作是文件系统功能的一部分。从系统的角度出发，文件系统应具有以下功能。

(1) 提供对文件和目录的分层组织形式。

(2) 建立与删除文件。

(3) 文件的动态增长与数据保护。

从用户的角度来看，文件系统的功能可简单地描述为实现文件的按名存取。当第一次使用系统调用open或者create存取一个特定文件时，用户将文件名作为参数，文件系统在进行必要的检查之后返回一个称为文件描述符的整数，此后对文件的I/O操作都要用到该文件描述符。

8. 功耗管理

随着后PC时代的到来，嵌入式系统变得小巧玲珑而且功能强大，一块小小的芯片就可以实现无线通信、图像处理、多媒体播放等功能。对于使用容量有限的电池的嵌入式系统，一方面，人们希望系统具有越来越多的功能，如手机的摄影、摄像等；而另一方面，人们又不希望频繁地充电或更换电池，也不希望随身携带大体积的电池。从原理上讲，这种需要可以通过不断提高电池的单位体积容量来实现。然而不幸的是，在过去的几十年中，电池单位体积的容量提高的速度远远滞后于处理器技术的发展速度，并以每年20%~30%的速度进一步拉大与处理器技术的差距。因此，降低功耗成为必然趋势。

电源容量没有限制的嵌入式系统同样存在功耗问题，其基本体现形式就是散热问题。芯片的集成度从20世纪80年代的800nm发展到21世纪初的130nm，目前已出现4~7nm的产品。这种进步带来的副作用就是散热问题越来越突出。这是因为，一旦芯片的功耗大于50W,就需要添加辅助散热装置,以避免电子器件和芯片失效。相应地,降低芯片的功耗能够避免关键器件大量散热,对降低设备维护成本、延长设备寿命具有重要作用。

9. 嵌入式数据库

嵌入式数据库系统是指支持移动计算或某种特定计算模式的数据库管理系统,它通常与操作系统和具体的应用集成在一起,运行在嵌入式或移动设备中。嵌入式数据库技术涉及数据库、实时系统、分布式计算以及移动通信等多个领域,已成为数据库技术发展的一个新方向。

与通用的桌面操作系统不同,嵌入式系统通常没有充足的内存和磁盘资源。因此,嵌入式操作系统和数据库系统都应占用尽量少的内存和磁盘空间。如果采用传统的文件系统或大型关系型数据库管理系统,将不可避免地出现冗余数据大量产生、数据管理效率低下等问题,不能很好地适应嵌入式系统的数据管理需要。另外,大型数据库系统大都致力于高性能的事务处理能力以及复杂的查询处理能力,而对于嵌入式数据库系统来说,一般只要求进行一些简单的数据查询和更新操作,其性能的度量标准主要在易于维护、强壮、小巧这3个方面。在高端嵌入式应用中,系统的配置和快速运行一般基于RTOS。如果在RTOS之上使用数据库管理系统,那么数据库管理系统必须同样具备良好的实时性能,以确保与操作系统结合后不会影响整个系统的实时性能。

随着计算终端的小型化,嵌入式数据库的应用领域不断扩展,嵌入式数据库的应用将无所不在,其领域主要涉及移动互联网、移动电子商务、移动电子政务、移动物流、移动金融系统、移动新闻等。

10. 流媒体支持

流媒体技术起源于窄带互联网时期。由于经济发展的需要,人们渴求一种网络技术,以便进行远程信息沟通。1994年,一家叫作Progressive Networks的美国公司成立,自此流媒体正式在互联网中登场亮相。1995年,他们推出了C/S架构的音频传输系统Real Audio,并在随后的几年内引领了网络流式技术发展的潮流。1997年9月,该公司更名为Real Networks,相继发布了多款应用非常广泛的流媒体播放器——Realplayer系列。其在鼎盛时期,曾一度占据该领域超过85%的市场份额。Real Networks公司可以称得上是流媒体真正意义上的始祖。

在移动互联网普及的今天,流媒体也开始进入嵌入式应用领域,如数字电视机顶盒、平板电脑、手机等,针对嵌入式设备的实时流媒体传输已经无处不在了,各种实时流媒体标准和协议也非常丰富。

11. 用户编程接口

为了让用户方便地使用操作系统,操作系统向用户提供了接口。接口支持用户与操作系统之间进行交互,即由用户向操作系统提出特定的服务请求,而操作系统则把服务结果返回给用户。接口通常采用命令、系统调用或者图形接口的形式。命令直接通过键盘使用,系统调用则提供给用户在编程时使用。RTOS同样提供以上3种接口形式,但是由于嵌入式系统自身的性质,以往的RTOS往往只提供前两种接口方式。随着嵌入式技术的发展和用户要求的提高,目前多数的RTOS也提供了图形接口。

12. 嵌入式的GUI

近年来的市场需求显示,越来越多的嵌入式系统,包括平板电脑、机顶盒、WAP手机等,均要求提供全功能的 Web 浏览器,其中包括对 HTML、XML、JavaScript 的支持,甚至包括对 Java 虚拟机的支持。这一切均要求有一个高性能、高可靠性的图形用户界面支持。

另一个迫切需要轻量级 GUI 的系统是工业实时控制系统。这类系统一般建立在标准 PC 上,硬件条件较好,但对实时性的要求非常高,而且对 GUI 的要求比前一种情况更高。

此外,嵌入式系统往往是一种定制设备,它们对 GUI 的需求也各不相同。有的系统只要求一些简单的图形功能,甚至不需要,而有些系统则要求完整的 GUI 支持。因此,GUI 的可配置性显得十分重要。

上述各种情况都显示出 GUI 在嵌入式及实时系统中的地位越来越重要。GUI 应满足轻型、占有资源少、高可靠性、可配置等基本要求。

9.4 嵌入式操作系统的应用领域

嵌入式操作系统广泛地应用于工业控制、智能家电、交通控制、网络 POS、家居智能化、机器人、军事领域和移动互联网等领域,正努力把网络连接到人们生活的各个角落,改变着人与人的交互方式以及人与自然的交互方式。

1. 工业控制

嵌入式操作系统已经广泛被应用于工业控制领域,而且作为嵌入式软件的一种主流应用,产生了巨大的经济价值。嵌入式操作系统在工业控制领域中占有举足轻重的地位,工业领域对智能化的自动控制提出了更高的要求,嵌入式微处理器要进一步提高运算速度和集成度、可靠性和可扩充能力。应用于工业控制领域的嵌入式操作系统必须具有高实时性。随着高速发展的技术,32 位和 64 位的微处理器将逐步成为新型工业控制系统的核心,并在未来获得显著的发展。

2. 智能家电

智能家电是在传统家电基础上融入传感器技术、微处理器和通信技术后所形成的智能化的家电产品,能够感知所在位置的空间状态及家电运行状态,能够自动接收房屋主人在房间内或通过远程发出的指令。与传统家电相比,智能家电相当于模拟了人的智能,产品由微处理器和传感器捕获信息并进行相应的处理,可以根据住宅环境及用户需求进行自动控制。嵌入式操作系统最大的应用领域是智能家电,冰箱、洗衣机、电压力锅等的智能化将人类的生活带入一个全新的世界。即使主人不在家,也能够预先设定好其自动工作方式,或者通过网络实现远程控制。

3. 交通控制

智能交通系统(ITS)主要由交通信息采集、交通状况监视、交通控制、信息发布和通信 5 大子系统组成。各类信息都作为 ITS 运行的基础,而嵌入式的交通控制系统在整个 ITS 中发挥着重要的指挥作用。在运输车队遥控指挥系统、测速雷达、车辆导航等系统中,嵌入式操作系统能够完成交通信息的获取、显示、存储、分析、传输和管理,为交通管理或决策者提供实时的交通状况,以便进行控制和决策。GPS 导航设备在每个拥有私家车的家庭普及,能够随时知道自己的位置,也可以通过导航的帮助到达任何你想去的地方。

4. 网络 POS

网络 POS 是一种特殊的第三方支付平台,为个人与企业进行在线支付提供了一个中间环境。它能够连接多个金融机构和商业银行,支持国内主要商业银行发行的各类银行卡,可完成跨区域、跨行的实时支付。

5. 家居智能化

家居智能化可实现下列智能管理:同来访客人通话和单元入口门锁控制;厨房的燃气报警;紧急呼救;水、电、暖、燃气的自动计费;家电的远程控制和智能控制。这些功能都是在嵌入式操作系统的控制下实现的。家居智能化体现了未来家居发展的方向,这确实给人类的生活带来很多方便。

6. 机器人

机器人技术广泛被应用于商业、服务业、工业控制等诸多领域。不论是传统工业中用来生产加工的机器人还是在现代娱乐生活中用于丰富人们生活的机器人,与嵌入式操作系统都是密不可分的。嵌入式操作系统的发展定将提升机器人的智能化程度。嵌入式芯片与嵌入式操作系统的发展使得机器人更加微型化、智能化,并且在价格方面会有比较大幅度的下调,这将使其更广泛地被应用于多个领域中。

7. 军事领域

嵌入式操作系统被广泛应用在雷达探测、电子对抗、武器装备等军事领域。例如,嵌入式机器视觉系统可以用于制导,可以由图像采集部分获取目标图像信息与弹药运行轨迹图像信息,由图像处理部分直接对运行轨迹做出相应调整。在我国的数字化部队建设中,广泛应用嵌入式技术,集电子对抗、预警探测、情报侦察及指挥控制于一体,实现军事装备信息化管理。

8. 移动互联网领域

移动互联网领域在很多情况下也需要嵌入式开发技术。移动互联网已进入快速发展期,虽然苹果、谷歌、安卓目前在智能手机操作系统领域中堪称巨头,但系统软件技术以及与之对应的应用技术、芯片技术的创新从未间断。

9.5 典型的嵌入式操作系统

9.5.1 VxWorks

VxWorks 是美国 Wind River System 公司于 1983 年设计开发的 RTOS,具有良好的持续发展能力、高性能的内核以及友好的用户开发环境,在硬实时 RTOS 领域占据统治地位。

VxWorks 的开放结构和对工业标准的支持,使开发者只需要做少量工作即可设计出有效的、满足不同用户需要的实时系统。VxWorks 的开发环境是 Tornado。Tornado 集成开发环境提供高效、明晰的图形化实时应用开发平台,包括一套完整的、面向嵌入式系统的开发和调试工具。

VxWorks 操作系统的内核由多任务调度(采用基于优先级抢占方式,同时支持同优先级任务间的分时间片调度)、任务间的同步、进程间通信机制、中断处理、定时器和内存管理机制组成。VxWorks 提供了一个快速灵活的与 ANSI C 兼容的 I/O 系统,包括 UNIX 标准的 Basic I/O[create()、remove()、open()、close()、read()、write()和 ioctl()]、Buffer I/O[fopen()、fclose()、fread()、write()、getc()、putc()]以及 POSIX 标准的异步 I/O。VxWorks 包括网络驱动、管道驱动、RAM 盘驱动、SCSI 驱动、键盘驱动、显示驱动、磁盘驱动、并口驱动等驱动程序。

VxWorks 支持 4 种文件系统：DOSFS、RT11FS、RAWFS 和 TAPEFS。支持在一个单 VxWorks 系统上同时并存几个不同的文件系统。板级支持包 BSP（Board Support Package）向 VxWorks 操作系统提供了对各种板子的硬件功能操作的统一的软件接口。它是保证 VxWorks 操作系统可移植性的关键，包括硬件初始化、中断的产生和处理、硬件时钟管理和计时器管理、局域和总线内存地址映射、内存分配等。每个板级支持包包括一个 ROM 启动（Boot ROM）或其他启动机制。

VxWorks 提供了对其他 VxWorks 系统和 TCP/IP 网络系统的透明访问，包括与 BSD 套接字兼容的编程接口、远程过程调用（RPC）、SNMP、远程文件访问（包括客户端和服务端的 NFS 机制以及使用 RSH、FTP 或 TFTP 的非 NFS 机制）以及 BOOTP 和代理 ARP、DHCP、DNS、OSPF、RIP。无论是松耦合的串行线路、标准的以太网连接，还是紧耦合的利用共享内存的背板总线，所有的 VxWorks 网络机制都遵循标准的 Internet 协议。

在 Tornado 开发系统中，开发工具是驻留在主机上的。但是，也可以根据需要将基于目标机的 Shell 和装载/卸载模块加入 VxWorks 中。

嵌入式 VxWorks 系统的应用领域主要有以下 9 方面。

(1) 数据网络，如以太网交换机、路由器、远程接入服务器等。
(2) 远程通信，如电信用的专用分组交换机和自动呼叫分配器等。
(3) 医疗设备，如放射理疗设备等。
(4) 消费电子，如个人数字助理等。
(5) 交通运输，如导航系统、高速火车控制系统等。
(6) 工业，如机器人等。
(7) 航空航天，如卫星跟踪系统等。
(8) 多媒体，如电视会议设备等。
(9) 计算机外部设备，如 X 终端、I/O 系统等。

总之，VxWorks 的系统结构是一个相当小的微内核的层次结构。内核仅提供多任务环境、进程间通信和同步功能。这些功能模块足够支持 VxWorks 在较高层次所提供的丰富性能的要求。

9.5.2 QNX

QNX 是一个实时嵌入式网络操作系统，它具有微内核、基于优先级、消息传递、抢占式多任务、多用户、具有容错能力、分布式等特点。它遵循 POSIX.1 程序接口、POSIX.2 Shell 和工具标准，部分遵循 POSIX.1b 实时扩展标准。

QNX 具有真正的微内核体系结构，QNX 有一个非常小的内核（约为 12KB），其核心仅提供 4 种基本服务：进程调度、进程间通信、底层网络通信和中断处理，这些基本进程在独立的地址空间运行，并通过消息传输机制与系统其他各模块进行通信。这一机制使得 QNX 能够胜任对实时性要求很高的系统。

QNX 操作系统由 Neutrino 内核管理下的一组相互协作的进程构成。该结构是一个同级结构，不是等级结构；相互协作间的进程的地位是平等的，并且通过内核管理。微内核扮演的角色是"软件总线"，可以实现用户根据需求动态地"插入"或"拔出"系统组件的要求。内核是操作系统的核心，它不同于系统的其他线程，它本身并不参与系统调度；处理器仅在内核调用、响应中断、底层网络通信和进程间通信时才执行内核代码。

除了微内核提供的 4 种基本系统服务外，其他系统服务都由标准用户进程提供。一个配置良好的系统需要包含资源管理器、文件系统管理器、字符设备管理器、用户图形接口、基本网络管理器、TCP/IP 服务等。从本质上来说，系统进程和用户进程已经很难区分了，因为用户自定义的系统扩展的服务和应用程序使用了相同的接口和微内核服务，只不过扩展的系统服务满足 POSIX 标准。从用户角度看来，扩展的系统模块就像系统内核一样向应用程序提供核心服务。由此可见，QNX 的特殊微内核体系结构赋予了系统独特的可扩展性。多数高级的系统服务都由标准的系统进程提供，因此很容易增加系统的服务。

QNX 是同类嵌入式系统中首先采用消息传递技术作为进程间通信（IPC）基本方式的商业嵌入式操作系统。该系统的强大功能和结构简单性要归功于整个系统整合了消息传递机制。在 QNX 里，一个消息是在进程间传递的很小的数据包。系统并没有定义消息的内容，也没有赋予其任何特殊的含义，只是让消息的发送者和接收者能理解消息内数据的含义。消息传递不仅允许进程间相互传递数据，而且为多进程同步提供了方法。当发送、接收和应答消息的事件发生时，进程本身的状态也发生了变化，这些状态变化影响着进程的运行，主要是运行状态。一旦内核知道进程的状态和优先级，就可以根据这些状态对所有的进程进行高效的调度，以使 CPU 的资源得到高效的利用。

在 QNX 中，进程可以要求这些请求消息按优先级递送（而不是以提交时间为次序），高优先级进程将阻塞低优先级的进程。这种消息驱动的优先级机制巧妙地避免了优先级逆转。例如，一个进程正在使用某项临界资源，这时有一个更高优先级的进程也要使用这个资源，因为是临界资源，所以高优先级的进程被阻塞，遇到这种情况系统会自动将占用临界资源的低优先级进程的优先级提高到适当级别，使其与被阻塞的高优先级的进程优先级别相近或相等，这样原先低优先级的进程可以很快地执行完，然后释放临界资源，消除低优先级的进程对高优先级进程的阻塞。

QNX 的应用范围极广，如汽车的音乐和媒体控制功能、核电站、RIM 公司的 BlackBerry PlayBook 平板电脑等。

9.5.3 嵌入式 Linux

嵌入式 Linux 操作系统是将日益流行的 Linux 操作系统进行裁剪修改，使之能在嵌入式计算机系统上运行的一种操作系统。嵌入式 Linux 既继承了互联网上无限的开放源代码资源，又具有嵌入式操作系统的特性。嵌入式 Linux 的特点是版权免费，向全世界的自由软件开发者免费提供对网络特性的支持，而且性能优异，软件移植容易，源代码开放，有许多应用软件支持，应用产品开发周期短，新产品上市迅速，实时性能稳定、安全。

嵌入式 Linux 优势明显。首先，Linux 是开放源代码的，不存在黑箱技术，遍布全球的众多 Linux 爱好者又是 Linux 开发者的强大技术支持；其次，Linux 内核小，效率高，内核的更新速度快。Linux是可以定制的，其系统内核最小只有约134KB。由于Linux是免费的操作系统，在价格上极具竞争力。

Linux还有嵌入式操作系统所需要的很多优点，比较突出的是Linux适用于多种CPU和多种硬件平台，是一个跨平台的系统。而且性能稳定，裁剪性很好，开发和使用都很容易。因此，有很多CPU包括家电业芯片做Linux的平台移植工作，移植的速度远远超过了Java的开发环境。同时，Linux内核的结构在网络方面是非常完整的，Linux对网络中最常用的TCP/IP有最完备的支持。所以，Linux很适合做信息家电的开发。

目前，嵌入式Linux在智能数字终端领域、移动计算平台、智能工控设备、金融业终端系统甚至军事领域都得到了很好的应用。嵌入式Linux风靡全球的主要原因有：①开放源代码，拥有丰富的软件资源；②具有功能强大的内核，性能高效、稳定，支持多任务；③支持多种体系结构；④具备完整的网络通信、图形和文件管理机制；⑤支持大量的周边硬件设备，驱动程序丰富；⑥大小和功能都可以定制。

同时，国内外不少大学、研究机构和知名公司都加入了嵌入式Linux的开发工作，比较成熟的嵌入式Linux产品不断出现。主要有以下几个。

1. RTLinux

RTLinux是一个嵌入式硬实时操作系统，部分支持POSIX.1b标准。它的开发始于美国新墨西哥州矿业大学，后期由FSMLabs公司进行开发工作，受美国专利保护。从整体结构看RTLinux属于双内核结构。它实现了一个小的实时内核，仅支持底层任务创建、ISR的装入、底层任务间通信队列、ISR和实时任务调度，所有可抢占的任务都运行于这个小核心之上。原来的Linux内核作为实时内核上的一个任务调度，称为基本内核，而所有非实时任务均由该基本内核调度执行。这种处理方式既保留了Linux操作系统所提供的丰富功能，又将其改动成为硬实时内核。基本内核可以看作实时系统的空闲任务，只在没有实时处理要求时运行。另外，RTLinux内核也提供对实时模块的调试。

2. μCLinux

μCLinux是对Linux进行小型化改造得到的高度优化、代码紧凑的嵌入式Linux，完全符合GNU/GPL(General Public License)公约，并开放源代码。虽然体积很小，但μCLinux仍然保留了Linux的大多数优点：稳定、良好的移植性、优秀的网络功能、对各种文件系统的完备支持以及标准而丰富的API。内存管理是μCLinux与标准Linux的最大区别。标准Linux使用的是虚拟存储器技术，而μCLinux没有存储管理部件(MMU)，所以采用实存储器管理策略。μCLinux有完整的TCP/IP协议栈，支持大量其他的网络协议，支持NFS、EXT2、ROMFS、JFFS、FAT16/32等文件系统，支持GNU编译器和命令行调试器GDB。

3. Embedix

Embedix由嵌入式Linux行业的主要厂商之一的Lineo公司推出，是根据嵌入式系统的特点重新设计的嵌入式Linux。Embedix提供25种Linux系统服务，包括Web服务等。系统需要最少8MB内存，3MB闪存，基于Linux 2.2的核心。Lineo公司还发布了另一个重要的软件产品，可以让在Windows CE操作系统中运行的程序直接在Embedix系统中运行。Lineo公司还计划推出Embedix的开发调试工具包、基于图形界面的浏览器等。

4. XLinux

XLinux 是由美国网虎公司开发的。它号称是世界上最小的嵌入式 Linux，核心只有 143KB，而且还在不断减小。Linux 核心采用了"超字符元集"专利技术，使 Linux 核心不仅可以与标准字符集相容，而且涵盖 12 个国家的字符集。

5. 其他产品

一些从事嵌入式 Linux 研发的大学、研究机构和知名公司也推出了相应的产品，如广州博利思软件公司的 PocketIX、中国科学院计算技术研究所的红旗嵌入式 Linux 等。

9.5.4 Windows CE

Windows CE 操作系统是微软公司于 1996 年发布的一款嵌入式操作系统，是一个简洁、高效的多平台操作系统。它不是桌面 Windows 系统的削减版本，而是从整体上为有限资源的平台设计的多线程、具有完整优先权、多任务的操作系统。Windows CE 由许多离散模块构成，每一模块都提供特定的功能，这些模块中的一部分被划分成组件。组件化使得 Windows CE 相对紧凑，其基本内核只占不到 200KB 的 ROM 空间。

Windows CE 的基本内核提供操作系统最关键的 4 个功能模块：内核模块、对象存储模块图形、窗口和事件子系统模块以及通信模块，另外还提供一些附加的可选择模块，用于支持设备管理、多媒体管理、COM 组件等。

Windows CE 具有模块化、结构化、基于 Win32 应用程序接口和与处理器无关等特点。Windows CE 不仅继承了传统的 Windows 图形界面，并且在 Windows CE 平台上可以使 Windows 95/98 上的编程工具（如 Visual C++ 等），使用同样的函数，使用同样的界面风格，使绝大多数的应用软件只需简单地修改和移植就可以在 Windows CE 平台上继续使用。Windows CE 并非是专为单一装置设计的，微软旗下采用 Windows CE 操作系统的产品大致分为 3 条产品线：Pocket PC（掌上电脑）、Handhold PC（手持设备）及 Auto PC。

Windows CE 的版本很多，主要有 1.0、2.0、3.0、4.0、4.2、5.0 和 6.0。Windows CE 6.0 诞生于 2006 年 11 月，作为业内领先的软件工具，Windows CE 6.0 将为多种设备构建实时操作系统，如互联网协议（IP）机顶盒、全球定位系统（GPS）、无线投影仪、各种工业自动化设备、消费电子以及医疗设备等。

2010 年 6 月，微软公司正式公布了 Windows CE 7.0，该版本在内核部分有很大的进步。

(1) 所有系统元件都由 EXE 改为 DLL，并移到 kernel space 上。

(2) 全新设计的虚拟内存架构。

(3) 全新的设备驱动程序架构，同时支持用户模式与内核模式两种驱动程序。突破了只能运行 32 个进程的限制，可以运行 32 768 个进程。每一个进程的虚拟内存限制由 32MB 增加到全系统总虚拟内存。Platform Builder IDE 集成到 Microsoft Visual Studio 2005，采用新的安全架构，确保只有被信任的软件可以在系统中运行。UDF 2.5 文件系统，支持 IEEE 802.11i(WPA2) 及 IEEE 802.11e(QoS) 等无线规格及多重无线支持。

(4) 支持 x86、ARM、SH4、MIPS 等各种处理器，提供新的 Bellcore Components，使系统在移动电话网络中更容易创建数据链接及激活通话。

与 Windows CE 相比，嵌入式 Linux 操作系统的优势有 5 方面。

(1) Linux 开放源代码,遍布全球的众多 Linux 爱好者都是 Linux 开发者的强大技术支持。目前,Windows CE 6.0 内核全部开放,GUI 不开放。

(2) Linux 的内核小,效率高。相比之下,Windows CE 占用过多的 RAM。

(3) Linux 是开放源代码的操作系统,在价格上极具竞争力,适合中国国情。而 Windows CE 需要版权费用。

(4) Linux 不仅支持 x86 芯片,还是一个跨平台的系统,更换 CPU 时就不会遇到更换平台的困扰。

(5) Linux 内核的结构在网络方面是非常完整的,它提供了对包括十兆位、百兆位及千兆位的以太网、无线网络、Token ring(令牌环)和光纤甚至卫星的支持。目前,Windows CE 的网络功能也比较强大。

嵌入式 Linux 操作系统的弱点也是明显的。

(1) Linux 开发难度较高,需要很高的技术实力;Windows CE 开发相对容易,开发周期短,内核完善,主要是应用层开发。

(2) Linux 核心调试工具不全,调试不太方便,还没有很好的 GUI;Windows CE 的 GUI 丰富,开发工具强大。

(3) 系统维护难度大。Linux 占用较大的内存,可以去掉部分无用的功能来减小使用的内存,但是如果不仔细维护,将引起新的问题。

目前,使用 Windows CE 开发的典型产品有手机、指纹识别系统、汽车电子检测设备、智能家电、医疗仪器(如监护仪、心电检测仪等)、工业控制仪器(如人机界面显示的高精准电机控制、工业采集控制通信等)、定位导航设备(如车载 GPS 导航仪)等。

9.5.5 Android

Android(安卓)是一种基于 Linux 的开源操作系统,最初由 Andy Rubin 开发,主要用手持设备,如智能手机、平板电脑等。2005 年,谷歌公司注资收购 Android,并组建了手机联盟,随后逐渐扩展到平板电脑及其他领域。

Android 采用分层架构,从高层到低层分别是应用程序层、应用程序框架层、系统运行库层和 Linux 内核层。

基于 Linux 2.6 的 Android 提供核心系统服务,如安全、内存管理、进程管理、网络堆栈,并为 Android 设备的各种硬件提供了底层的驱动,如显示驱动、音频驱动、照相机驱动、蓝牙驱动、WiFi 驱动、电源管理等。Linux 内核层也作为硬件和软件之间的抽象层,它隐藏具体硬件细节而为上层提供统一的服务。

系统运行库层包含一个核心库的集合,提供大部分在 Java 编程语言核心类库中可用的功能。每一个 Android 应用程序是 Dalvik 虚拟机中的实例,运行在它们自己的进程中。Dalvik 虚拟机设计成在一个设备可以高效地运行多个虚拟机。Dalvik 虚拟机依赖于 Linux 内核提供的基本功能,如线程和底层内存管理。Android 包含一个 C/C++库的集合,供 Android 系统的各个组件使用。这些功能通过 Android 的应用程序框架(application framework)提供给开发者。

应用程序框架层主要提供了构建应用时可能用到的 API,Android 自带的一些核心应用程序就是使用这些 API 完成的,开发者可以通过使用这些 API 构建自己的应用程序,如活动管理器、View 系统、内容提供器、通知管理器等。应用程序的体系结构旨在简化组件的重用,任何应用程序都能发布它的功能且任何其他应用程序可以使用这些功能(需要服从框架执行的安全限制)。

所有安装在手机上的应用程序都属于应用程序层,包括电子邮件客户端、SMS 程序、日历、地图、浏览器、联系人和其他设置。

开放性是 Android 平台的最大优势。开放的平台允许任何移动终端厂商加入 Android 联盟,可以使联盟拥有更多的开发者。随着用户和应用的日益丰富,Android 平台将很快走向成熟。

9.5.6 iOS

iOS 是由苹果公司开发的手持设备操作系统。苹果公司于 2007 年公布 iOS,最初只是为 iPhone 设计使用的,后来陆续应用到 iPad、Apple TV 等产品上。iOS 以 Darwin 为基础,属于类 UNIX 的商业操作系统。

iOS 系统结构分为以下 4 个层次:核心操作系统层、核心服务层、媒体支持层和触摸框架层。与 Android 相比,iOS 为闭源系统。

核心操作系统层包含核心部分、文件系统、网络基础、安全特性、电源管理和一些设备驱动程序,还有一些系统级别的 API。它可以直接和硬件设备进行交互。

核心服务层提供核心服务,例如字符串处理函数、集合管理、网络管理、URL 处理工具、联系人维护、偏好设置等。可以通过它来访问 iOS 的一些服务。

媒体支持层的框架和服务依赖核心服务层,向触摸框架层提供画图和多媒体服务,如声音、图片、视频等。通过它可以在应用程序中使用各种媒体文件,进行音频与视频的录制、图像的绘制以及制作基础动画效果。

触摸框架层为应用程序开发提供了各种有用的框架,并且大部分与用户界面有关,本质上它负责用户在 iOS 设备上的触摸交互操作。

iOS 具有专为手指触摸而设计的极具创新的 Multi-Touch 界面。此外,iOS 内置的苹果商店提供多款应用和游戏,为手机使用带来了方便和乐趣。

9.5.7 TinyOS

TinyOS 是美国加州大学伯克利分校针对代码量小、能耗少、并发度高、内存和硬件资源稀缺、处理能力有限的嵌入式系统开发的一个构件化的 RTOS,目前基本上已成为传感器网络节点操作系统的标准,为面向无线传感器网络应用领域的系统集成提供了一个构件化的软件框架。

TinyOS 操作系统、库和服务程序都用 nesC 编写。nesC 是一种组件化程序开发语言,具有 C 语言的语法风格,其组件层次结构类似一个网络协议栈:底层的组件负责接收和发送原始的数据位,而高层的组件对这些数据进行编码、解码,更高层的组件负责数据打包、路由和传输。

TinyOS 的组件分为 3 种类型:硬件抽象组件、合成硬件组件和高层软件组件。硬件抽象组件对物理硬件设备进行了 TinyOS 的组件化。在 TinyOS 系统平台中,每个硬件资源都被抽象成一个或多个易于操作的组件,用户程序访问这些资源时只需调用对应组件相应的功能接口，即可实现对硬件的操作。合成硬件组件所起到的作用即为将硬件抽象组件与高层软件组件进行连接。它可以利用硬件抽象组件提供的接口实现高于硬件抽象组件的功能，例如对字节的发送与接收。高层软件组件实现了对整个系统的控制、建立路由和数据传输等。多个下层组件可以连接起来构成上一层更大的组件，而最上层的组件就是应用程序。

TinyOS 提供任务和事件的两级调度机制。任务一般用于对时间要求不高的应用，它实际上是一种延时计算机制。任务之间互相平等，没有优先级之分，所以任务的调度采用简单的 FIFO 算法。任务之间互不抢占，即任务一旦运行，就必须执行至结束，只有当任务主动放弃 CPU 使用权时才能运行下一个任务。硬件事件处理句柄响应硬件中断，它可以抢占任务或者其他的硬件事件处理句柄。当事件被触发后，与该事件相关联的所有任务迅速被执行，当这个事件和任务被处理完成之后，CPU 进入睡眠状态，直至其他事件将它唤醒。总的来说，TinyOS 调度模型有以下特点。

(1) 任务单线程运行到结束，只分配单个任务栈，这对内存受限的系统很有利。

(2) 任务调度算法采用非抢占式的 FIFO 算法，任务之间相互平等，没有优先级之分。

(3) TinyOS 的调度策略具有能量意识，当任务队列为空时，处理器进入休眠模式，直到外部事件将它唤醒，能有效降低系统能耗。

(4) 这种基于事件的调度策略允许独立的组件共享单个执行的上下文，只需少量运行空间就能获得高度的并发性。

TinyOS 已经有很多产品，例如，用于神经信号接收、解调、显示的接收器，用于能源领域中的石油和气体监控，用于传感网络的控制和优化，用于无线传感网络进行健康监测等。

9.5.8 μC/OS

μC/OS 是开源的嵌入式实时操作系统，由 Jean J. Labrosse 编写，代码共 5000 多行，是学习者了解和学习 RTOS 的良好范本。经过 μC/OS 和 μC/OS Ⅱ 两代开源版本的发展，该 RTOS 已具有优秀特性，被应用于工业设备、航天军事设备、智能家居、工程机械、汽车电子、消费娱乐电子等众多领域。

μC/OS Ⅱ 是一个占先式的内核，即已经准备就绪的高优先级任务可以剥夺正在运行的低优先级任务的 CPU 使用权。这个特点使得它的实时性比非占先式的内核要好。通常都是在中断服务程序中使高优先级任务进入就绪态(如发送信号)，这样退出中断服务程序后，将进行任务切换，高优先级任务将被执行。但是，由于中断响应时间无法确定，所以系统的实时性不强。如果使用 μC/OS Ⅱ，只要把数据处理程序的优先级设定得高一些，并在中断服务程序中使它进入就绪态，中断结束后数据处理程序就会被立即执行。对于一些对中断响应时间有严格要求的系统，这是必不可少的。

μC/OS Ⅱ 和 Linux 等分时操作系统不同，不支持时间片轮转法。它是一个基于优先级的实时操作系统。每一个任务的优先级必须不同，μC/OS Ⅱ 把任务的优先级当作任务的标识来使用，如果优先级相同，任务将无法区分。进入就绪态的优先级最高的任务首先得到 CPU 的使用权，只有等它交出 CPU 的使用权后，其他任务才可以被执行。所以，它只能说是多任务，不能说是多进程。μC/OS Ⅱ 的这种特性如何，主要看从什么角度来判断。如只考虑实时性，当然比分时系统好，它可以保证重要任务总是优先占有 CPU。但是，在系统中重要任务毕竟是有限的,这就使得划分其他任务的优先权变成了一个困难的问题。另外,有些任务交替执行反而对用户更有利。例如,用单片机控制两小块显示屏时,无论是编程者还是使用者肯定希望它们同时工作,而不是显示完一块显示屏的信息以后,再显示另一块显示屏的信息。

μC/OS Ⅱ 对共享资源提供了保护机制。μC/OS Ⅱ 是一个支持多任务的操作系统,可以把一个完整的程序划分成几个任务,不同的任务执行不同的功能。对于共享资源(如串口),μC/OS Ⅱ 也提供了很好的解决办法,一般情况下使用的是信号量方法。创建一个信号量并对它进行初始化,当一个任务需要使用一个共享资源时,它必须先申请得到这个信号量。在这个过程中,即使有优先权更高的任务进入了就绪态,因为无法得到信号量,也不能使用该资源,这在 μC/OS Ⅱ 中称为优先级反转。简单地说,就是高优先级任务必须等待低优先级任务的完成。在上述情况下,两个任务之间发生优先级反转是无法避免的,所以在使用 μC/OS Ⅱ 时,必须对所开发的系统了解清楚,才能决定对于某种共享资源是否使用信号量。

在单片机系统中嵌入 μC/OS Ⅱ 将增强系统的可靠性,并使得调试程序变得简单。编完程序后,在调试过程中经常会出现程序跑飞或者陷入死循环的情况,如果在系统中嵌入 μC/OS Ⅱ,可以把整个程序分成许多任务,每个任务相对独立,然后,在每个任务中设置超时函数,时间用完以后,任务必须交出 CPU 的使用权。即使一个任务发生问题,也不会影响其他任务的运行。这样既提高了系统的可靠性,同时也使得调试程序变得容易。

在单片机系统中嵌入 μC/OS Ⅱ 将增加系统的开销,例如,51 系列单片机内都带有一定的 RAM 和 ROM。对于一些简单的程序,如果采用传统的编程方法,已经不需要外扩存储器了。如果在其中嵌入 μC/OS Ⅱ,在只需要使用任务调度、任务切换、信号量处理、延时或超时服务的情况下,也不需要外扩 ROM,但是外扩 RAM 是必需的。由于 μC/OS Ⅱ 是可裁剪的操作系统,其所需要的 RAM 的大小就依赖于对操作系统的一些选择。嵌入 μC/OS Ⅱ 后,总的 RAM 需求可以由如下表达式得出:

RAM 总需求 = 应用程序 RAM 需求 + (任务栈需求 + 最大中断嵌套栈需求) × 任务数

如果内核支持中断用栈分离,则总的 RAM 需求量的表达式为

RAM 总需求 = 应用程序 RAM 需求 + 内核数据区 RAM 需求 + 各任务栈需求的总和 +
最多中断嵌套栈需求

由于 μC/OS Ⅱ 可以对每个任务分别定义堆栈空间的大小,所以可根据任务的实时需求来进行栈空间的分配。在 RAM 容量有限的情况下,还是应该注意对大型数组、数据结构和函数的使用,函数的形参也需要推入堆栈。

对于 μC/OS Ⅱ 的移植,如果手中没有现成的移植实例,就必须自己来编写移植代码。虽然只需要改动两个文件,但仍需要对相应的微处理器比较熟悉才行,最好参照已有的移植实例。另外,即使有移植实例,在编程前最好也要阅读一下,因为里面涉及堆栈操作。在编写中断服务程序时,把寄存器推入堆栈的顺序必须与移植代码中的顺序相对应。

和其他一些著名的嵌入式操作系统不同,μC/OS Ⅱ 在单片机系统中的启动过程比较简单。μC/OS Ⅱ 的内核和应用程序放在一起编译成一个文件,只需要把这个文件转换成 HEX 格式,写入 ROM 中就可以了。上电后,它会像普通的单片机程序一样运行。

习 题

1. 简述嵌入式操作系统的发展史。
2. 简述 RTOS 的主要特点。
3. 简述 RTOS 的应用场合,分析各类不同应用对 RTOS 的不同要求(如实时性、高可信性、小巧性等)。
4. 简述 RTOS 的优势。

第 10 章 操作系统安全

  随着计算机技术和通信技术的迅速发展,人类社会已步入信息化时代。信息社会给我们带来了巨大的便利,同时也带来了信息安全这一严峻问题。操作系统是计算机系统的灵魂,是对计算机软件和硬件资源进行管理的最底层的系统软件。现代操作系统支持许多程序设计概念,同时也限制各类程序的行为。操作系统强大的功能使得它常常成为入侵者的首要目标。操作系统的安全性成为计算机系统、网络系统以及在此基础上建立的各种应用系统成败的关键。

  本章将讨论计算机操作系统的安全性以及操作系统的安全机制。感兴趣的读者可扫描下方二维码阅读。

参 考 文 献

[1] STALLINGS W. 操作系统——内核与设计原理[M]. 4 版. 魏迎梅,王涌,等译. 北京:电子工业出版社,2001.
[2] RICHER J. Windows 核心编程[M]. 王建华,张焕生,侯丽坤,等译. 北京:机械工业出版社,2000.
[3] TANENBAUM A S. 现代操作系统[M]. 陈向群,马洪兵,等译. 北京:机械工业出版社,2009.
[4] 邹恒明. 计算机的心智:操作系统之哲学原理[M]. 北京:机械工业出版社 2009.
[5] LOVE R. Linux 内核设计与实现[M]. 陈莉君,康华,译. 北京:机械工业出版社,2006.
[6] 孟静. 操作系统教程——原理和实例分析[M]. 北京:高等教育出版社,2001.
[7] 吴功宜,吴英. 计算机网络教程[M]. 3 版. 北京:电子工业出版社,2004.
[8] 陈向群. Windows 操作系统原理[M]. 2 版. 北京:机械工业出版社,2004.
[9] 尤晋元. Windows 操作系统原理[M]. 北京:机械工业出版社,2001.
[10] 马季兰,彭新光. Linux 操作系统[M]. 北京:电子工业出版社,2002.
[11] 孟庆昌,吴健. Linux 教程[M]. 北京:电子工业出版社,2002.
[12] HARRIS J A. 操作系统习题与解答[M]. 须德,译. 北京:机械工业出版社,2003.
[13] 张尧学,史美林. 计算机操作系统教程[M]. 2 版. 北京:清华大学出版社,2000.
[14] 汤子瀛,哲凤屏,汤小丹. 计算机操作系统[M]. 修订版. 西安:西安电子科技大学出版社,2001.
[15] 冯耀霖,杜舜国. 操作系统[M]. 西安:西安电子科技大学出版社,1992.
[16] 左万历,周长林. 计算机操作系统教程[M]. 2 版. 北京:高等教育出版社,2004.
[17] 汤子瀛,杨成忠. 计算机操作系统[M]. 西安:西安电子科技大学出版社,1984.
[18] 曾平,李春葆. 操作系统——习题与解析[M]. 北京:清华大学出版社,2001.
[19] 刘乃琦,吴跃. 计算机操作系统[M]. 北京:电子工业出版社,1997.
[20] TANENBAUM A S, WOODHULL A S. 操作系统设计与实现[M]. 王鹏,译. 北京:电子工业出版社,2015.
[21] 许锦波,朱文章. UNIX 入门与提高[M]. 北京:清华大学出版社,1999.
[22] 张昆苍. 操作系统原理 DOS 篇[M]. 北京:清华大学出版社,1994.
[23] 严蔚敏,吴伟民. 数据结构(C 语言版)[M]. 北京:清华大学出版社,1996.
[24] 蒋静,徐志伟. 操作系统——原理、技术与编程[M]. 北京:机械工业出版社,2004.
[25] 汤小丹,梁红兵,哲凤屏,等. 计算机操作系统[M]. 4 版. 西安:西安电子科技大学出版社,2014.
[26] 卢有亮. 嵌入式实时操作系统[M]. 北京:电子工业出版社,2014.
[27] 王奇,谷志茹,姜日凡. 嵌入式操作系统内核调度[M]. 北京:北京航空航天大学出版社,2015.
[28] 牛欣源. 嵌入式操作系统——组成、原理与应用设计[M]. 北京:清华大学出版社,2013.
[29] 严海荣. 嵌入式操作系统原理及应用[M]. 北京:电子工业出版社,2012.
[30] 廖勇,杨霞. 嵌入式操作系统[M]. 北京:高等教育出版社,2017.
[31] 王晓薇,孙静,刘天华. 嵌入式操作系统[M]. 北京:清华大学出版社,2012.
[32] 张勇,安鹏. 嵌入式操作系统[M]. 西安:西安电子科技大学出版社,2015.
[33] STALLINGS W. 操作系统精髓与设计原理[M]. 陈向群,陈渝,译. 北京:机械工业出版社,2012.
[34] 王道论坛. 2022 年操作系统考研复习指导[M]. 北京:电子工业出版社,2021.

图书资源支持

感谢您一直以来对清华版图书的支持和爱护。为了配合本书的使用,本书提供配套的资源,有需求的读者请扫描下方的"书圈"微信公众号二维码,在图书专区下载,也可以拨打电话或发送电子邮件咨询。

如果您在使用本书的过程中遇到了什么问题,或者有相关图书出版计划,也请您发邮件告诉我们,以便我们更好地为您服务。

我们的联系方式:

地　　址:北京市海淀区双清路学研大厦 A 座 714

邮　　编:100084

电　　话:010-83470236　　010-83470237

客服邮箱:2301891038@qq.com

QQ:2301891038(请写明您的单位和姓名)

资源下载:关注公众号"书圈"下载配套资源。

资源下载、样书申请

书圈

图书案例

清华计算机学堂

观看课程直播